KB179111

노벨상의 발상

미우라 겐이치 지음
손 영 수 옮김

電波科學社

ノーベル賞の發想
三浦賢一著
1985.5.
朝日選書 279
日本國・朝日新聞社

저자 • 三浦賢一
미 우 라 겐 이 치

1949년, 일본 후쿠시마현(福島縣) 출생.
도호쿠(東北)대학 이학부 생물학과 졸업.
동 대학원 석사과정 수료.
1974년, 아사히(朝日)신문사 입사. 미
토(水戶), 치바(千葉)지국원, 『과학아
사히(科學朝日)』, 『주간 아사히(週刊
朝日』편집부원을 거쳐
1986년, 아사히신문 출판국 프로젝트실원
저・역서, 『악의 게임, 컴퓨터 범죄』『시
간의 세 계층』등

초상화 : 기무라 슈지(木村しゆうじ)

韓國語版翻譯出版權承認
1981. 5.27
日本國・朝日新聞社

한국의 독자 여러분에게

이 책을 한국의 독자 여러분께서 읽어 주시게 된 것을 매우 기쁘게 생각합니다.

오늘날 과학이, 세계의 어디서나 커다란 신뢰와 힘을 가질 수 있게 된 것은 그 보편성에 있다고 생각됩니다. 논문에 쓰여진 것과 같은 조건에서 실험을 하면, 세계의 어디서 누가 하든 같은 결과가 얻어지는 것은 당연하다고 하는 것이, 과학이 의거하는 기반인 것입니다.

그러나 오늘날에 있어서는, 과학의 보편성이 말과 같이 그대로 실현되고 있다고는 할 수 없읍니다. CERN(유럽 합동 원자핵 연구기관)의 가속기는 우주 초기의 고에너지상태를 만들어내어, 우리의 세계를 형성하는 소립자의 정체를 밝혀 나가고 있읍니다. 여기서 전자기력과 약력을 통일하는 이론으로부터 예언되고 있었던 위크보손이라는 입자의 존재가 확인되었읍니다. 이 실험이 가능한 것은 현재로서는 지구 위에서 CERN의 가속기뿐입니다. 어디서나 재현되는 것은 아닙니다. 그러나 CERN 에서의 실험이 과학자의 세계에서 신뢰를 받는 것은, 보편성에 의해서 구축되어 온 지금까지의 과학적 논리를 좇아서 진행되고 있기 때문입니다.

이 책은 노벨상 수상연구라는 높은 평가가 확립된 연구가, 어떻게 해서 이루어졌는가를, 몇몇 연구에 대해서 가능한 한 밝혀 보았으면 하는 생각에서 착수했읍니다. 과학적 발견의 과정탐구도 물론 온 세계에서 보편적인 것이라고 확신합니다.

졸저가 한국의 독자 여러분에게 어떤 모로건 도움이 될 수 있다면 더 없는 기쁨입니다.

졸저를 눈여겨 보시고, 한국어로의 번역을 정력적으로 추진해 주신 손영수 선생님께 마음으로부터의 감사를 드립니다.

1986 년 11 월 도쿄 근교에서

미우라 겐이치

머리말을 대신하여

「소감은요?」 통신사로부터 걸려 온 난데없는 전화는 불쑥 이렇게 질문했다. 「아니…소감이라니, 무슨 소감 말이오?」「그야 물론, 노벨상을 수상하신 소감이죠.」— P. 미첼(1978년 화학상).

「낮뉴스가 있기 전까지만 해도 프랑스의 대부분의 국민은 파스퇴르 연구소의 존재를 몰랐어요. 우리의 노벨상 수상이 보도되자 그 때부터는 파스퇴르 연구소를 모르는 사람이라곤 한 사람도 없답니다.」— F. 자콥(1965년 의학•생리학상).

노벨상은 과학자를 과학의 세계 밖에서 마저도 일약 유명한 인사로 만들어 놓는다. 평소에는 과학에 별로 관심이 없는 사람도 노벨상 수상자의 이름쯤은 알고 있다. 과학의 연구에 주어지는 최고의 영예로서 노벨상의 명성은 확고 부동한 것으로 되어 있다.

일본에서는 전후(戰後) 얼마 안되는 1949년에, 유가와 히데키(湯川秀樹)가 일본인으로서는 처음으로 노벨상(핵력의 이론에 의한 중간자의 존재 예언으로 물리학상)을 수상했는데, 이것은 많은 국민에게 큰 격려가 되었다고 한다.

과학 이외의 세계에서도 노벨상 수상자가 입을 벙긋하면 굉장한 비중을 가지고 받아들여진다. 수상자의 사회적인 발언은 세계의 이목(耳目)을 집중시키는 일이 많다. 노벨상의 수상은 곧 세계의 대표적인 현인(賢人)의 대열에 끼어드는 존재가 된다고 해도 지나친 말은 아닐 것이다.

노벨상의 자연과학 분야, 세 부문의 상은 매년 10월에 발표되고 온세계의 보도기관은 예민한 촉각으로 스톡홀름의 동태를 주목한다. 수상자는 노벨위원회로부터 또는 보도기관으로부터의 전화로 수상을 알게 된다. 얼마 동안을 부산하게 보낸 뒤, 12월 10일에 있는 수상식에 참석하기 위해 스톡홀름으로 간다. 수상식이 거행되는 12월 10일은 바로 노벨(Alfred B. Nobel)의 기일(忌日)에 해당한다.

수상식이 있는 회장은 스톡홀름 시의 중심부에 있는 콘서트 홀이다. 스테이지 오른쪽은 왕실석으로, 스웨덴의 국왕을 비롯해서 왕족들이 참석한다. 정장을 갖춘 수상자는 왼쪽편에 한 줄로 늘어선다. 스테이지

중앙에 깊숙히 자리한 노벨의 흉상(胸像)이 이 식의 시종을 지켜 본다.

수상자가 한 사람씩 소개되고, 스웨덴 국왕으로부터 금메달과 상금이 수여된다. 메달과 상장은 한 손으로 들기에는 벅찰 만큼 묵직하다. 메달 옆면에는 노벨의 옆 얼굴이 부각되어 있고, 뒷면에는 과학의 여신이 자연의 여신의 베일을 벗겨내는 디자인으로 되어 있다. 「기예(技藝)의 발견에 의하여 삶을 풍요롭게 하는 것은 유익한 일이다.」라는 노벨의 신조(信條)가 라틴어로 새겨져 있다. 상장은 절반으로 접게 되어 있고, 오른쪽에는 상을 수여하는 문면이 업적과 함께 스웨덴어로 적혀 있다. 「노벨상」이라는 글자와 수상자의 이름은 붉은 글씨로 크게 씌어진다. 왼쪽에는 수상자마다 각각 다른 그림이 그려져 있다.

수상 강연에서는 각 수상자가 노벨상의 대상으로 되었던 자신의 연구 내용을 소개한다. 스피치를 곁들이는 정식 만찬회도 개최되는데, 이 회장은 스톡홀름의 시청이 사용되고, 여기서 행해지는 수상자의 짤막한 스피치에는 수상자들의 인품이 뭉실하게 풍겨진다.

5월에 찾아 간 스톡홀름은 이따금 눈이 내리고, 기온이 0도 가까이까지 내려간 듯하다. 12월의 추위는 얼마나 추울까.

콘서트 홀, 시청 등의 노벨상과 관계깊은 시설들은 모두가 역사를 느끼게 하는 건물이었다. 콘서트 홀은 밝은 청색 벽의 거대한 상자모양의 건물이었다. 정면에는 10개의 둥근 기둥이 7층 높이 정도의 홀 상부까지 우뚝 솟아 있었다. 홀 앞의 광장에는 저녁 때까지 장이 서 있었다. 시민들의 생활과 밀착된 장소이다. 물가에 서 있는 시청은 짙은 갈색 벽돌의 건물로, 두드러지게 높은 탑이 솟아 있었다. 물에 면한 잔디밭에는 하얀 벤치가 배치되고, 주위는 흡사 한 장의 그림 엽서처럼 아름다운 풍경이었다. 택시를 타거나 걷거나 하여 찾아 온 관광객들이, 예로부터 변함이 없는 듯이 아늑하기만 한 환경 속에 잠겨 있었다.

노벨상은 다이나마이트의 발명으로 거부가 된 노벨의 유언에 따라서 제정되었다. 그의 유산에서 나오는 소득은 1896년 당시로만 해도, 해마다 920만 달러의 거액에 이르렀다. 그는 이것을 5등분하여 물리학, 화학, 의학·생리학, 문학, 평화의 각 상에 주도록 유언했다.

1901년에 제 1 회 노벨상이 수여되었다. 물리학상은 뢴트겐(W. C. Röntgen, X 선의 발견), 화학상은 반트호프(J. H. van't Hoff, 화학 열역학의 발견 및 용액의 삼투압의 발견), 의학·생리학상은 베링(E. von Behring, 디프테리아에 대한 혈청요법)의 세 사람이었다. 1986년까지 과학관계의 수상자는 378명을 헤아리고 있다.

과학의 연구에 대한 상은 노벨상 이외에도 여러 종이 있고, 역사나 상금액이 노벨상을 웃도는 것도 있다. 그런데도 어찌하여 노벨상이 이토록이나 큰 권위를 지닐 수가 있었을까? 미국의 과학사학자 주커만(H. A. Zuckerman)이 지적했듯이, 그것은 수상자의 명단이 모두 쟁쟁한 인물들이라는 데에 있다고도 말할 수 있다. 노벨상 위원회는 비록 약간의 오류를 범하기는 했을망정 수상자의 선택을 적절하게 수행하여 왔기 때문에, 이만한 권위를 갖추게 된 것이라고 할 수 있을 것이다. 노벨상의 역사는 금세기의 과학의 역사 바로 그것이라 해도 지나친 말이 아닐 것이다. 그 노벨상의 수상연구가 어떤 발상에서부터 탄생했는가를 스물세 분의 수상자 자신에게서 직접 애기를 들어보았다.

이 책은 일본의 월간 과학잡지 『과학 아사히(科學朝日)』의 1984년 8월호에서부터 다섯 번에 걸쳐서 연재했던 것이 토대로 되어 있는데, 잡지에서는 제한된 지면사정으로 생략해야 했던 부분, 설명이 미흡했던 부분 등을 대폭으로 가필했다. 그 결과 매우 상세한 것이 되었다고 생각하지만, 설명이 너무 세부에 걸쳐서 도리어 번거롭게 생각되는 부분이 있다면 그 점은 그대로 넘겨 버려도 될 것이다.

수상자의 배열 순서는 물리, 화학, 의학·생리학상의 순서로 나누었고, 수상 연구의 내용에서 서로 관련이 있는 사람들을 되도록 가까운 차례에다 배치했다. 각 수상자는 독립된 항으로 완결되게 힘 썼기에, 흥미롭게 생각되는 수상자에 관한 부분을 먼저 읽어도 될 것이다.

그리고 본문 속에서는 경칭은 일체 생략했다. 양해하시기 바란다.

차   례

한국의 독자 여러분에게 *3*
머리말을 대신하여 *4*

1 . 물리학상

불러들인 행운 아르노 펜지아스 / 로보트 윌슨 (1978년. 3K우주 배경복사의 발견) *11*

기묘함이야말로 진실 머레이 겔만 (1969년. 소립자의 분류와 그 상호작용에 관한 발견과 기여) *29*

혁명을 낳게 한 확신 버턴 리히터 / 사무엘 팅 (1976년. 무거운 소립자의 발견) *42*

퍼즐에 열중하던 끝에 양 첸닝 (1957년. 패리티 비보존에 관한 연구) *60*

경계영역에서 비약 에사키 레오나 (1973년. 고체에서의 터널효과의 연구) *72*

2 . 화 학 상

외톨박이의 반란 페터 미첼 (1978년. 생체막에 있어서의 에너지변환의 연구) *85*

광범한 이론을 찾아서 후쿠이 겐이치 (1981년. 화학반응과정의 이론적 연구) *98*

직관의 거인 라이너스 폴링 (1954년. 화학결합에 관한 연구. 1962년. 핵실험 반대운동의 추진＝평화상) *112*

시행의 연속 프레드릭 생거 (1958년. 인슐린의 구조결정. 1980년. 핵산의 염기배열의 연구) *122*

불가능에의 도전 존 켄드루 / 막스 페루츠 (1962년. X선회절에 의한 구상 단백질의 입체구조의 해명) *134*

3. 의학·생리학상 (1)

시대를 금그은 통찰　프랑시스 크릭 $\left(\begin{array}{l}\text{1962년. 핵산의 분자구조와}\\ \text{생체에 있어서의 정보전달}\\ \text{에 대한 그 의의의 발견}\end{array}\right)$　**153**

직관을 뒷받침하는 논리　프랑소와 자콥 $\left(\begin{array}{l}\text{1965년. 효소와 바이러스 합}\\ \text{성의 유전적 제어의 연구}\end{array}\right)$　**164**

방대한 메모로부터　마샬 니른버그 $\left(\begin{array}{l}\text{1968년. 유전암호의 해독과 그}\\ \text{단백질 합성에의 역할의 연구}\end{array}\right)$　**176**

때로는 전략전환을　아더 콘버그 $\left(\begin{array}{l}\text{1959년.}\\ \text{DNA의 합성}\end{array}\right)$　**186**

4. 의학·생리학상 (2)

강력한 수단을 확립　조슈아 레더버그 $\left(\begin{array}{l}\text{1958년. 미생물에 의한}\\ \text{유전생화학의 발전}\end{array}\right)$　**197**

편견이 없는 유연한 사고　데이비드 볼티모어 $\left(\begin{array}{l}\text{1975년. 종양}\\ \text{바이러스의 연구}\end{array}\right)$　**205**

실험의 암시를 추적　줄리어스 액셀로드 $\left(\begin{array}{l}\text{1970년. 신경말초부에 있어}\\ \text{서의 전달물질의 발견과 그}\\ \text{저장, 해리, 비활성화의 메}\\ \text{카니즘에 대한 연구}\end{array}\right)$　**214**

가설로부터의 탐험　데이비드 후벨 $\left(\begin{array}{l}\text{1981년. 대뇌피질 시각영역에}\\ \text{있어서의 정보처리의 연구}\end{array}\right)$　**222**
트르스텐 비젤

고독이 낳은 목표　알랜 코맥 $\left(\begin{array}{l}\text{1979년. 컴퓨터에 의한 X선}\\ \text{단층촬영기술의 개발}\end{array}\right)$　**241**

후 기　**249**
부 록 : 노벨상 (자연과학부문) 수상자 일람　**259**
번역을 마치고　**273**

1. 物理學賞

A. 펜지아스와 R. 윌슨(1978년) ··········· *11*

M. 겔만(1969년) ······················· *29*

B. 리히터와 S. 팅(1976년) ·············· *42*

양 첸닝(1957년) ····················· *60*

L. 에사키(1973년) ···················· *72*

〈노벨 물리학·화학상 금메달의 뒷면〉

불러들인 행운

1978년 · 3K 우주 배경 복사의 발견

아르노 펜지아스
Arno A. Penzias

1933년 4월 26일 독일 München에서 출생
1946년 미국 국적 취득
1954년 New York 시립대학 졸업
1961년 Bell 연구소 (Holmdel) 연구원
1962년 Columbia 대학에서 박사 학위 취득
1972년 전파물리 부장 (Bell 연구소)
1976년 전파연구 실장
1977년 통신 과학부문 부소장
1982년 Prinston 대학 객원 교수

로버트 윌슨
Robert W. Wilson

1936년 1월 10일 미국 Texas주 Houston에서 출생
1957년 Rice 대학 졸업
1962년 California 공과대학에서 박사 학위 취득, 동
        대학 연구원을 거쳐
1963년 Bell연구소 (Holmdel) 연구원
1976년 전파물리 부장

크로포즈 힐의 언덕 위에 올라섰다. 공교롭게도 비가 내리고 있어서 먼 곳은 아련히 흐려 보였다. 눈 앞에는 20피트 길이의 각기둥형(horn) 안테나가 다소곳이 서 있다. 안테나는 마치 비를 피하기라도 하듯이 아래를 굽어보고 있었다.

미국 뉴저지주 홀름델의 벨 연구소에 있는 이 안테나야말로, 우리 우주가 백 수십억 년 전에 어떻게 하여 탄생했는 가에 관한 결정적이라고도 할 증거를 포착한 연장이다. 크로포즈 힐에 서서 이 안테나를 바라보고 있노라면 어디서인지 우주의 숨소리가 들려오는 것만 같다.

This is the way the world began
Not with a whimper, but with a BANG /

펜지아스(A. A. Penzias)에게서 받은 티셔츠에 쓰여진 글귀다. 엘리옷(T. S. Eliot)의 시 『The Hollow Men』에 있는 This is the way the world ends / Not with a bang but a whimper(이것이 이 세상의 종말, 펑!하고 터지는 것이 아니라 흐느껴 우는 것)이라는 귀절을 빌어 쓴 글이다. 티셔츠의 글귀는 여러 크기의 「3 K」라는 글자가 빽빽하게 배치된 한 가운데에 씌어 있었다.

우리 우주가 백 수십억 년 전의 대폭발로 시작되어, 그 후 팽창을 계속하여 오늘날의 모습이 되었다는 것은 이제는 모든 천문학자가 믿고 있다. 우주는 폭발의 엄청난 고온에서부터 차츰차츰 식어 갔고, 그 과정에서 물질을 만드는 가장 기본적인 입자인 전자(電子)와 쿼크(Quark)가 생성되고, 양성자와 중성자가 만들어지고 원자가 형성되어 갔다. 팽창하는 우주 속에서 은하가 탄생했고, 별이 태어났고, 우리의 태양계가 생성되었다. 우주 시초의 대폭발— 많은 계몽서적에 의해 널리 알려진 가모브(G. Gamow)는 그것을 「Big Bang」이라고 불렀다. 가모브들이 빅뱅을 연구하기 시작한 것은 1940년대 말이었다.

빅뱅의 아이디어가 태어난 근원은 우주의 팽창이었다. 미국의 허블 (E. Hubble)은 1929년에, 아주 멀리 떨어져 있는 은하는 우리에게서 멀어질수록 빠른 속도로 멀어져 간다는 학설을 발표했다. 그 근거로 되어 있는 것이 은하의 스펙트럼의 적색편위(赤色偏位)라고 하는 현상이다. 특정 원자가 내는 빛의 파장은 일정한 값으로 정해져 있는데도, 은하에서 오는 빛의 스펙트럼을 관측하면, 일정해야 할 터인 특정 원자가 내는 빛의 파장이, 우리에게서 멀리 떨어져 있는 은하일수록 긴 파장쪽으로, 즉 붉은색쪽으로 치우쳐 있다는 것이다. 이 현상을 일컬어 적색편위라고 한다.

기차가 기적을 울리며 눈앞을 통과할 때, 기차가 접근하여 오는데 따라 기적소리는 높은 음이 된다. 눈앞을 통과하여 멀어져 가는데 따라 기적소리는 낮아진다. 이것은 기적소리를 듣고 있는 사람에게 대해, 기차가 움직이면서 소리를 내고 있기 때문에 일어나는 현상으로서 이것을 도플러 효과라고 부른다. 음원이 가까와질 때는 음의 파장이 짧아지고, 멀어질 때는 파장이 길어진다. 만약 은하가 우리에게서 멀어져 간다고 한다면 같은 현상이 나타난다. 빛도 파동의 성질을 가지고 있으므로 파장이 길어진다. 즉 붉은 파장쪽으로 치우치게 된다. 이것이 곧 적색편위이다. 관측 결과는 우리에게서 먼 은하일수록 빠른 속도로 멀어져 간다는 것을 가리키고 있다. 이로부터 우주가 팽창하고 있기 때문에 은하들이 서로 멀리 떨어져 나간다는 결론이 이끌어진다.

그러나 은하의 스펙트럼의 적색편위로부터 이끌어진 우주의 팽창이 반드시 직접적으로 빅뱅과 결부되는 것은 아니다. 우주에서는 늘 물질이 생성되고 있기 때문에, 팽창은 있어도 평균적으로는 같은 밀도 상태가 계속되고 있다고 하는 사고방식도 있다. 1940년대 후반부터 영국의 천문학자 호일(F. Hoyle)들에 의하여 제창된 「정상우주론(定常宇宙論)」이 그것이다. 정상우주냐, 빅뱅 우주냐 그것이 문제였다.

백 수십억 년 전에 일어난 빅뱅의 증거를 찾아낸다는 것은, 잃어져 버린 과거의 생물의 화석(化石)을 찾아내는 일과 비교하더라도 엄청나게 어려운 일로 생각된다. 그런데 그 "빅뱅의 화석"이라고도 할 것이 존재했던 것이다.

빅뱅 이후, 고온의 우주에 충만해 있던 빛이, 우주의 팽창 때문에 적색편위를 하여 파장이 길어진 채, 이제는 빛이 아니라 전파(마이크로파)가 되어 우주를 떠돌아 다니고 있다는 것이다. 그 전파는 우주의 어느 방향으로부터도 균일하게 온다. 과학자들은 흔히 전파의 에너지를 온도로 환산하여 나타내는데, 우주의 어느 방향으로부터도 균일하게 오는 이 전파는 절대온도로 약 3도(3K)이었던 것이다.

빅뱅의 흔적인 전파는 우주 배경 복사(宇宙背景輻射)라고 불린다. 3K의 우주 배경복사를 발견한 것이 펜지아스와 윌슨(W. Wilson)이었으며, 그것에 사용된 것이 20피트의 각기둥안테나이었다. 우주 배경 복사의 발견은 「우주론에 있어서의 20세기 최대의 발견」이라고 일컬어진다.

우주 배경복사의 발견에는 많은 드라마가 있었다. 과학상의 대발견을 가져다 주는 것이 무엇이며, 행운이란 어떻게 하여 찾아오는 것인가를 여러 모로 생각케 하는 것이 펜지아스와 윌슨의 발견이었다.

우선, 발견은 완전히 우연의 소산이었다. 그들은 우주 배경 복사를 발견하려는 의도로 관측을 하였던 것이 아니었다. 그들은 다만 우리 태양계가 그 안에 포함되어 있는 은하인, 우리 은하계의 은하면(은하수)에서 떨어져 있는 곳, 즉 별이 적게 분포되어 있는 곳에서부터 오는 전파를 21cm의 파장(수소가 내는 파장)으로 관측하려고 계획하고 있었던 것이다. 그런 곳에서 오는 전파는 매우 약하기 때문에, 안테나의 잡음이 어느 정도나 되는가를 확실히 파악하고 있어야 한다. 펜지아스와 윌슨은 1963년에, 우선 그 준비단계로서 7cm의 파장으로 안테나 잡음을 측정했다. 그런데 잡음은 예상했던 것보다도 2.5～4.5도나 더 높았던 것이다. 이 잡음은 어디서 발생한 것이었을까?

벨 연구소의 이 20피트짜리 각기둥형(角柱型) 안테나는 1960년에 에코(Echo)위성을 위한 통신용으로 만들어졌고, 개구부(開口部) 방향 이외에서 오는 전파를 잘 차단할 수 있게 설계되어 있었다. 하늘로 돌려놓으면 지상으로부터의 전파를 포착하는 등의 일은 전혀 없을 터이었다. 그들은 안테나와 수화기를 철저히 조사했다. 어쨌든 이 문제를 해결하지 않고서는 목적하는 관측을 시작할 수가 없었다.

그러나 안테나와 수신기에서는 아무런 이상도 찾지 못했었다. 약 30km쯤 떨어진 뉴욕으로부터 오는 전파도 의심해 보았으나 그렇지는 않았다. 이럭저럭 시간이 지나는 동안에 안테나의 제일 깊숙한 「목」부분에 비둘기가 둥지를 틀고 있는 것이 발견되었다. 그들은 이 둥지를 말끔히 치우고, 펜지아스가 「하얀 유전물질(誘電物質)」이라고 농담으로 불렀던 오물을 청소했다. 안테나를 징으로 박은 부분에 알루미늄을 덮어 씌우기도 했다. 그래도 잡음은 없어지지 않았다. 잡음은 우주의 사방으로부터 균일하게 왔다. 온 종일이 지나도 변화하는 일도 없었고, 계절적인 변동도 없었다. 즉 이 전파는 안테나나 수신기의 내부에서 발생하고 있는 것도 아니라는 것이 명백해졌다. 태양이나 은하계에서 오는 것도 아니었다. 그들은 1년 이상이나 설명조차 할 수 없는 난처한 처지에 빠져 있었다.

1964년 12월 31일, 펜지아스는 어떤 다른 연구관계의 일로 매사추세츠 공과대학(MIT)의 버크(B. Burke)에게 전화를 걸었다. 얘기를 하던 중 그는 어쩌다가 까닭모를 잡음에 관한 고충을 털어놓게 되었다. 그러자 버크는 그것은 프린스턴 대학의 디키(R. H. Dicke)들이 연구 중인 일과도 관계가 있을는지 모른다는 시사를 던져 주었다. 그 무렵 이론적인 연구를 하고 있던 프린스턴 대학의 그룹은, 빅뱅의 흔적인 우주 배경복사는 실제로 찾아낼 수 있을 것이라는 결론을 내리고, 그것을 관측하려는 채비를 서두르고 있었다. 그리하여 펜지아스와 윌슨을 1년 이상이나 괴롭혀 왔던 문제에 대한 설명이 마침내 주어졌다. 그러나 펜지아스와 윌슨은 그런 줄도 모르고 빅뱅의 흔적인 전파를 포착하고 있었던 셈이다.

1965년의 『Astrophysical Journal(天體物理學報)』지에 프린스턴 대학의 디키와 피블즈(P. T. Peebles)들에 의한 우주 배경복사의 이론에 관한 대논문과 펜지아스와 윌슨의 짤막하나마 매우 기술적인 논문이 함께 실렸다. 펜지아스들의 논문은 관측 결과만을 간결하게 기술했고, 우주론에 관해서는 「관측된 과잉 잡음온도를 설명할 수 있는 하나의 설 (說)로는, 이번 호의 논문에 실린 디키들의 설이 있다.」라고만 기술했을 뿐이었다. 그러나 막상 노벨상을 수상한 것은 펜지아스와 윌슨의 두 사람이었다.

그들이 수상한 1978년도의 노벨 물리학상의 또 한 사람의 수상자는 카피차(P. Kapitsa)로서 저온물리학(低溫物理學)의 연구에 대하여 상이 주어졌다.

노벨상에서는 한 가지 상의 공동 수상자로는 세 사람까지로 인원이 제한되어 있다. 노벨 위원회는 아마 「저온」이라는 점에서 이 상을 낙착시켰을 것이다. 3 K도 저온이기는 하니까……. 빅뱅이론에 관하여는 누구에게 상을 주어야할지 어려운 사정이 있었을 것이다. 1940년대 말에 빅뱅을 최초로 발설한 것은 가모브였지만, 그는 이미 고인(故人)이었다(노벨상은 고인에게는 주지 않기도 되어 있다). 이론분야에 대하여, 이를테면 디키 한 사람을 선정한다는 것도 적절한 일로는 생각되지 않았을는지 모른다. 물론 이것은 필자의 억측에 불과하다. 어쨌든 노벨 위원회는 펜지아스와 윌슨을 선정했다.

노벨상 수상자는 정도의 차이는 있으나 모두가 행운아들이다. 그러나 펜지아스와 윌슨의 경우는 그 중에서도 특히 행운을 잡은 경우에 속한다고 할 수 있다.

와인버그(S. Weinberg)는 그의 명저 『우주 창성의 첫 3분간』〔역자 주 : 이 책은 우리 나라에서도 김 용채 역 『처음 3분간』(전파과학사 현대과학신서 No. 116)과 조 병하 역 『태초의 3분간』(법양사)의 역서가 있다〕에서 「초기의 이론적 연구에서 왜 우주 마이크로파의 배경을 발견하려 하지 않았는가 라는 수수께끼」에 대해 언급하고 있다.

또 벨 연구소의 각기둥안테나에서는 그것을 건설하고 있던 도중에 한 번, 그리고 1961년에 옴(E. A. Ohm)들에 의하여 한 번, 도합 두 번에 걸쳐 놀랍게도 이미 같은 3 K의 과잉잡음이 관측되어 있었다. 그들은 그것이 안테나나 수신기에서 발생하는 것인지, 아니면 다른 무엇에서 오는 것인지를 특정짓지 못한 채로 그만 큰 물고기를 놓쳐버린 셈이었다.

펜지아스와 윌슨에게, 어째서 이런 행운이 그들에게 돌아오게 되었으며, 또 그 행운을 어떻게 생각하고 있는가를 꼭 물어보고 싶었다.

뉴욕의 맨해턴 6번가 33블록의 지하역에서 열차를 탔다. 허드슨 강
밑의 긴 터널을 꼬불꼬불 통과하여 뉴저지주 호보켄으로 가서, 거기서
다시 열차를 갈아 타고 머래이 힐로 향했다. 이 열차는 낙서 하나 없는
말끔한 차칸으로 뉴욕의 지하철과는 아주 딴 판이다. 머래이 힐 역은 대
합실에 작은 매점이 있을 뿐인 한산한 시골역이라는 인상이었다. 전화
를 한지 얼마 후에 벨 연구소의 홍보 담당자가 마중을 나와 주었다.

펜지아스는 머래이 힐, 벨 연구소의 부소장으로 있다. 여기는 약 48
헥타르의 부지에다 직원이 5,500명이나 되는 큰 연구소이다. 입구에서
바라보는 건물은 그리 높지는 않으나, 삼각형의 큰 지붕에 거대한 굴뚝
같은 것이 두 개 있는 웅대한 것이었다. 펜지아스의 사무실은 비서의 방
을 통과하여 들어가게 되어 있는 큰 방이었다. 조끼 위에 거무칙칙한 양
복을 단정하게 입고, 금속테 안경을 낀 그는 나에게 의자를 권하고는 총
총걸음으로 비서에게로 갔다가 금방 돌아왔다. 웬지 부산한 느낌이 들
었다. 자기 자리로 돌아온 그는 「유태식 과자는 어떨까요?」하며 테이
블 위의 유리병을 가리켰다. 나는 사양하고 곧바로 인터뷰에 들어갔다.

— 우선 어릴 적의 얘기부터 …….

「나는 독일에서 중산 계급의 가정에서 태어났읍니다. 1930년대에 나
치스가 대두했는데, 우리 가족은 운수 좋게도 미국으로 건너 올 수 있
었지요.」

그는 질문도 채 끝나기 전에 말을 시작했다.

「미국에서 교육을 받고, 대학을 졸업한 후 벨 연구소에 들어 왔지요.
여기서 썩 쾌적하게 일해 왔읍니다. 노벨상 수상자는 보통 사람이나 다
른 과학자와는 다르다고들 생각되고 있읍니다. 극히 최근에 나는 이런
질문에 부닥쳤을 때, 확실히 차이가 있지 않을까 하고 생각했읍니다.」

「나는 어떤 습관을 가지고 있읍니다. 그것은 바깥에서부터 사물을 관
찰하고 있다는 습관입니다. 사교적인 장소에서도 나는 한쪽 구석에 서
서 사람들을 관찰합니다. 외톨박이가 되기 때문에 쓸쓸하기는 하지만,
이 능력은 내게 사물을 광범하게 관찰하게 하여 줍니다. 이 넓은 관찰
법에 따르면 결과나 그 의미가 내다 보이게 되고, 관찰자로서 분석을 할
수 있게 됩니다. 재미있다고 생각하는 것은, 어떤 어려운 일에 도전하
는 사람들이 곤란에 부닥치게 되면, 다른 시도를 해 보지도 않고서 내
던져 버린다는 일입니다. 모든 일이 다 생각대로 되는 것이라고 생각하
고 있어요. 나는 언제나 결과가 어떻게 되는가를 분석하고 있읍니다. 이
것이 내가 남과 다른 점이라고 생각합니다. 나는 오래 전부터 몸에 밴

나의 방법으로 과학연구의 계획을 구상하고 있읍니다. 관찰자로서 거리를 떼어놓고 사물을 관찰하는 결과, 남과는 다른 느낌도 갖게 됩니다. 어릴 적에는 양친과도 자주 떨어져 있었고, 미국에서 자랄 때도 그룹에서 떨어져 있는 일이 많았기 때문에 습관화된 것이라고 생각됩니다.」

나는 그가 이런 인터뷰에 대비하여 미리 대답을 생각하고 있었던 것이 아닐까 하는 생각이 들었다. 풍부한 제스처와 열띤 어조로 대화를 이끌어 나가는 사람인데, 그의 얘기는 끝도 없이 줄줄 이어진다.

― 몇 살 때쯤부터 그런 방법으로 사물을 관찰하게 되셨나요?

「기억하고 있는 한, 어릴 적부터죠.」

― 구체적인 예를 들어 주실까요?

「과학에 관하여 말한다면, 벨 연구소에 들어와서 전파천문학(電波天文學)을 하고 싶다고 생각한 것은, 사용 가능한 설비를 가지고 할 수 있는 가장 중요한 연구가 무엇일까 하고 자문했기 때문입니다. 그것이 나의 첫 작업인 우주배경 복사를 측정하는 것이 되었지요. 처음에는 은하계의 은하면에서 떨어져 있는 곳의 전파를 측정하자는 것이었지, 우주론의 큰 문제를 의식하고서 착수한 건 아니었읍니다. 그러나 그것은 아무도 대들어 본 적이 없는 문제인 것처럼 내게는 생각되었어요. 독특한 장치 (20피트의 각기둥 안테나)를 이용할 수 있었기 때문입니다. 벨 연구소에 온 것도 사실은 이 독특한 장치가 있었기 때문이고요.」

「나는 단순한 결과가 얻어지는 실험에 흥미가 있읍니다. 다른 사람에게 설명하기 힘들 정도로 복잡한 실험을 할 만큼, 참을성이 강하지 못하기 때문이죠. 단순한 실험은 흔히 근본적인 내용을 갖고 있으며, 또 아마도 중요한 것일 것입니다. 이것이 나의 방법이자 습관입니다. 무언가를 포착하여 내 방법으로써 대결합니다. 머리를 가만히 쉬게 내버려둘 필요는 없읍니다. 여기에 내가 존경하는 일본책이 있어요.」

그는 책꽂이에서 한 권의 책을 들고 왔다. 미야모토 무사시〔宮本武藏, 일본의 에도(江戶) 초기의 검객〕의 『고린노 쇼 (五輪書) 』 (역자주 ; 다섯 권으로 되어 있고, 미야모토 무사시가 엄격한 검법 수업에 의하여 터득한 병법의 비결을 쓴 책)의 영어 번역판이었다.

「내가 가장 존경하는 한 귀절은 『병법 (兵法) 의 도 (道) 는 목수에다 비유할 것』이라고 한 대목입니다. 목수는 갖가지 재목을 준비해 두는데, 그것들은 제각기 다른 특징을 가지고 있지요. 그 재목들을 모아서 긴 재목은 여기에다 쓰고, 또 이 재목은 약간 잘라서 저기에다 쓰고…… 라는 식으로 하여, 아름답고 튼튼한 집을 짓습니다.」

그의 아버지는 목수일에 능숙하였으며, 매트로포리탄 미술관의 목공품 가게에서 일한 적이 있다고 한다.

— 아버님의 영향으로 목수가 하는 방법에 흥미를 가지셨던가요?

「저의 아버지는 확실히 오랫 동안 목수일을 하셨어요. 그러나 아버지의 영향인지 어떤지는 잘 모르겠어요. 나는 여러 가지 일에서 정리를 잘 한답니다. 자동차의 트렁크에도 남보다 더 많은 여행가방을 챙겨 넣는 재주도 갖고 있구요.」

— 벨 연구소가 마음에 든 것은 어떤 점입니까?

「그건 간단합니다. 규모와 명성에도 관계가 있지요. 규모가 크기 때문에 여러 가지 일을 할 수가 있읍니다. 동시에 나는 대학같은 데보다 더 실용적인 연구를 하는 곳이 좋습니다. 이 연구소는 세계의 연구소 중에서는 가장 명성이 높은 곳입니다. 25년 전에 내가 들어왔을 무렵에는 박사 학위를 가진 사람도 적었고 들어오기도 쉬웠읍니다. 지금은 어려워지고 있지요. 과학은 문제를 푸는 것이 아니라, 문제를 발견하는 것입니다. 미국에서는 영직권(永職權, tenure : 장기간에 걸친 고용권리)을 줄 것이냐, 아니냐를 결정할 때 문제가 되는 것은, 이 인물은 교수로서 문제를 발견할 능력이 있느냐, 없느냐는 점에다 둡니다. 문제를 해결할 수 있느냐, 없느냐가 아닙니다. 과학자로서 성공하느냐, 보통이냐, 아니면 불가능하느냐는 것은 모두 문제의 선택방법에 달려 있읍니다. 여기서는 여러 사람들과의 사이에서 교류가 있기 때문에 문제를 발견하기가 쉽습니다.」

— 우주배경 복사의 얘기를 듣고 싶습니다. 최초의 측정에서부터 잡음이 지나치게 많다는 것을 아셨읍니까?

「그렇습니다. 우리는 액체 헬륨과 하늘의 온도를 비교하는 방법을 가지고 있었으니까요. 잡음이 안테나의 외부로부터 오느냐, 안테나 자체에서 오느냐는 것을 알았지요. 우선 처음에 해야 할 일은 잡음이 안테나 자체에서 오는 것이 아니라는 것을 밝히는 일이었죠. 아시다시피 안테나에는 비둘기가 둥지를 틀고 있었어요. 안테나를 깨끗이 청소하고 잡음이 안테나에서 오는 것이 아니라는 걸 확인했읍니다. 낮이건 밤이건 잡음이 있으니까 태양에서 오는 것은 아닙니다. 은하계로부터도 아닙니다.」

— 맨 처음에 데이터를 보셨을 때는 어떤 느낌을 가지셨던가요?

「최초에는 어딘가 좀 이상한 게 틀림없다고 생각했지요. 그런데 점점 더 알 수가 없게 되었읍니다. 그러나 다행하게도 곤혹할 만한 논문을 내기 전에 이론을 만든 사람들이 나타났읍니다. 프린스턴 그룹으로 부터 그것에 관한 얘기를 듣고 있었던 MIT의 버크를 통하여 이걸 알 았읍니다.」

— MIT의 버크와 얘기한 내용은 어떤 것이었읍니까?

「그것을 분명히 재현하기는 힘들지만, 1964년 12월 31일이었다고 생각됩니다. 캐나다의 몬트리올에서 돌아오는 길에 비행기 안에서 그 와 함께 된 것이 인연이 되어, 그 몇 주일 후에 전화로 얘기를 했읍니 다. 내가 하고 있던 다른 실험에 관한 얘기를 하다가, 우연히 그때까지 설명이 잘 안되어 난처한 처지에 빠진 그 잡음얘기를 했던 거죠. 그가 프린스턴 그룹이 40 K의 배경복사에 대해 쓴 논문을 가졌노라고 말 했읍니다. 그것 참 잘된 일이군 하고 나는 말했어요. 어쨌든 설명에 곤 란을 겪고 있었으니까요.」

「재미있는 것은 몇 해 전에도 우주 배경 복사는 예상되고 있었다는 점입니다(즉 가모브와 함께 연구한 바 있었던). 앨퍼(R. Alpher)와 허만(R. Hermann)이 에너지밀도의 형태로서 독창적으로 예측했던 것입니다. 가 모브는 이 에너지밀도가 별빛이나 우주선(宇宙線)의 에너지 밀도와 같 을 만큼이나 약하기 때문에 분리할 수가 없다고 말했읍니다. 그러나 이 우주 배경 복사는 파장이 다르기 때문에 따로따로 측정이 가능했던 것입 니다. 가모브는 과오를 범한 것입니다. 앨퍼는 물론 이걸 알고 있었고, 그 자신 논문 속에서 이와 같은 논의를 하고 있었읍니다. 그러므로 그 들이 우주 배경복사를 실제로 측정할 수 있다고 생각하지 못했던 것은, 이 우주 배경 복사가 다른 스펙트럼을 갖는다고 생각하지 않았기 때문 이라고 생각됩니다.」

「그뿐만 아니라, 우리가 이 일을 하고 있던 무렵, 도로슈케비치(A. G. Doroshkevich) 와 노비코프(I. D. Novikov) 의 두 소련인이 우주 배 경복사는 측정할 수 있으며, 그것을 찾아내는 데는 벨 연구소가 가장 좋은 곳이라고 말했어요. 그것이 1964년의 일입니다. 문제는 영어의 어휘에 있었던 것입니다.」

펜지아스의 말은 차츰 빨라지기 시작하고 말끝마다 힘이 들어갔었다.

「옴의 1961년의 논문 가운데서 하늘의 온도(T_{sky})라고 한 것을, 그 들은 대기로부터의 복사를 포함시킨 안테나 온도라고 해석해 버린 건데, 옴들은 대기로부터의 복사를 뺀 것을 표기하고 있었던 것입니다. 즉 T_{sky} 는 우주 배경 복사 그것이었읍니다. 이것을 잘못 읽지만 않았더라면 두 소련인은 1964년에 우주 배경 복사를 발견할 수도 있었을 것입니다. 이것은 당시에 있었던 여러 가지 혼란 중의 하나입니다. 나폴레옹이 『장 군에게는 어떤 재능이 요구됩니까?』라는 질문을 받았을 때 『그건 오 직 한 가지, 행운이라는 재능』이라고 대답했다지 않습니까. 」

— 당신의 행운에 대해 당신 자신은 어떻게 생각하십니까?

「그건 굉장한 일입니다. 결코 행운을 가벼이 보아서는 안됩니다. 큰 일은 언제나 행운에 의하여 가져와 집니다. 그러나 뭔가 다른 것을 성 취시키는 데는 몇 가지 판단을 거치고 있는 것입니다. 중요한 것을 발 견하는 데는 어떤 종류의 모험을 무릅써야 합니다. 노벨상 수상자 뿐만 아니라, 남과 다른 일을 하는 사람은 모두 뭔가 다르리라고 생각됩니다. 개에다 비유한다면 불독과 같은 사람도 있읍니다. 또 다른 사람들은 믿 을 수 없을 정도로 스마트합니다. 나는 제3의 유형인데 그것이 목수입 니다. 기회를 포착하여 여러 가지 일을 모아 매듭을 짓고 마무리를 짓 는 것입니다.」

— 옴들이 1961년에, 안테나의 과잉잡음을 포착했으면서도 결론을 내리지 못한 것은 어떤 이유였을까요?

「목적이 달랐기 때문입니다. 그들은 수신기를 작동시키려 하고 있었 던 것이지요. 옴들보다 전에, 안테나를 만들 때에도 3K의 불일치가 관측되었읍니다. 이 때에 안테나 그룹의 두 사람은 2도의 오차가 있을 지도 모른다고 했고, 수신기 그룹의 두 사람은 1도의 오차가 있을지도 모른다고 하였는데, 이론값보다 3도가 높은 것을 안테나와 수신기의 오 차라고 결론을 내려버린 것입니다. 자신이 없었기 때문이라고도 말할 수 있을는지 모르죠. 」

— 기술적인 문제는 없었을까요?

「우리는 액체 헬륨의 온도를 기준으로 쓰고 있었으니까, 잡음 속으 로부터 우주 배경복사를 분리할 수 있었읍니다. 이것이 그들과의 차이 라고 할 수 있겠지요. 또 그들이 일정한 시기 안에 위성통신 시스팀을 완성시켜야만 했다는 차이도 있었고요. 또 안테나를 만들었을 때의 네 사람이 그 일을 계속하여 하려고 하지 않았던 것도 지적이 됩니다.」

— 만일 그들이 계속했더라면, 우주 배경복사를 발견할 수 있었을까 요?

「물론입니다. 우리보다 훨씬 먼저 발견할 수 있었을 것이 확실합니 다. 우리가 그 일을 해낼 수 있었던 것은 단지 은하계의 관측을 해 보 고 싶었다는 이유 뿐이었으니까요. 」

— 와인버그가 『우주 창성의 처음 3분간』에서, 이론가들이 우주배

경복사를 실험적으로 찾아낼 수 있다는 데까지 확신을 가질 수 없었던
것이, 우주 배경 복사의 발견이 늦어진 이유라고 말하고 있는데…….

「그렇습니다. 여러 가지 이론이 있었습니다. 피블즈의 미발표 논문
에서는 0, 10, 20, 30, 40도로 될 수 있다는 따위로 확정을 하지 못
했던 것입니다. 이론가들은 그들이 살아 있을 동안에 실험적으로 확인
되리라고는 생각조차 하지 않고 있었습니다. 우주의 기원은 일상과는 전
혀 동떨어진 세계이니까요. 」

— 당신은 그 세계를 상상할 수 있읍니까?

「몰라요. 내가 알고 있는 세계는, 자신이 확인할 수 있는 세계 뿐입
니다. 내가 내 방에다 사진을 걸어두고 있는 인물로는 마이클슨(A. Mi-
chelson) 뿐입니다. 그의 사진은 바로 뭔가를 포착하려 하고 있는 얼굴
처럼 보입니다. 」

마이클슨은 광속(光速)의 측정을 한 미국의 물리학자이다. 데카르트
(R. Descartes) 이래로 빛의 파동이 전파하는 매체로서 가상 물질인
「에테르」가 공간 속에 존재한다는 견해가 있었다. 마이클슨은 에테르
에 대하여, 지구가 상대적으로 운동하는 것을 검증하려는 실험을 1881
년부터 시도했고, 1887년부터는 몰리(E. Morley)와 함께 이 실험을 반
복했다. 그러나 에테르에 대한 지구의 상대운동은 관측되지 않았다.
그들의 실험 결과는 그 후 광속불변의 원리로 설명되어 특수상대성 이
론의 근거가 되었다. 에테르의 존재는 부정되었던 것이다.

「마이클슨은 마이클슨-몰리의 실험을 하고 싶었던 것입니다. 그 목
표를 설정한 뒤에야 출발점에 되돌아 와서 생각한 것입니다. 우주배경
복사의 문제에 관해 생각한다면, 프린스턴의 사람들은 이론적인 연구를
계속하고 있었지만, 좋은 장치를 갖추고 있지 못했기 때문에, 맨 먼저
실험을 했었더라도 발견할 수는 없었을 것입니다. 우리와의 차이는, 우
리는 되도록 좋은 온도기준을 만들려고 하여 액체 헬륨으로 그것을 만
들었다는 점입니다. 처음부터 골을 겨냥하고 있었다는 점이 차이입니다.
마이클슨은 100년이나 더 전에 여러 가지 기술을 구사하여, 그 어떤사
람과도 다른 대대적인 실험을 했읍니다. 무엇이 찾는 대상인가를 먼저
결정해 놓고, 거기서부터 다시 출발점으로 되돌아 와서 골을 겨냥한 결
과 그 골에 도달한 것입니다.」

— 우주 배경복사의 의미를 알았을 때, 이건 노벨상 감에 해당할 가
치가 있는 일이라고 생각하셨던가요?

「아니오, 아닙니다. 아니고 말구요. 내가 상을 타리라고는 한 번도

생각해 본 적이 없읍니다. 저것은 두 번째의 논문인데다, 나는 아직도 젊었고 더 세련된 일을 하고 있는 사람들이 많았읍니다. 나는 벨 연구소에 머물어 있으면서 연구를 계속할 수 있기를 바라고 있었을 뿐입니다.」

전화가 걸려 왔다. 그가 수화기를 들었는데 코드가 없었다. 안테나가 붙어 있다. 코드리스 폰이다. 과연 벨 연구소군 하고 나는 멍청히 생각했다. 그는 서둘러 통화를 끝냈다.

— 당신은 인류에게 있어서 매우 의미 심장한 발견을 하셨는데, 그것에 대해서는 어떻게 생각하십니까?

「확실히 발견을 한 것은 나입니다. 그러나 그것은 더 큰 것에 의한 소산이라고 생각합니다. 그 하나는 미국이 난민(難民)을 받아들여 주었다는 사실입니다. 또 교육기관이나 벨 연구소가, 다른 문화를 가진 사람들에게 개방되어 있다는 점도 있읍니다. 나의 발견도 이 세계를 알고자 하는 커다란 흐름 속에서 일어난 사건의 하나라고 생각합니다.」

이 말을 한 뒤에 그는 20세기 중엽에, 미국이 과학의 세계에서 활약할 수 있게 된 풍토, 20세기는 물리학의 시대라는 것 등을 도도히 펼쳐 나갔다. 대단한 열변이었다.

— 노벨상을 받고, 여러 가지로 변화가 많았을 것이라고 생각됩니다. 제일 커다란 변화는 무엇입니까?

「당신들이 생각하기보다는 훨씬 적습니다. 나는 과거와 마찬가지로 보잘 것 없는 집에서 21년을 계속 살고 있으며, 같은 친구들과 사귀고 있읍니다. 바뀌었다고 한다면 내가 승진을 하여, 연구를 지휘하는 자리에 있다는 것 뿐이고, 다른 사람들과는 떨어져 있다는 것이겠지요. 나는 자기를 과거형으로 표현하는 건 싫습니다. 나는 현재의 인간입니다.」

미야모토 무사시의 『고린노 쇼(五輪書)』는 미국에서 베스트 셀러가 되었는데, 그 독자의 대부분이 비지니스맨이라는 말이 나왔을 때, 그는 간발을 놓치지 않고 「나는 그 비지니스맨입니다.」하고 말했다.

머래이 힐에서 홀름델까지는 고속 도로로 40분이나 차로 달려가야했다. 이렇게 먼 곳이라고는 짐작조차 못했었다. 펜지아스와의 인터뷰가 예정시간을 초과했는데다, 머래이 힐의 벨 연구소의 카페테리아의 분위기가 썩 좋았기 때문에, 그만 점심 시간을 좀 느긋하게 보내버린 것 같았다. 약속 시간보다 20분쯤이 늦었다. 윌슨이 있는 곳은 전파천문학과 통신관계 그룹이 들어있는 작은 건물이다. 크로포즈 힐 기슭에 있으며, 나무 사이로 20피트의 각기둥 안테나가 바라보인다.

연한 청색 와이셔츠에 감색 넥타이 차림의 윌슨(R. Wilson)은 조용한 인물이었다. 머리 가운데가 벗겨지고, 귀 위의 갈색 머리카락이 특징적이다. 무척이나 온순한 눈이다. 얘기를 하는데도 기를 쓰거나, 과장 따위라고는 통 느껴지지 않는다. 이쪽이 묻는 말에만 충실히 대답한다..조용하게 묵묵히 일을 하는 타입인 듯하다. 지각을 사과하자 그는 쾌히 받아 주었다.

그는 1976년부터 전파물리학 부문의 부장으로 있다. 현재도 제일선에서 직접 연구를 계속하고 있으며, 완전히 관리직에 틀이 박혀버린 펜지아스와는 퍽 대조적이다. 성격적으로도 두 사람은 좋은 대조가 될 것 같다.

— 어릴 적부터 라디오 등 일렉트로닉스에 관한 공작을 잘 하셨다는데, 아버님의 영향이셨나요?

「그렇습니다. 아버지는 일렉트로닉스 뿐만 아니라, 여러 가지 점에서 제게 영향을 주셨읍니다. 그는 화학 기술자였지만, 나는 화학보다 일렉트로닉스에 더 흥미를 가졌었지요. 」

— 라디오가 일단 작동하기 시작하면 흥미를 잃으셨다고 하는데, 왜죠?

「분명하게 기억하고 있진 않으나, 고교 시절에 아마추어 무선을 하는 친구들이 있었어요. 나는 송신기를 만지작거리는 일은 좋아했지만 교신은 좋아하지 않았어요. 그러니까 송신기가 일단 작동하고 나면 흥미가 없어지는 것입니다. 」

— 당시는 트랜지스터로 되어 있었읍니까?

「아니요. 진공관이었읍니다. 라디오와 텔리비전의 수리도 했었는데, 그것도 모두 진공관이었읍니다. 」

— 그 무렵부터 아주 능숙하셨던가요?

「잘은 모르겠어요. 그러나 잘 고치기는 했읍니다. 고장을 찾아내고, 수리하는 솜씨는 그 후에도 매우 큰 도움이 되었지요. 전파망원경의 상태가 나쁜 곳을 찾아내는 데서도 말입니다. 키트 피크의 국립천문대에 갔을 때, 때마침 기술자가 자리를 비운 적이 있었어요. 그래서 내가 상태가 나쁜 곳을 찾아내어, 그 기술자가 왔을 때 부품을 교환해 주도록 부탁을 했더니 그는 깜짝 놀라더군요. 천문학자가 일렉트로닉스를 알고 있으리라고는 생각하지 못했던 것 같아요. 」

— 펜지아스와 처음 만나셨을 때의 일을 기억하십니까?

「네, 처음으로 얘기를 나눈 것은 미국 천문학회의 회합 때이고, 그리고는 내가 벨 연구소로 상의를 하러 갔었읍니다. 그는 그때 이미 이 연구소에 먼저 와 있었는데, 나더러 이리로 오지 않겠느냐고 권하고 있었읍니다.」

윌슨이 벨 연구소에 들어간 것은 1963년이고, 펜지아스는 그보다 2년 전에 들어와 있었다.

「나는 그의 말이 옳다고 생각했읍니다. 왜냐하면 우리는 서로를 매우 잘 보완할 능력을 가졌었기 때문입니다.」

— 서로 보완하는 능력이란 구체적으로 어떤 점일까요?

「그는 메이저(maser)와 저잡음 수신기에 대해 잘 알고 있었고, 나는 전파천문학의 그 밖의 분야에서 일을 하고 있었읍니다. 나는 일렉트로닉스를 하고, 그는 커다란 기계 부품을 맡았읍니다. 그는 웅대한 구도를 그려내고, 나는 그것이 잘 되어 가도록 했읍니다(웃음).」

펜지아스는 이 점에 대하여, 자기는 멀리까지 가고 싶어 하고, 윌슨은 결실을 많게 한다고 표현했었다.

— 펜지아스와는 꽤나 성격이 다를 듯이 느껴지는데, 자신은 어떻게 생각하십니까?

「네, 그렇습니다. 전혀 다르지요. 그는 어떤 정해진 개인적인 목표를 나보다 많이 가지고 있읍니다. 그는 사람을 지휘하여 일을 추진시켜 나가기를 좋아하고, 나는 내 자신이 직접 하는 것을 좋아합니다.」

— 펜지아스로부터 벨 연구소로 오면 어떤가라는 권유를 받았을 때, 당신은 어떻게 생각하셨읍니까?

「나는 천문학을 계속할 것인지, 아닌지 조차도 결정하지 못하고 있었읍니다. 천문학을 집어던지고 공업관계의 직업으로 나갈까 하고도 생각하고 있었읍니다. 벨 연구소에서 일할 기회가 있어, 여기서 하고 싶은 일이 많다는 걸 알았기 때문에, 이렇게 전파천문학을 계속하고 있읍니다.」

— 7cm의 파장으로 최초로 잡음을 측정했을 때의 결과를 보았을 때 매우 놀랐을 것이라고 생각됩니다마는…….

「놀라움은 서서히 일어났읍니다. 처음에는 그저 어딘가 상태가 나쁜 것으로만 생각했었지요. 무엇이 나쁜지를 찾아내려 했읍니다. 1년 이상을 걸려서 여러 가지 일을 배워가면서, 하나하나의 장치에는 이상이 없다는 걸 확인해 가며 진짜 원인에 접근해 갔읍니다.」

— 일이 잘 되지 않았을 때에 내던져 버리지 않고 왜 계속하셨지요?

「우리에게는 시간이 있었기 때문입니다. 벨 연구소에서는 과거에 두 번이나 이런 문제가 일어난 적이 있읍니다. 그들은 실용적인 실험을 하여 결과를 얻어내야 한다는 시간적 제약이 있었지요. 그러나 우리에게는 시간적인 제약이 없었읍니다. 게다가 우리는 이 결과에 대해 좀 더 조사를 해 보고 싶었지요. 이 일은 중요한 일이라고 생각하고 있었어요. 또 다른 일도 하고 있었기 때문에, 이것에만 매달려 있을 수는 없었읍니다. 한 가지 일만을 해야 한다면 거기서 막혀 버리면 큰 걱정일지 몰라도, 우리는 다른 연구에서 결과가 나오면 그것으로도 괜찮았기 때문에 걱정이 없었읍니다. 그렇기 때문에 굳이 그만 두어야 할 이유도 없었고 (안테나 잡음의 문제를) 계속하여 연구한 것입니다.」

― 옴들은 1961년에 과잉잡음을 관측했으면서도, 우주 배경 복사의 발견에는 이르지 못했읍니다. 왜 그렇게 되었다고 생각하십니까?

「옴은 매우 조심성있고 신중한 실험가입니다. 그의 논문을 읽어보면 매우 의미 심장하다는 것을 알 수 있을 것입니다. 옴들은 예상했던 것보다 높은 안테나 온도를 측정했지만, 장치의 각 부분의 예상온도를 합산하여 측정결과와 비교하는 부정확한 방법 밖에는 취할 수가 없었던 것입니다. 우리는 액체 헬륨의 온도기준을 사용했기 때문에, 안테나 온도와 직접 비교할 수 있었던 것이지요. 그리고 그들이 안고 있었던 시간적 제약이란 문제점도 없었고요. 」

― 액체 헬륨을 기준으로 사용한 것이 성공의 원인이었군요.

「그렇습니다. 하늘과 안테나가 모두 액체 헬륨보다 많은 잡음을 내고 있고, 안테나 자체는 이보다 적은 잡음을 낼 것이라는 것을 알았읍니다. 따라서 안테나의 외부에 무언가 있다는 것이 됩니다. 이 직접적인 비교에 의하여 올바른 결론에 이를 수가 있었던 것이지요.」

미국의 저널리스트인 젙슨 (H. Judson ,그 후 존 홉킨스 대학 교수)은 과학자가 발견을 했을 때에, 어떤 일이 일어났던가를 분석한 훌륭한 저서 『The Search for Solutions (과학과 창조) 』를 썼다. 그 책에서 그는 우연의 발견이라고 인용 되고 있는 예로서 뢴트겐(W. Röntgen)에 의한 X선의 발견과 플레밍(A. Fleming)들에 의한 페니실린의 발견 등 많은 예를 소개하고 있다. 그의 결론은 「우연은 준비가 잘 갖추어진 실험실을 좋아한다.」라는 것이었다.

― 젙슨은 「 우연은 준비가 잘 갖추어진 실험실을 좋아한다.」 라고 말했는데, 이것은 당신들의 발견에도 적용될 듯한 느낌이 듭니다.

윌슨은 잠시 생각에 잠겼다.

「그렇지요. 저런 종류의 측정을 하기 위해서는 우리의 실험실은 매우 준비가 잘 갖추어진 실험실이었다고 말할 수 있을 것입니다.」

— 만약에 옴들이 연구를 계속했더라면, 그들은 우주 배경복사를 발견할 수 있었을까요?

「그건 대답하기 매우 곤란하군요. 액체 헬륨의 온도기준을 사용해야 할 이유가 없었더라면, 아마 발견할 수 없었던 것이 아닐까고 생각됩니다마는……. 우리에게 매우 행운이었던 것은, 프린스턴의 사람들이 이론적인 연구를 하여 서로의 결과를 알고 있었다는 점입니다. 그것이 없었더라면 두 연구는 결부되지 않았을 것입니다. 우리는 극히 한정된 측정을 하고 있었읍니다. 이론적인 연구가 없었다고 하더라도 측정은 계속했겠지만서도……」

펜지아스의 대답과는 조금 뉘앙스가 달랐다.

— 1965년에 연구소로부터 풀 타임의 전파천문학자 한 사람을 감원하겠다는 말을 들으셨다면서요?

「네, 그랬읍니다. 그 때 우리 두 사람이 다 파트 타임으로 전파천문학을 하고 또 다른 일도 하기로 했읍니다. 이산화탄소 레이저를 연구했지요.」

— 우주 배경복사의 발견 과정에서 가장 흥분했던 순간은 어느 때였읍니까?

「그건 아주 천천히 왔읍니다. 디키와 얘기를 한 후에 조차도 말입니다. 나는 처음에는 우주론을 그리 중대하게는 생각지도 않았고, 아르노도 그랬었다고 생각합니다(웃음). 우리는 우주론에 의한 설명은 빼 버리고 논문을 썼지요. 나는 그때 마침 정상우주론 (定常宇宙論)을 좋아하고 있었어요. 그런데 우리는 다른 우주론(빅뱅 우주론)을 설명하게 된 것입니다. 그러나 이것이 우주론에 커다란 변혁을 가져 오리라는 의식은 내게는 아주 서서히 일어났읍니다. 『뉴욕 타임즈』의 일면에 이 발견에 관한 기사가 실린 것이, 내게 중요한 일이었구나 하고 생각하게 하기 시작한 하나의 실마리가 되었읍니다.」

— 『뉴욕 타임즈』에 실리고 나서 노벨상을 타게 될지도 모른다고 생각을 하셨나요?

「아니요, 아닙니다.」

— 당신들의 발견은 매우 운이 좋은 예라고 말합니다마는…….

「확실히 행운이라고 생각합니다. 다른 사람들도 같은 실험을 하여, 같은 결과를 얻었을는지도 모르니까요. 우리는 우주 배경복사의 발견을 계획하고 있었던 것도 아니고 말입니다. 그러나 많은 과학상의 발견이 미리 계획된 것은 아니었다고 나는 생각합니다. 다만 나는 관측장치가 무엇을 말해 주려하고 있는가를 이해하지 못했다는 중대한 과오를 범하고 있었다는 것을 깨달았읍니다. 장치를 신뢰한다는 건 중요한 일이라고 생각했읍니다.」

과연 윌슨다운 말이었다. 무한히 실험에 충실하려는 실험가의 말이다.

— 당신은 수상 강연에서 「우리의 관측은 이론으로부터는 독립되어 있고, 그 자체만으로서도 계속하여 살아나갈 것이다.」라고 하셨다는데, 이 생각에는 지금도 변함이 없으십니까?

「네, 이론이 아무리 바뀌어지더라도 길은 있는 것입니다. 빅뱅 이론에서도 단순한 이론이 진실이어야 한다고는 할 수 없읍니다. 최초의 빅뱅이 일어날 때 방출된 복사가 지금 관측되고 있는 배경복사가 되었다는 설은 매우 설득력이 있읍니다. 그러나 그 사이에 우리 태양계가 생겼고 또 모든 무거운 원소들이 만들어졌읍니다. 탄소, 질소, 산소, 그 밖의 여러 가지 원소가 그것입니다. 이 원소들은 그보다 전에 태어난 별에서 만들어진 것입니다. 이른 시대의 별에서 " 찬 빅뱅 "이 있어, 많은 열이 나왔다는 이론을 제창한 사람들도 있읍니다. 지금 우리가 보고 있는 배경복사는 이른 시대의 별로부터 나온 것이라고 하는 것입니다. 단순한 빅뱅설로는 설명할 수가 없고, 이런 이론이 부분적으로는 옳다는 것도 있을 수 있는 일입니다. 그러나 배경복사의 스펙트럼은 흑체복사 (**黑體輻射** ; 모든 파장의 복사를 완전히 흡수하는 물체＝숯이 그것에 가깝다 ＝에서 방출되는 열복사)와 흡사하며, 우주의 극히 초기에 그 유래가 있다는 것은 명백합니다.」

— 당신들은 인류에게 있어서 굉장히 중요한 일을 발견하셨읍니다. 그것에 대해서는 어떻게 생각하십니까?

「역사상에 우리의 발자취를 남길 수 있었다는 것은 매우 기쁜 일입니다. 그러나 그 후에도 우리는 성간분자(星間分子)의 하나로서 일산화탄소를 발견하기도 했읍니다. 이 발견은 우리에게 보다 만족할 만한 것이었읍니다. 그건 우리의 실험이 일부분에만 그친 것이 아니라, 줄곧 계속해 왔던 일이기 때문입니다.」

펜지아스와 윌슨은 두 사람이 다 우주 배경복사의 발견만을 자기들의 업적으로 보는 것에는 그리 유쾌한 생각이 아닌 듯했다. 확실히 많은 우연과 행운이 그들에게, 과학계 최고의 영예를 가져다 준 것은 틀림없다.

그러나 그들은 행운을 불러들일 만한 소지를 다듬어 놓고 있었다는 점에서, 역시 비범한 과학자인 것에 틀림없다고 필자는 생각했다.

윌슨과의 인터뷰를 마치고, 20피트의 각기둥형 안테나를 둘러 본 뒤 뉴아크공항으로 가서 워싱턴행 항공기를 탈 예정이었다. 윌슨과의 인터뷰가 늦어진 탓으로 예약했던 항공편에는 시간을 맞출 수가 없었다. 전화를 빌어 예약을 변경하자 다행하게도 바로 다음 편을 잡을 수가 있었다. 빅뱅의 화석을 포착한 안테나를 바라 볼 시간은 길면 길수록 좋았으니까…….

기묘함이야말로 진실

1969년 · 소립자의 분류와 그 상호작용에 관한 발견과 기여

머레이 겔만
Murray Gell-Mann

1929년 9월 15일 New York에서 출생
1948년 Yale 대학 졸업
1951년 Massachusetts 공과대학에서 박사 학위 취득
1952년 Chicago 대학 강사
1953년 조교수
1954년 부교수
1955년 California 공과대학 부교수
1956년 교수

우리가 살고 있는 이 세계는 기본적으로 무엇으로써 이루어져 있을까? 이 의문은 그리스 시대부터 여러 가지 회답이 시도되어 왔다.

우리는 물질을 구성하는 요소로서 원자를 알고 있다. 원자는 원자핵과 그 주위를 회전하는 전자(電子)에 의하여 구성되어 있다. 원자핵을 만들고 있는 것은 양성자와 중성자라고 하는, 전자에 비교하면 훨씬 무거운 입자들이다. 1930년대에는 물질을 만드는 기본적인 입자, 즉 소립자(素粒子)는 양성자, 중성자, 전자라고 생각되고 있었다.

그런데 그 후, 연달아 새로운 입자가 발견되었다. 소립자가 수백이나 되어 버린 것이다. 이렇게 많은 수가 있는 것을 어찌 "素"(바탕) 입자라고 부를 수가 있을까? 그래서 이들 입자는 더 기본적인 소수의 입자로 구성되어 있는 것이 아닐까 하는 생각이 등장했다.

겔만(M. Gell-Mann)은 양성자와 중성자를 만들고 있는 더 기본적인 입자 〈퀴크(Quark)〉의 제창자로서 유명하다. 퀴크 모델은 1964년에 나왔는데, 겔만과 같은 캘리포니아 공과대학의 츠바이크(G. Zweig)도 독립적으로 같은 모델을 내놓아 〈에이스(ace)〉라고 명명했다. 그러나 겔만이 명명한 퀴크란 명칭이 널리 사용되고 있다.

퀴크는 그보다 이전에 알려져 있던 입자와 비교하면 매우 기묘한 성질을 지니고 있다. 자연계에 존재하는 전하(電荷)는 전자의 전하가 그 기본으로 되어 있다. 그 때까지 발견되어 있던 모든 입자의 전하는 어느 것이나 다 전자의 전하의 정수배(整數倍)와 같았다(물론 음·양의 차이가 있고, 전하를 갖지 않는 입자도 있다). 그런데 쿼크는 전자 전하의 1/3배 또는 2/3배라고 하는 분수(分數)의 전하를 가졌던 것이다. 더구나 쿼크는 양성자 등의 속에 갇혀 있고 단독으로는 그 모습을 나타내는 일이 없다고 한다.

그러나 높은 에너지의 전자를 양성자에 쏘아넣는 실험에 의해 전자가 산란되는 방식을 조사해 보면, 양성자 속에 점 모양의 전하가 존재한다는 것이 알려졌다. 또 높은 에너지의 입자를 충돌시켰을 때에도, 쿼크가 만들어지고 있는 것으로 생각되는 현상이 수많이 있다는 것도 알려졌다. 그래서 현재 쿼크는 실존하는 입자로서 다루어지고 있다. 쿼크는 향기(flavor)라고 불리는 성질에 의해 분류되는데, 현재까지 업(up=u), 다운(down=d), 스트렌지니스(strangeness=s), 참(charm=c), 보톰(bottom=b)의 다섯 종이 알려져 있고, 존재가 예측되었던 여섯번째의 쿼크, 톱(top=t)을 발견했다는 보고도 나와 있다.

현재의 생각으로는, 양성자는 u쿼크 2개와 d쿼크 1개(u, u, d)로써 구성되어 있다. 중성자는 (u, d, d)로 되어 있다. 이와 같이 하여 모든 무거운 입자들의 총칭인 바리온(baryon)들은 3개의 쿼크의 조합으로 되어 있다. 그러나 중간자는 쿼크와 반(反)쿼크의 쌍으로 되어 있다.

또 전자나 중성미자(뉴트리노 : newtrino =ν)는 렙톤(lepton : 경입자)이라고 불리고 있는데, 이들은 쿼크와 동등하게 기본입자를 형성하고 있다. 여기에 추가해서 포톤(photon : 光子)이나 최근에 그 실존이 확인된 위크 보존(week boson) 등 힘을 전달하는 기본입자로서 인정되고 있다.

쿼크 이론은 바로 현대 물리학의 대발견이라고 할 수 있으나, 1969년의 노벨 물리학상을 수상한 겔만의 수상 이유는 「소립자의 분류와 그

쿼크·렙톤의 세대구분

전하		제 I 세대	제 II 세대	제 III 세대
쿼크 {	+2/3	u (업)	c (참)	t (톱)미발견
	−1/3	d (다운)	s (스트렌지니스)	b (보톰)
렙턴 {	−1	e⁻ (전자)	μ^- (뮤온)	τ^- (타우)
	0	ν_e (전자 뉴트리노)	ν_μ (뮤 뉴트리노)	ν_τ (타우뉴트리노)

상호작용에 관한 발견과 기여」로 되어 있고, 쿼크 모델에 대한 공적까지는 포함되어 있지 않다.

겔만은 1953년에 새로운 소립자의 상호작용을 분류하기 위해 스트렌지니스(기묘성)라는 양자수(量子數)를 도입한 이론을 발표했다. 같은 해에 일본의 니시지마(西島和彦 : 현재 도쿄 대학 교수)와 나카노(中野董夫 : 현재 오사카 시립대학 교수)도 같은 견해를 발표했으며, 이 이론은 「겔만-니시지마-나카노(GNN)이론」이라고도 불린다.

또 겔만은 1960년, 수학의 군론(群論)의 방법을 사용하여 입자를 분류하는 「팔도설(八道說 : eightfold way)」를 발표했는데, 이것이 쿼크 모델로 발전하게 되었다. 팔도설은 1956년에 일본의 사카다(坂田昌一 ; 당시 나고야 대학 교수, 사망)가 만든 「사카다 모델」과도 밀접한 관계가 있는 등, 겔만의 연구에는 일본의 소립자론과도 깊은 관계가 있다.

어쨌든 양성자와 중성자 등을 구성하는 더 아래 계층의 입자인 쿼크라는 개념에 도달하여 현대 물리학의 기반을 만든 그의 업적은 매우 크다. 가히 20세기 이론물리학의 거인이라고 일컫기에 어울리는 인물이다.

학회에 참석하기 위해 시카고에 와 있는 겔만과는 호텔에서 만나게 되어 있었다. 내가 차를 준비하여 그를 공항으로 모셔 가기로 하고, 그 차 안에서와 공항에서 인터뷰를 하자는 것이 그의 조건이었다.

겔만과의 인터뷰가 있기 전날, 샌프란시스코에서 시카고로 날아 온 나는 서로가 만나기로 한 호텔에 짐을 풀었다. 시카고 시내에 있는 좀 낡기는 했으나 차분한 분위기의 호텔이었다. 예정 시간 훨씬 전부터 나는 로비에 앉아 들어오는 사람들을 살펴 보고 있었다. 곱슬곱슬한 백발, 검은테 안경, 약간 뚱뚱한 몸집을 베이지색 코트에 감싼 초로의 신사가 양손에 가방을 들고 들어섰다. 그가 확실했다.

「겔만 교수님 ！」하고 부르자, 그는 내 이름을 확인했다.

자기 차냐, 아니면 대절한 차냐고 그가 물었다. 운전을 못하는 데다 전세차를 빌기에는 주머니 사정이 넉넉하지 못했다. 택시로……하고 대답하자 그는 별 말도 없이 성큼성큼 택시를 타는 곳으로 향하여 걷기 시작했다.

— 당신은 스물 한 살이라는 아주 젊은 나이에 박사 학위를 따셨는데, 이것은 이론 물리학 분야에서도 드문 일입니까？

「특수한 일이라고 생각합니다. 어릴 적부터 책을 읽었고, 월반으로 진학하여 교육의 각 단계를 일찍 마쳤어요. 그래서 박사 학위도 빨랐읍니다.」

겔만은 육중한 체격에 어울리지 않게 높고 날카로운 목소리의 빠른 어조로 말한다.

— 어릴 적부터 물리학에 흥미를 가지셨읍니까?

「아니요. 나는 고고학(考古學), 새와 동물이나 식물 등의 박물학, 수학 등 여러 가지 것에 흥미를 가졌었지만 물리학에는 통 흥미가 없었읍니다. 물리 교과셔는 따분했읍니다. 고등학교에서 성적이 나빴던 건 물리뿐입니다. 역학, 소리, 열, 빛, 전기, 자기를 아무 관련성도 없이 배웠지요. 정말로 지독한 과목이었읍니다.」

— 소립자 물리학을 하겠다고 결심한 건 언제였읍니까?

「나는 한 번도 결정한 일이 없어요. 열 다섯 살에 대학 입학이 허가되었을 때는 고고학이나 언어학(言語學)과 같은 과목을 전공하려고 생각했읍니다. 그러나 아버님께서 반대 하셨어요. 『그런 걸 하면 굶어죽게 돼』하고 말입니다. 당신께서는 대공황(大恐慌) 때의 일이 아직껏 머리 속에 강하게 남아 있었던 것입니다. 아버지께서는 엔지니어링이라면 생활에는 곤란이 없을 테니까 좋다고 말씀하셨어요. 그렇지만 내가 만드는 것이라곤 어김없이 부숴지거나 깨뜨러질 터이니까 역시 굶어죽기는 마찬가지일 것이라고 생각했읍니다(웃음). 형님은 박물학에 흥미를 가졌었는데도 엔지니어링을 공부하여 열 다섯 때에 대학을 그만 두었어요. 아버지는 타협안으로서 물리가 어떻겠느냐고 말씀하셨지요. 물리는 따분하고 체계도 갖추어져 있지 않다고 대답했더니, 그건 초급이기 때문이지 상대론이나 양자역학(量子力學)을 배우게 되면, 그 값어치를 알게 될 것이라고 하셨어요. 아버지는 물리학자도 수학자도 아니었지만 취미로 수학 문제를 풀거나, 물리와 천문학의 일반인을 대상으로 쓴 책들을 읽고 계셨읍니다.」

「그래서 나는 예일 대학에 들어가 물리 코스를 택했읍니다. 확실히 상대론과 양자역학은 무척 재미있었읍니다. 고등학교에서 배우던 물리처럼 토막지식이 아니라, 넓은 범위에 걸친 것이었읍니다. 그렇기 때문에 다른 코스로 옮겨 갈 필요가 없었던 것이죠. 소립자 물리학으로 들어간 것은, 내가 늘 사물의 근본적인 부분에 끌렸었기 때문입니다. 자연과학의 근본적인 분야라는 것은 매우 특수한 학문분야입니다. 특히 소립자 물리학과 우주론은 한 쌍의 기둥입니다. 다른 모든 과학은 소립자 물리학과 우주론에다 그 기초를 두고 있읍니다. 그러므로 나쁜 선택은 아니었다고 생각합니다.」

— 가장 영향을 받았던 물리학자는 누구입니까?

「처음에는 형님이었읍니다.」

물리학자를 물었었는데, 좀 뜻밖인 데서부터 얘기가 시작되었다.

「형은 나보다 아홉 살 위인데, 매우 지적이고 재미있는 사람이었읍니다. 어릴 적에는 모든 것을 형한테 배웠어요. 내가 흥미를 가진 것들이란 어차피 형과 얘기한 것에 바탕하고 있는 것입니다.」

「나는 여러 분야가 확연하게 갈라져서 존재하고 있다고는 생각지 않습니다. 내게 있어서 인간의 문화란 단절점이 없는 하나의 통합체입니다. 물리는 이 가운데서 중요한 부분을 차지하고 있는데, 자연과학은 전체적으로 하나의 통합체이며 사회과학, 인문과학, 예술과도 연결되어 있읍니다. 나는 물리학 속에서도 자주 박물학자의 시점(視點)을 사용합니다. 다이나믹한 이론을 만들지만 현상(現象)의 기술(記述)이나 수식화(數式化), 정성적(定性的)인 관점에는 반대하지 않습니다. 나는 냉철한 이론으로 움직이는 아폴로적인 인간도, 직관으로 움직이는 디오니소스적인 인간도 아니며 양쪽을 다 즐기고 있읍니다. 이같은 타입을 오딧세우스적 인간이라고 말하는 사람도 있어요. 나는 다른 물리학자들보다도 애매성에 대해서는 관용한 편입니다. 그러나 정성적인 문제를 다루고 있는 사람들보다는 논리나 다이나믹스에 흥미를 가지고 있읍니다. 나는 이 둘을 결부시키려는 것입니다.」

겔만은 얘기를 하기 시작하면 좀처럼 멈춰지지 않는 모양이다. 얘기는 약간 탈선 상태로 계속되었지만 그의 사고방식을 말해 주고 있어서 흥미롭다. 고교 시절, 예일 시절로 인상에 남았던 선생들의 얘기를 거쳐서야 겨우 박사 논문을 지도해 주신 바이스코프(V. F. Weisskoph)의 얘기로 들어 갔다.

「바이스코프는 중요한 인물입니다. 나는 물리학에 관해서는 그로부터 많은 걸 배우지는 않았지만, 더 중요한 걸 배웠읍니다. 그건 과학의 연구에서 어느 부분이 중요한가를 확인하는 일입니다. 젊은 사람들은 쉽사리 수식(數式)에 매력을 느낍니다. 바이스코프는 과학의 본질은 수식에 있는 것이 아니라고 주의 깊게 가르쳐 주셨읍니다. 수식이 아니라 아이디어라고 말했읍니다. 복잡하고 그럴싸하게 보이는 수식보다는, 되도록 간단한 수식이 좋다는 것입니다. 물론 수식은 써야만 하지만 최소한으로 그치라는 것이지요.」

「같은 맥락에서 그는 아이디어가 숨겨져 버리지 않고, 그 모습이 드러나 보이도록 해야 한다고 말씀하셨어요. 일부 수학자는 어떻게 생각했는가를 감추려 하지만, 그건 과학자가 해서는 안되는 일입니다. 이런 방법은 최근에는 수학에서도 유행하지 않게 되었지만……. 바이스코프와 역사, 철학, 정치 따위를 얘기하는 것도 신선했읍니다. 그도 나와 마찬가지로 모든 것이 인류 문화의 일부라고 생각하고 계셨읍니다. 그에게서 배운 것이 아니라, 이미 내 속에 있었던 것이 그와 공명한 것입니다.」

여기서부터 이야기는 아이디어가 떠 오르는 과정으로 들어갔다. 겔만의 입으로 그것을 듣는 것은 매우 흥미로운 일이다.

「문제를 푸는 데는, 그 문제로 늘 머리를 가득히 채워 두어야만 합니다. 존재하고 있는 이론이 모조리 사실과 부합하지 않게 되었을 때, 그 모순을 없애도록 이론을 변화시키는 방법을 발견해야 합니다. 그건 흔히 받아들여지고 있는 아이디어를 버리는 것이 됩니다. 그러나 무엇으로 대체될 것인지는 알 수 없읍니다. 어쨌든 부지런히 해 보아야 합니다. 그리고는 어느 점에 가서는 막히게 됩니다. 거기서 마음의 일부에, 내가 "의식하(意識下)의 의식"이라고 부르는 것이 생깁니다. 그렇게 되면 자전거를 타고 있을 때도, 면도질을 하고 있을 때도, 달리기를 하고 있을 때도, 잠을 자고 있을 때도 케클레(F. A. Kekule)가 벤젠의 구조를 발견했을 때처럼, 꿈을 꾸고 있을 때 조차도 아이디어가 만들어지는 것입니다.」

「최근 40년, 특히 요 20~10년 사이에 브레인 스토밍(역자주: 창조적 두뇌의 집단적 개발법. 여러 계층의 사람이 그룹으로 모여 아무런 구속도 받지 않고, 자유로이 자기의 창조적 아이디어를 생각나는 대로 제안해서 토론하는 토론방법 Brain Storming이 개발) 등에 의해 이 과정이 가능하다는 말이 나오기 시작했읍니다. 이 방법은 아이디어를 뱉아내는 데에 토대를 두고 있읍니다. 그릇된 아이디어건, 불충분한 아이디어건, 넌센스한 아이디어건 간에 모조리 한데 오고, 잡탕으로 모아서 좋은 아이디어로 만들어 버리는 이 과정은, 「의식하의 의식」이 문제를 소화하는 것에 의해서 문제의 해결이 이루어지고 있는 것으로 생각되고 있읍니다. 나도 그렇다고 생각합니다. 수동적인 방법보다는 이런 적극적인 방법으로 문제 해결이 가속화될지도 모른다고 생각합니다.」

— 다른 물리학자의 영향은 어떻습니까?

「초기의 공동 연구자인 로(F. Low)와 골드버거(M. Goldburger)로부터 상당한 영향을 받았읍니다. 특히 골드버거가 정확하게 계산하는 방법을 가르쳐 주었읍니다. 바이스코프로부터는 배우지 않았기 때문이지요(웃음). 바이스코프는 페르미(E. Fermi)의 제자입니다만……. 그 페르미는 질문을 하면 흑판의 왼쪽 위에서부터 쓰기 시작하여, 오른쪽 아래까지 계속하여 답이 나올 때까지 전혀 틀리는 곳이라곤 없었습니다.」

"바이스코프의 식"이라는 것이 있다고 한다. $1 = -1 = i = -i$ 라는 것이다. 바이스코프는 계산을 잘 틀리는 것으로 유명하다.

「로와는 프린스턴의 고등 연구소에서 연구했고, 최초의 공저(共著)로 된 논문을 썼습니다. 2년 후에 다시 한 번 함께 일을 하여 재규격화 이론(再規格化論 : renormalization theory)에 관한 논문을 썼습니다. 그 1953년 여름은 기온이 40℃에 이를 만큼 더웠었는데도, 논문에 집중하고 있었기 때문에 더위를 느끼지 못했습니다. 같은 여름에 스트렌지니스의 논문을 썼습니다. 이건 그 1년쯤 전부터 생각하고 있었던 것인데, 그 무렵에 니시지마, 나카노도 논문을 제출했습니다. 나는 생각을 해놓고도 1년 반 논문을 내는게 늦었지요. 나는 언제나 논문 제출이 늦어지고 맙니다. 빨리 쓰면 좋을 텐데 그게 웬지 안되는 겁니다. 식과 대답은 완성되는 데도 늘 문장이 되질 않아요.」

— 그리고 보니 당신의 노벨상 수상 강연은 강연집에 수록되어 있지 않았더군요.

「1966년에 왕립 연구소에서 한 것과 같은 내용의 강연을 스톡홀름에서 했읍니다. 그러나 쿼크의 아이디어를 포함시킨 더 자세한 것을 썼으면 하고 생각하고 있었지요. 쿼크의 아이디어는 수상 연구의 모든 것을 설명해 줍니다. 나는 입자로부터 쿼크가 단독으로는 분리되어 나타날 수 없다고 생각하고 있었는데도 불구하고 쿼크의 존재를 중대한 일이라고 받아 들였읍니다. 쿼크를 중요한 실존하는 것으로 생각하고 있었다고 해도 되겠지요. 그러나 쿼크는 입자 바깥에서 단독으로 관측되는 일은 없다는 수학적인 의미만을 기술했읍니다. 그건 수학적인 기술이지, 내부적으로는 실재로 존재한다고 믿고 있었읍니다. 이것을 노벨상의 수상 강연으로 썼으면 하고 생각하고 있었어요. 그러나 쓰질 못했읍니다. 다음 주에는 써야지, 내일은 써야지 하다가 시간이 없어져 버렸읍니다.」

— 어쨌든 무얼 쓴다는 것은 시간이 걸리시는군요.

「그렇습니다. 편지건 무엇이건……. 어릴 적에 아버님으로부터 『글을 쓴다는 건 중대한 일이니까 결코 틀려서는 안된다.』는 말씀을 들어 온 것이 영향을 끼치고 있을지도 모르지요. 나는 지나치게 문장에 신경을 쓰기 때문에 편지 한 장을 쓰는데도 한 달이 걸립니다.」

택시는 오헤어 공항으로 가는 고속도로를 벌써 30분 이상이나 달려
가고 있었다. 차는 막히지도 않고 쑥쑥 빠져 나간다. 겔만의 얘기는 좀
처럼 멈춰지지 않고 계속된다. 쿼크의 발상에 관한 얘기를 들어 볼 시
간이 없어지는 것이 아닌가 하고 걱정이 되었다. 가까스로 얘기가 일
단락된 데서 핵심적인 화제로 들어갔다.

— 쿼크에 대해서 여쭤어 보고 싶은데, 분수의 전하를 도입한 것은
혁명적인 일이었읍니다. 어떻게 착상한 것입니까?

「이건 현재 향기(flavor)라고 불리는 것에 좇아서, 기본적인 입자를
3개씩 한 세트로 사용하려는 명확한 아이디어에서 발상된 것입니다. 향
기에 관한 SU₃군(群)은 잘 알려져 있읍니다. 3입자로 된 조(組)가
중요하다고 생각하는 것은 자연스러운 일입니다. 나는 여러 가지 것을
시도해 보고 있었읍니다.」

SU₃이란 수학의 군론에서 사용되는 용어로서, 세 가지 상태를 혼합
시키는 변환(變換)에 관한 군(群)을 가리킨다. 이 역시 겔만이 크게
기여한 일이지만, 소립자는 전하, 아이소스핀, 스트렌지니스 등의 양자
수를 사용하여 분류할 수가 있다. 그렇게 하여 분류된 그룹이 SU₃에
의해서 이끌어지느냐 어떠냐는 것이다.

「관측되는 입자는 1입자조, 8입자조, 10입자조 등입니다. 여기서
3입자조를 도입하는 교묘한 방법을 찾아내는 것입니다. 시도한 방법의
하나는 바리온에 관한 것입니다. 3×3×3은 수학적으로 1+8+8+10
으로 된 부분군으로 갈라집니다. 이건 바리온 속에 관측되는 1입자조,
8입자조, 10입자조를 제공해 줍니다. 중간자에 대해서는 3×3(세 종
류의 입자와 세 종류의 반(反)입자)이 1+8로 분류되어, 관측되고 있는
중간자의 1입자조와 8입자조를 제공해 줍니다. 그러나 이것은 분수전
하를 써야만 연결된다는 것을 알아챘읍니다. 그러나 그때는 분수 전하
는 버려야 할 아이디어라고 생각했었지요.」

「그런지 한, 두 달 후에 나는 컬럼비아 대학에서 서버(R. Serber)로부
터 왜 내가 3×3×3이 1+8+8+10이 되는 것을 쓰지 않았느냐는 질
문을 받았읍니다. 그래서 나는 분수 전하가 필요하게 되기 때문이라고
대답했지요. 그때 갑자기 분수 전하가 반드시 틀린 것만은 아니지 않겠
느냐는 생각이 떠 올랐읍니다. 나는 분수 전하가 존재하리라고는 생각
하고 있지 않았읍니다. 그러나 3입자조는 근본적인 것인데도 불구하고
관측할 수는 없을지도 모릅니다. 누군가가 실험으로 찾아내려 할지도 모
르기 때문에 일단 논문에서는 시사는 했었지만, 나는 실제로 분수 전하

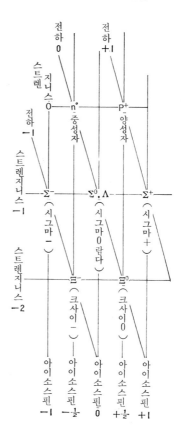

나카노 - 니시지마 - 젤만의 법칙에 의하여 전하, 아이소스핀, 스트렌지니스라는 세 가지 양자수를 사용하여 하드론을 분류하면 중간자, 바리온이 어느 것이나 8개의 조를 이룬다. 여기서는 바리온의 예를 보였다. 젤만은 이것으로부터 팔도설이라 명명하였다.

가 관측될 수 있다고는 생각하고 있질 않았습니다. 웬지는 몰라도 그렇게 생각했던 것입니다.」

「서버와의 대화는 이 아이디어를 해빙시키는 데에 결정적인 역할을 했읍니다. 다음날 컬럼비아 대학에서의 회합에서 이 생각을 얘기하기 시작했읍니다. 그 때부터 철자(spell)는 알 수 없었으나 내가 『쿼크』라는 말을 쓰기 시작했었다고 말하는 사람도 있읍니다. 그 직후 곧 이 좀 별난 기본입자를 『쿼크』라는 별난 이름으로 생각하기 시작했읍니다. 또 그보다 조금 뒤에 조이스(J. Joyce)의 소설 『 Finnegans wake』에 나오는 시의 한 귀절에서 아마도 『쿼크』라고 발음하는 말을 발견했을 것입니다. 그래서 나는 그 철자(quark)를 쓰기로 결정했읍니다. 대화와 아이디어는 1963년 3월의 일인데, 9월이 되기까지 꼬박 6개월 동안 논문을 쓰지 않았읍니다. 나는 그 당시 MIT의 객원 교수여서 MIT로 부터 컬럼비아 대학으로 토론차 갔었던 것입니다.」

기본적인 입자의 3입자조로부터 많은 입자를 설명하려 했던 것은 사 카다 모델이 그러했다. 그러나 사카다 모델은 양성자, 중성자, 람다 (Λ)입자 등 기지의 입자를 그 구성요소로 했기 때문에, 바리온에 대 해서는 잘 들어맞지 않는 데가 생겼다. 양성자나 중성자의 더 아래 계 층의 입자를 도입한 것이 쿼크 이론의 혁명적인 점이며 성공을 거둔 이 유였다.

— 바리온과 중간자의 하부 구조가 필요하다는 건 언제부터 생각하고 계셨읍니까?

「필요하다고는 생각하고 있지 않았읍니다. 팔도설의 이론을 낸 처음 서부터 3입자조가 어떤 형태로건 관여하고 있을 것이 틀림없다고 생각 하고는 있었읍니다. 그것은 결국 하부 구조와 같은 것으로 귀착됩니다. 서버와의 대화는 그걸 상기시켜 주었읍니다. 그는 분수 전하가 필요하 다는 걸 몰랐읍니다. 나는 분수 전하가 필요하다는 걸 설명했읍니다. 그래서 매우 훌륭하고 단순하면서도 말끔한 이론이 만들어졌읍니다. 분 수 전하를 도입하지 않으면 이런 생각들은 생기지 않았을지도 모릅니다. 왜냐하면 가두어두기 메카니즘을 몰랐기 때문입니다. 가두어두기 메카 니즘을 이해한 건 9〜10년 후의 일이었으니까요.」

택시는 오헤어 공항의 유나이티드 항공의 출발 카운터 입구에 닿았다. 마침 얘기가 일단락된 판국이어서 마음이 놓였다. 짐을 X선 검사에 통 과시킨다. 테이프 레코더를 검사용 짐바구니에 얹어서 내밀었더니 여자 직원이 「어머, 이것 동작하고 있어요.」하고 놀란듯이 내게 말했다. 「네, 지금 녹음 중인 걸요.」하고 대답하자 그녀는 매우 의아스럽다는 표정 을 보였다. 겔만이 걸어가면서도 얘기를 계속하고 있었기 때문에 일부 러 테이프 레코더를 가동시킨 채로 두었었다.

겔만은 성큼성큼 앞서 간다. 에스컬레이터로 올라가서 닿은 곳은 회 원제로 되어 있는 라운지였다. 그는 숱한 카드가 든 카드첩에서 한 장 을 끄집어내어 입구에 있는 사람에게 보이고는 안으로 들어갔다. 안은 꽤나 혼잡했으나 용케 빈 자리가 있었다. 「코피를 할까요?」하고 그가 물었다. 내가 고개를 끄덕이자 그는 냉큼 일어서서 코피를 가지러 갔다. 셀프 서비스이다. 나는 당황하여 뒤를 쫓아가 「내가 할게요.」라고 말 했으나 그는 스스럼없이 코피를 컵에다 따라 주었다. 다시 자리에 앉 아서 인터뷰를 시작한다.

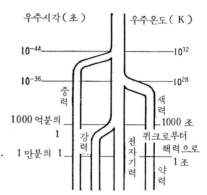

우주시각(초)   우주온도(K)

빅뱅 후, 우주의 온도가 내려감에
따라서 네 종류의 힘으로 갈라졌다.
통일이론은 이 과정을 역으로 더듬
어가는 것이 된다.

── 현재 향기(flavor)는 여섯 가지가 생각되고 있는데 이것 뿐일까
요. 아니면 더 있을지도 모를까요?

「입자는 두 종류의 렙턴과 두 종류의 쿼크가 한 세대를 만들고 있는
듯이 보입니다. 만약에 네번째의 가족이 있다면 네번째의 뉴트리노가
있을 것입니다. 이 뉴트리노는 다른 뉴트리노와 마찬가지로 질량이 없
거나, 매우 가볍거나 할 것입니다. 우주 초기의 물질생성을 연구하고
있는 사람들은, 다섯번째나 여섯번째의 뉴트리노를 가진 가족이 나타나
면 곤란해집니다. 수소와 중수소의 비율이 맞지 않게 되기 때문입니다.
많은 가족이 있으리라고는 생각되지 않아요. 물론 뉴트리노에 질량이
있다는 사실이 밝혀지면 그 때는 가족이 더 많아도 됩니다.」

── 이론 물리학자가 될 수 있느냐, 어떠냐는 것은 선천적으로 결정되
어 버린다고 생각하십니까?

「그건 내 전문이 아니지만, 대개의 분야에서는 성공을 위해서는 유
전적인 요소가 필요합니다. 그러나 그 밖에도 많은 요소가 필요하죠.
그리고 필요한 유전적 요소는 상당히 많은 사람들이 가지고 있다고 생
각합니다.」

── 앞으로 있을 물리학에서는 무엇이 필요하다고 생각하십니까?

「근본적인 이론(fundamental theory)입니다. 물리학 뿐만 아니라 모
든 과학에 대해서도 중요합니다. 아마도 사회과학도 포함하고서 말입니
다. 비선형 (非線型)의 시스팀 다이나믹스와도 관계됩니다. 방대한 중
요성, 복잡성, 아름다움과 가능성이 있읍니다. 물리, 화학, 생물, 심리
학, 정신 의학, 사회 과학, 컴퓨터 과학 등 많은 분야에 영향을 끼치는,
굉장한 일반성과 훌륭함 그리고 아름다움을 지니는 이론 말입니다.」

— 쿼크보다 더 아래 계층의 입자가 있다고 생각하십니까?

「쿼크 이론에서 이루어진 것은 하드론(had ron)을 만들고 있는 기본 입자를 발견했다는 일입니다. 이들 입자들은 전자나 뉴트리노와 마찬가지로 기본적인 입자입니다. 글루온(gluon : 힘의 전달입자)의 아이디어는 쿼크로부터 하드론을 만들 때에 작용하는 힘의 양자(量子)를 발견했다는 일입니다. 이들 양자들은 포톤과 마찬가지로 기본적인 것입니다. 그러나 렙톤이나 포톤은 기본적인 입자가 아닐지도 모릅니다. 그것과 마찬가지로 쿼크도, 글루온도 기본적인 입자가 아닐지도 모릅니다.」

「그런데 포톤과 글루온은 엄격한 보존법칙과 대칭성 등을 가지고 있으므로 특수한 위치에 두어집니다. 포톤이나 글루온을 복합인자라고 생각하는 건 불가능한 일은 아니지만 어렵습니다. 렙톤과 쿼크는 복합입자일 수도 있읍니다. 이것들이 복합입자냐 아니냐를 알기 위해서는, 현재보다도 꽤나 높은 에너지 영역에 도달하지 않으면 안됩니다. 현재의 에너지범위에서는 그것들이 소립자로서 행동하고 있기 때문입니다. 전자는 어느 날엔가는 높은 에너지에서 복합입자로 알려지게 될지도 모릅니다. 그렇게 되면 쿼크도 복합입자일 수가 있읍니다.」

— 앞으로 네 종류의 힘에 대한 통일이론이 실험적으로 검증된다는 것은 있을 수 있는 일일까요?

「이론은 그때까지 알려져 있는 사실을 설명해 줍니다. 그리고 예측도 해 줍니다. 지금 나와있는 모든 것을 설명해 주듯이 보이는 이론들이란 단지 하나의 후보에 지나지 않습니다. 그렇기 때문에 당신의 질문은 두 가지로 나뉘어집니다. 지금까지 알려져 있는 사실에다 이론을 일치시켜 줄 수가 있느냐 어떠냐는 것과, 그것이 가능하다면 검증이 가능한 예측을 할 수 있느냐 어떠냐는 것입니다. 우리는 그걸 지금 하고 있는 것입니다. 현재로서는 모든 것을 설명해 주겠다는 이론은 잘 되지 않을는지도 모르고, 무언가 다른 일을 해야 하지 않을까 하는 것이 공평한 입장일 것입니다.」

인터뷰의 막판에서 겔만은 내 이름의 한문 글자와 그 글자 하나하나의 뜻을 질문했다. 그는 어학에 능숙하며, 한문자에도 많은 흥미를 가지고 있어서 일본 사람을 만날 적마다 물어보곤 하는 모양이었다.

나는 수상자에게는 모두 사인을 받아 잡지에 사용할 수 있는 허가를 받고 있었다. 그에게도 그런 부탁을 했더니 왜 그러냐는 것이었다. 「그 기사가 정확한지 어떤지를 나로서는 어차피 판단할 수 없기 때문에, 사

인을 사용해서는 곤란하다.」는 말이다. 「그 사람이 어떤 사인을 하는
지에 흥미를 갖는 독자도 있고, 또 일본에서는 사인이 있다고 해서 반
드시 정확하다는 뜻은 되지 않는다.」고 설명했다. 「설마 200 만 엔짜
리 차용증서에다 쓰지야 않겠지요.」하고 그는 웃으면서 양해해 주었다.
꽤나 장난기가 있는 사람인 것 같다.

내가 인터뷰를 하기로 한 수상자의 명단을 보여주자, 그는 입바른 솔
직한 비평을 했다. 매우 솔직하게 말을 한다. 그만큼 자신감을 가졌기
때문일 것이리라. 그래도 나의 질문에 대해서는 매우 친절하게 대답해
주었다.

혁명을 낳게 한 확신

1976년 · 무거운 소립자의 발견

버턴 리히터
Burton Richter

1931년 3월 22일 New York에서 출생
1952년 Masschusetts 공과대학(MIT) 졸업
1956년 박사 학위 취득. Stanford 대학 연구원
1960년 조교수
1963년 부교수
1967년 교수

사무엘 팅
Samuel C. C. Ting

1936년 1월 27일 Michigan주 Ann Arbor에서 출생
1959년 Michigan 대학 졸업
1962년 박사 학위 취득
1963년 유럽 합동 원자핵 연구기관(CERN) 연구원
1964년 Columbia 대학 조수
1965～67년 조교수
1966년 독일 전자 싱크로트론 연구소(DESY) 연구그
룹 주임
1967년 MIT 부교수
1969년 교수
중국명 丁肇中

1974년 11월, 온 세계의 물리학계는 흥분의 도가니 속에 휩쓸려 들었다. 그때까지의 이론에서는 전혀 존재가 예측되지 않았던 새로운 입자를 스탠포드 대학과 매사추세츠 공과대학(MIT)의 두 그룹에서 각각 독립적으로 발견한 것이다.

이 새 입자를, 리히터(B. Richter)가 지휘하는 스탠포드 그룹은 Ψ (프사이)입자라고 불렀고 팅(S. Ting)이 지휘하는 MIT 그룹은 J(제이)입자라고 불렀다. 결국 이 새 입자는 J-Ψ입자로 명명되었다. 발견

후, 이 새 입자에 대한 이론을 다룬 논문이 산더미처럼 쌓여졌다. J－
$\mathit{\Psi}$입자의 발견은 소립자 물리학계를 단번에 활성화시켰고 일반 사람들
에게도 강한 인상을 안겨 주었다. 이 현상은 이른바 「소립자 물리학의
11월 혁명」이라고 불리게 된다. 그것은 과연 혁명이라는 말에 어울리
는 사건이었다.

리히터는 스탠포드 대학의 선형 가속기 센터(SLAC＝슬랙)에서 전자－
양전자의 쌍소멸(對消滅) 실험에 의해 $\mathit{\Psi}$입자를 발견했다. 팅은 미국의
부르크 헤이븐 국립연구소에서 양성자를 베릴륨의 원자핵에다 충돌시켜
생성된 전자－양전자쌍을 관측하여 J입자를 발견했다. 리히터의 실험
은 전자와 양전자의 충돌에 의하여 입자가 생성되는 것을 관측한 것이
며, 한편 팅은 양성자와 양성자(또는 중성자)가 충돌에 의하여 포톤으로
되고, 거기서 생성된 입자가 붕괴하여 생성되는 전자－양전자쌍을 관측
한 것이다. 두 사람의 방법은 정반대의 관계이자만 얻어진 결과는 완전
히 같았다.

J－$\mathit{\Psi}$입자는, 양성자의 질량의 3배 정도의 에너지(31억 전자볼트＝
eV)인 곳에서 예민한 피크로서 관찰되었다. 그때까지 알려져 있는 가
장 무거운 소립자의 약 2배의 질량이었다. 「비유해서 말하자면, 탐험
대가 정글 속에서 티칼(과테말라)에 있는 세계 최대의 피라밋 만큼이나
높고, 그러면서도 1천분의 1 정도로 가느다란 피라밋을 발견했을 때
의 놀라움에다 비교할 수 있을 것이라고 생각합니다.」라고 노벨상 수상
식에서 스웨덴의 왕립아카데미 회원 엑스폰(G. Ekspong)은 소개하였다.

J－$\mathit{\Psi}$입자는 중간자의 한 종류이다. 중간자는 쿼크와 반(反) 쿼크의
쌍으로 이루어진다고 생각된다. 당시는 업(up＝u), 다운(down＝d),
스트렌지니스(Strangeness＝s)의 세 종류의 쿼크가 발견되어 있었다.
J－$\mathit{\Psi}$입자는 제4의 쿼크, 참(charm＝c)의 발견이었다. 즉 참과 반
(反)참의 쌍(c c̄)이 J－$\mathit{\Psi}$입자의 정체였던 것이다. J－$\mathit{\Psi}$입자를 발
견한 후, 참을 포함하는 중간자와 바리온이 잇달아 발견되고 새로운 쿼
크는 확고한 것으로 되어 갔다.

「11월 혁명」에서부터 현재까지, 쿼크의 종류는 보톰(bottom＝b),
톱(top＝t)이 보태져서 여섯 종류를 헤아리고 있다.

리히터와 팅은 1976년에 노벨 물리학상을 수상했다. J－$\mathit{\Psi}$입자의 발
견으로부터 불과 2년 밖에 지나지 않았었다. 그들의 발견은 처음부터
확고한 것이었으며, 그 중요성을 누구나가 인식하고 있었다는 증거일 것
이다.

스탠포드 대학의 캠퍼스는 광대하다. 입구에서 자동차로 10분 가까이를 달려 간 구석진 곳에 SLAC이 있었다. SLAC의 간판이 있는 입구 주변은 널찍한 잔디밭에 군데 군데 나무가 서 있었다. 가속기는 거기서 조금 떨어져 있는 곳에 있다. 나중에 받은 항공사진을 보았더니 거기서부터 대충 200m쯤 떨어진 곳에서부터, 3200m의 선형 가속기가 하얗게 긴 띠모양으로 안쪽으로 뻗어있고, 그 위로 간선 도로가 가로지르고 있었다. 그날은 마침 실험 중이어서 가속기에 접근할 수 없었던것이 유감이었다.

좀 뚱뚱한 몸집의 리히터는 칼라에 단추를 끼우는 청색 셔츠를 입은 간편한 복장을 하고 있었다. 약간 허스키한 목소리로 조용조용히 말하는 품이, 큰 세대의 실험 그룹을 통솔하는 보스다운 관록을 느끼게 했다. 점점 대규모로 되어가는 소립자 실험물리학의 세계에서는, 보스는 경영자적 능력이 요구된다. 그는 그런 점에서 매우 높이 평가되고 있다.

— 프사이(Ψ)입자를 발견했을 때, 맨 처음에 어떤 일이 일어났었읍니까?

「그건 두 단계로 나뉘어집니다. 처음에는 어떤 에너지 영역에서 반응이 일어나는 비율에 이상한 피크(돌출부분)가 나타나기도 하고 나타나지 않기도 했읍니다. 1974년 봄이었어요. 그해 11월에, 저장 링의 에너지를 초미세(超微細)하게 변화시켜서, 에너지변화에 따라 반응률이 어떻게 변화하는가를 계통적으로 연구했읍니다. 그 결과 매우 좁은 에너지폭의 영역 안에서 거대한 피크가 생겨나고 있는 것을 발견했읍니다. 이건 새로운 입자의 특징을 가리키고 있는 것이었지요.」

「피크가 발생하는 에너지로부터 질량을 계산할 수 있읍니다. 또 전자와 양전자가 쌍소멸을 하여 생성된 입자인 까닭에 그로부터, 각운동량(角運動量) 등 입자를 결정해 주는 몇 가지 양자수(量子數)를 알 수 있읍니다. 그 당시 이 현상에 대한 몇 가지 설명이 있었읍니다. 그 설명의 하나는 Z⁰입자일지도 모른다는 것입니다. Z⁰는 최근에 루비아(C. Rubbia)가 발견한 입자인데, 10년 전에는 아무도 얼마 만한 질량을 가지고 있는지를 몰랐읍니다. 또 하나의 설명은 당시에는 숨겨진 양자수이었던 컬러(color : 색깔)를 가진 입자일지도 모른다는 것입니다. 세번째는 새로운 쿼크와 반(反)쿼크의 쌍입니다.」

Z⁰는 약한 힘을 매개해 주는 입자의 일종으로 와인버그-살렘(Weinberg-Salam)의 이론으로부터 그 존재가 예언되었고, 1983년에 유럽

합동 원자핵 연구기관(CERN ＝ 세른)의 양성자 - 반양성자 충돌형 가속기 SPS에 의해 실험적으로 검증되었다. 그 실험을 지휘한 루비아 (이탈리아) 는 가속기의 설계에 공헌한 반 데르 메르(S. van der Meer : 네덜란드) 와 더불어 1984년도의 노벨 물리학상을 수상했다.

색깔(color)은 향기(flavor)와 더불어 쿼크의 특징을 나타내어 주는 양자수이다. 컬러를 빨강·초록·파랑의 3 원색으로 하면, 세 개의 쿼크로 이루어지는 바리온의 경우, 각각의 쿼크가 빨강·초록·파랑의 3색을 갖게 되므로 전체로서는 그것들을 혼합한 무색 (백색)이 되는 것이라고 생각한다. 중간자의 경우는 같은 색깔의 쿼크와 반쿼크(補色)의 쌍으로써 역시 백색이 된다. 컬러를 도입하여 쿼크 사이에 작용하는 힘의 이론이 만들어져 색역학(色力學)이라 불리고 있다.

― 세번째의 쿼크·반쿼크쌍의 아이디어가 옳았던 것이군요.

「그렇습니다. 현재로서는 그렇게 알고 있읍니다. 우리가 최초에 했던 실험은 같은 입자가 달리 또 없는지 어떤지를 탐색하는 일이었읍니다. 약 10일 후에 두번째 입자를 발견했읍니다. 그리고는 이들 입자 사이에 붕괴가 일어나는지 어떤지를 관측하여 2, 3개월 사이에, 약한 상호작용을 하고 있는 입자가 아니라는 사실을 확립했읍니다. 반년에서 1년에 걸친 실험으로 컬러 입자가 아니라는 것이 확실해졌읍니다. 이 발견에 대한 가장 쉬운 설명은 새로운 쿼크라고 나는 생각했읍니다. 그러나 실험가는 쉬운 설명을 받아들이지 않습니다. 증거가 필요합니다. 누구에게나 다 새로운 쿼크라고 납득시킬 수 있는 증거를 얻는 데는 1년쯤 걸렸는데, 증거를 제시하자 거의 모든 사람이 2주간 안에 납득했읍니다.」

― 팅이 같은 입자를 발견한 것은 언제 아셨읍니까 ?

「우리가 계통적인 실험에 들어간 다음 다음날, 팅이 회의 때문에 S LAC에 와서 서로의 발견을 알게 되었읍니다. 이들 실험이 물리학자들에게 금방 받아 들여졌던 것은, 두 개의 실험방법이 매우 상이한데도 불구하고, 정확하게 같은 질량을 갖는 입자를 발견했었기 때문이라고 생각합니다. 혁명적인 발견에 대해서는 물리학계 안에서도 회의론(懷疑論)이 있기 마련입니다. 그들은 확실해질 때까지는 회의를 제기합니다. 이 발견은 예비적인 결과의 단계 때부터, 같은 결과를 얻었다는 것을 서로 알고 있던 두 그룹에 의해 확인되었읍니다. 그렇기 때문에 회의론자의 회의를 누르고 금방 받아들여져서 소립자 물리학의 11월 혁명을 가져왔던 것입니다.」

— 11월 혁명과 같은 일은 소립자 물리학에서 다시 일어날 것이라고 생각하십니까?

「다시 일어나 주었으면 하고 생각하지만……. 갑자기 일어나서 곧 확실한 것이 되고, 금방 받아들여졌다는 것은 정말로 놀라운 일입니다. 실제로 11월 혁명이라고 부르기에 어울리는 사건이었다고 생각합니다. 운이 좋으면 또 같은 일을 기대할 수도 있겠지요. 그렇게 되었으면 하고 희망합니다.」

— 다른 사람이 아닌 당신 자신이 11월 혁명을 일으키게 한 것은 어째서였다고 생각하십니까?

「질문에 대답하려면 1960년대 초까지 거슬러 올라가야 합니다. 그 당시 빔(beam)의 충돌에 의한 전자와 양전자의 소멸실험으로부터, 강한 상호작용을 하는 입자가 발견될 수 있으리라고는 생각되지 않았었읍니다. 그러나 나만은 그것이 가능하다고 생각했읍니다. 그래서 강한 상호작용에 관해 무언가 흥미 진진한 사실을 알아내기에 충분하다고 생각되는, 고에너지의 충돌형 가속기를 스탠포드에서 만들기로 결심했읍니다. 1961년이 되자 나는 내가 계획했던 최초의 가속기설계의 작업이었던 SPEAR의 설계에 착수했읍니다. 자금이 확보되고, 실제로 건설이 시작된 것은 1970년이었지요. 그러니까 아이디어를 갖고 나서 가속기가 건설될 때까지에는 9년이나 걸렸읍니다. 그리고 실험을 위해 2년, 발견까지에는 다시 2년이 더 걸렸읍니다. 어째서 내게 가능했었느냐고 하면 두 가지 이유를 들 수 있읍니다. 그 하나는 발견하기 10년 이상이나 전에 이 아이디어를 가지고 있었다는 것과, 둘째로 이미 이 이전 일에 관해서는 지연, 실망, 자금을 모으기가 힘이 든다는 등의 중요한 경험을 갖고 있었다는 점들입니다.」

— SPEAR를 설계하기 전, 1958년에 전자-전자 충돌형 가속기를 만들고 나서부터 7년간, 불만의 시기를 보내면서 그 사이에 여러 가지 것을 배웠다고 하시는데, 그건 도대체 어떤 일입니까?

「이 전자-전자 충돌형 가속기에서는 보다 큰 충돌형 가속기를 만들기 위해 이해하지 않으면 안될 현상을 거의 다 발견했읍니다. 실험은 양자전자역학(量子電子力學 : QED)을 검증하는 일로, 그것에 7년이 걸렸읍니다. 그러나 그 가속기는 다른 가속기를 만들려는 사람에게, 많은 기술과 가속기에 관한 정보를 제공해 준 초창기의 가속기입니다. 이 일을 하고 있는 동안에 전자-양전자 충돌형 가속기의 아이디어를 얻었지요.」

— 실험물리학에서 좋은 일을 하는데는 무엇이 중요하다고 생각하십

니까?

「좋은 아이디어입니다. 무엇이 중요한지 자기 자신의 관점을 갖는다는 것이 필요합니다. 그것이 없으면 큰 발견은 불가능하다고 생각합니다.」

— 어릴 적부터 과학에 흥미를 가지셨던가요?

「네, 아마도 열 살인가 열 한 살 때부터 현미경을 통해서 생물학적인 것에 흥미를 가졌었읍니다. 우리집 지하실에는 화학 실험실이 있어 화학적인 것에도 흥미를 가졌지요. MIT의 화학과에도 이따금 방문했었고요. 화학인지 물리학인지는 분명하지 않았지만, 하여튼 과학자가 되고 싶다고 생각하고 있었읍니다. MIT에 들어가면 누구나 화학과 물리학의 기초를 배우게 됩니다. 거기서 나는 물리학이 재미있다고 생각하여 물리학으로 정한 것입니다.」

— 이론이 아니고 실험분야를 택한 이유는요?

「그건 매우 재미가 있었기 때문입니다.」

리히터는 눈에 광채를 띄며 말했다.

「과학의 어느 분야이건 간에 저마다 세밀한 테크닉이 필요합니다. 이론가라면 수식을 푸는 일이고, 실험가라면 장치를 만들고 검출기가 작동하게 하는 따위의 일입니다. 학생 때, 나는 두 가지를 다 했읍니다. MIT에서 학부 학생이던 시절은 실험 그룹에서 연구를 했고, 대학원에 들어가서는 이론을 연구했읍니다. 양쪽을 다 해 보고나서 복잡한 수학을 하기 보다는, 장치를 만들고 움직이게 하는 것이 내게는 더 적성에 맞는 일이라는 걸 알았읍니다.」

— 소립자의 실험이 자꾸 거대화하여 앞으로 어떻게 되어 갈 것인지 하는 생각이 듭니다만…….

「나도 그걸 걱정하고 있읍니다. 이 분야의 사회학이 변화해 가고 있읍니다. 고에너지 물리학의 최전선의 실험은, 거의가 모두 거대한 것입니다. 100명이 넘는 인원, 수 백만 달러의 자금이 필요합니다. 또 공동 작업의 성격이 더욱 더 짙어지고 있읍니다.」

「그룹 안에서 지적(知的) 리더가 되는 사람의 수는 극소수입니다. 지적인 리더십은 반드시 나이나 지위에 관계되는 것은 아닙니다. 좋은 그룹에서는 연장자가 젊은 물리학자에게 리더십을 잡게 하려고 노력하고 있읍니다. 그리 좋지 못한 그룹에서는 연장자가 모든 걸 도맡아 하려 합니다. 연장자가 젊은 사람들을 지적인 리더가 될 수 있게 격려한다면, 젊은 사람들은 아이디어를 실행할 수 있는 기회를 얻게 될 것이고 성과를 올릴 것입니다. 그걸 국제회의에서 발표하게 하면 신뢰를 받습니다. 이래서 시스팀이 잘 움직여지는 것입니다. 여기(SLAC)서도 젊은 사람들 네 사람의 아이디어로 하고 있는 실험이 있읍니다.」

— 당신은 전에 실험 그룹이 커지게 되면, 지도자는 물리학자일 뿐만 아니라 사회학자도 되어야 할 필요가 있다는 글을 쓰셨는데…….

「그 뿐만 아니라 정신과 의사가 될 필요도 있어요. 그룹이 성공하기 위해서는 리더는 그룹 안의 사람들이 안고 있는 여러 문제에 대해 민감해야만 합니다. 그리고 단순히 노동력이나 테크니션으로서가 아니라, 실험에 지적으로 관여하고 싶어하는 그들의 희망을 고려해 주어야만 합니다. 좋은 그룹에서는 멤버 사이에서 『우리는 장치만 보살피고 있는건 아니다. 물리학을 하고 있는 거다.』라는 것을 분명히 해 주고 있읍니다.」

— 앞으로 어떤 일을 계획하고 계십니까?

「우선은 연구소의 소장 일입니다(웃음). 9월에 소장이 됩니다(인터뷰는 1984년 4월). 지금 내가 설계한 새로운 장치를 만들고 있는데, 그 장치로 새로운 종류의 실험을 할 수 있읍니다. 의회(議會)가 우리에게 대한 지출을 동의해 준다면 1986년까지는 완성됩니다. 그리고 나서 앞으로 더 높은 에너지를 써서 어떤 실험을 할 것인가를 생각하려 합니다.」

이 가속기는 현재의 선형 가속기에다 새로운 충돌링을 건설하는 것이란다.

— 어느 정도의 에너지입니까?

「500억 eV와 500억 eV로 도합 1000억 eV입니다.」

— 어떤 성과를 기대하시지요?

「이 가속기로 할 수 있는 것에, Z^0입자에 관한 상세한 조사연구를 들 수 있읍니다. 전자기적 상호작용과 약한 상호작용을 통일하는, 현재의 와인버그-살램이론이 세밀한 점에서도 정확한지 어떤지를 확인할 수 있을 것입니다. 와인버그-살램이론이 일반적으로 옳다는 것은 누구나가 다 인정합니다. 그러나 물리학에서의 모든 이론은, 「실제로 존재하는 이 대자연」에 대한 근사(近似)에 불과합니다. 우리는 보다 정밀한 근사를 얻으려고 원하고 있읍니다. 매우 발견하기 힘든 입자가 상정(想定) 되고 있읍니다. 아무도 그 입자의 실제의 질량을 모르지요. 우리는 아마 그 입자를 발견할 수 있을 것입니다.」

— 그건 어떤 입자입니까?

「힉스(Higgs)입자입니다. Z⁰입자의 붕괴로부터 얻어질지도 모를 정도의 작은 질량을 가진 초대칭성(超對稱性)입자입니다. Z⁰입자의 붕괴로부터는 약한 상호작용을 하는 입자뿐만 아니라, 강한 상호작용에 관계되는 초대칭성 입자도 발견할 수 있을지 모릅니다. 따라서 약한 상호작용, 전자기적 상호작용과 강한 상호작용의 통일에 관해서 무언가 발견할 수 있을지도 모릅니다.」

— 힉스입자는 에너지가 훨씬 더 높은 곳에 존재하는 것이 아닙니까?

리히터는 잠시 생각했다.

「힉스입자가 어떤 것인지는 아무도 모릅니다. 힉스입자의 질량은 이론상으로는 100억eV에서 1조eV 또는 그 이상의 사이에 끼어 있다고 생각되고 있읍니다. 따라서 우리의 새로운 가속기의 에너지 영역은, 예상되고 있는 이 힉스입자의 에너지 범위의 10%를 커버하고 있읍니다. 그러므로 우리가 발견할 수 있는 가능성은 10%라고 할 수 있읍니다. 그러나 가능성은 그보다 높을 것이라고 나는 생각합니다.」

— 힉스입자의 질량이 매우 크다고 한다면, 실험적으로 확인할 수 없게 되지나 않을까요?

「질량이 어느 정도인지에 관해서는 뭐라고 말할 수 없어요. 만약에 힉스입자의 질량이 1조eV보다도 더 크다고 한다면, 지금 설명되고 있는 것과 같은 이론 따위로는 설명을 할 수 없게 되어 버립니다. 그렇게 되면 약한 상호작용에 관한 와인버그-살렘이론이 이상하다는 것으로 됩니다. 그리고 그 밖에도 여러 가지 일들이 이상하게 되어 버립니다.」

— 쿼크보다 더 아래 계층의 입자(서브 쿼크)가 있다고 생각하십니까?

「그건 가장 흥미로운 문제인데, 물질에 대한 연구의 역사를 살펴보면, 물질은 양파와도 같은 것입니다. 벗겨도 벗겨도 또 껍질이 있읍니다. 우리는 분자에서 원자, 원자핵과 전자, 양성자와 중성자, 그리고 쿼크로 한꺼풀씩 껍질을 벗겨 왔읍니다. 쿼크가 기본적인 것이냐 어떠냐는 것은 아무도 모릅니다. 내게는 쿼크와 동시에 전자마저도 기본적인 입자이냐 아니냐하는 문제는 가장 흥미로운 문제입니다. 전자는 그것이 발견된 이래 줄곧 기본적인 입자로서 존재해 왔읍니다. 계속하여 껍질이 벗겨져 온 원자핵과는 대조적입니다. 그러나 나는 전자와 쿼크를 결부시키고 있는 그 무엇이 있지 않을까 하고 생각하고 있읍니다. 아마도 충분히 높은 에너지에서는 전자와 쿼크를 관계짓는 입자가 발견되지 않을까 하고 생각합니다. 그런 입자는 쿼크보다 더 아래 계층의 입자이고 그 수도 훨씬 적을 것입니다.」

— 그런 아이디어는 실험적으로 확인될 수 있는 것일까요?

「현 세대의 가속기로는 불가능하고 더 큰 가속기가 필요합니다. 현 세대의 가속기로 확인될 수 있는 기회가 있을는지도 모르지만 그리 큰 기대는 갖지 못합니다. 이 의문에 대답하기 위해서는 현재의 10~100배의 에너지에 도달해야만 합니다. 그 에너지 영역에서도 해답이 얻어지지 못한다면, 영영 해답은 얻어지지 못할는지도 모릅니다.」

— 지금의 에너지의 10배나 100배라는 건 인류가 도달할 수 있는 한계입니까?

「아닙니다. 그것은 아마 예산이 도달할 수 있는 한계일 것입니다. 미국은 40조 eV의 가속기 연구를 시작하고 있읍니다. 이 가속기는 30억 달러의 건설비가 듭니다. 우리는 기술의 한계가 아니라, 재정상의 한계에 다가서고 있읍니다. 따라서 가속의 새로운 테크닉의 개발에 더욱더 노력하지 않으면 안됩니다.」

— 당신은 전자와 양전자의 충돌형 가속기가 가장 효과적이라고 말씀하셨는데, 더 높은 에너지 영역에서도 그럴까요?

「그렇습니다. 그것이 유일한 방법일 것입니다. CERN의 LEP라불리는 저장링은 아마도 가장 높은 에너지의 전자-양전자 저장링이 될 것입니다. 양성자-반양성자형 가속기는 상당히 높은 에너지에 도달하겠지만, 결국은 전자-양전자형 가속기와 같은 한계에 부닥치게 됩니다.」

「 J라는 간판이 달린 건물이니까 금방 알 수 있을 거예요.」라고 팅의 비서가 말했다.

미국의 뉴잉글랜드 지방의 옛도시 보스턴. 찰스 강을 사이에 낀 대안이 케임브리지이다. 낡은 건물이 눈에 두드러지는 하버드 대학의 캠퍼스에 비하면 매사추세츠 공과대학(MIT)의 캠퍼스에는 새 빌딩들이 많다.

이층 구조의 그리 크지 않은 건물에 붉은색의 「J」자가 보였다. MIT의 작은 가속기가 있는 건물이다. 「J」는 팅들이 발견한 J입자의 심벌이다. 그들이 손수 만들어 붙인 간판은 검소하기는 했지만 한결 자랑스러운 듯이 입구 위에 걸려 있었다.

팅의 사무실은 이층에 있었다. 작은 방이지만 깔끔하게 잘 정돈되어 있었고, 비디오테크, 카메라 등이 눈에 띄었다. 벽에는 두 소녀의 사진이 걸려 있었다. 모델도 근사한데다가 사진 솜씨도 썩 훌륭했다. 나중에야 안 일이지만 이것은 팅의 작품이고 모델은 그의 딸들이었다. 카메라와 비디오의 취미에도 꽤나 오랜 경력을 쌓은 듯하며 솜씨도 상당한 수준인 것 같았다.

팅은 일본에서 발간되는 과학잡지 『과학 아사히(科學朝日)』를 잘 알고 있었기에 인터뷰를 매우 호의적으로 받아들여 주었다. 감색 양복을 단정하게 입은 그는 나이보다 훨씬 젊어 보였다. 그가 J입자를 발견했을 때는 마흔 네 살로 그야말로 소립자 물리학의 젊은 장군격이었다.

J입자를 발견한 후, 팅의 그룹은 가슴에다 「J」와 「3·1 GeV」라고 써 넣은 티셔츠를 만들었다. 그것을 입고 실험장치 위에서 촬영한 기념사진은 온 세계의 과학잡지를 장식했었다. 티셔츠를 입은 팅은 약간 배가 나오기 시작하고 있었으나 그룹의 젊은이들 속에 잘 융합되어 있었다. 지금도 젊은 인상을 그대로 간직한데다 한결 풍격이 갖추어져 있었다.

— 당신은 열 두 살까지 학교 교육을 받지 않고, 할머님이 양육하셨다는데 어떤 교육을 받으셨읍니까?

「나는 1936년에 미국의 미시간주에서 태어났읍니다. 양친은 그때 학생이었지요. 그리고는 제2차 세계대전이 나서 나는 중국으로 돌아갔읍니다. 1937년부터 1945년까지는 난민생활로 거의를 충칭(重慶)에서 보냈어요. 아버지는 수학 교수이시고, 어머니는 심리학 교수여서 두 분이 다 아이를 돌볼 시간이 없었지요. 그래서 나는 늘 할머니와 함께 지내며 중국의 역사적인 얘기를 듣곤 했읍니다.」

— 그렇다면 교육은 어떤 형태로 시작되셨던가요?

「1945년부터 48년까지, 중국에서는 공산혁명이 있었읍니다. 우리는 다시 이리저리로 이동하는 난민이 되었지요. 1948년에 타이완(臺灣)으로 건너가서 교육을 받게 되었읍니다. 처음에는 초등 중학교, 다음은 고등 학교입니다. 당시의 타이완의 교육은 매우 좋았읍니다. 선생님들은 대개가 군대에서 돌아온 사람들로 매우 엄격하셨읍니다.」

— 그 무렵, 수학과 물리가 장기였읍니까?

「나는 물리와 화학에다 역사마저 흥미를 갖고 있었읍니다. 중국, 일본, 유럽 등 역사에는 광범하게 흥미가 있었읍니다. 그러나 역사에서는 진실을 확인하기 어렵다는 것을 알았지요. 특히 중국의 역사에서는 왕조나 체제가 바뀌어지면, 우선 맨 먼저 과거의 역사를 고쳐 버리기 때문입니다. 그래서 과학을 공부하는 것이 낫다고 생각한 것입니다.」

— 두 번째로 미국에 온 건 언제였읍니까?

「1956년 9월입니다. 미시간 대학에 들어 가 처음 1년은 엔지니어링을 공부했읍니다. 엔지니어링의 학부장님이 양친의 친구이었기 때문이지요. 나는 빈털터리여서 그분 댁에 신세를 졌읍니다. 1년 동안 기계공학을 공부했 는데, 일렉트로닉스나 기계에 관한 지식이 없는데다, 이론물리학에 흥미를 가지게 되었읍니다. 나는 매우 일찍 졸업을 하여, 아시아에서 온 대부분의 학생들이 그렇듯이 이론에 흥미를 가졌읍니다. 그리고 전자 스핀을 발견한 울렌베크(G. E. Uhlenbeck)와 애기할 기회가 있었읍니다. 」

「울렌베크는 매우 유명한 이론 물리학자였으나, 그는 다시 태어난다면 실험 물리학자가 되겠다고 말씀했어요. 내가 왜요? 하고 물었더니 이론 물리학자로서 중요한 공헌을 할 수 있는 것은 극히 소수의 사람이지만, 실험 물리학자라면 웬만한 사람이라도 공헌할 수가 있기 때문이라고 하셨어요(웃음). 그것이 내가 이론에서 실험 물리학으로 전환한 주된 이유입니다. 그러나 나와 같은 경력의 인간이 실험 물리학을 공부한다는 건 매우 곤란한 일이었어요. 전자에 관해서는 거의 몰랐으니까요. 그러나 흥미를 가지면 매우 빨리 익힐 수가 있는 것입니다.」

— 이론에서 실험으로 전환한 건 언제 쯤이었읍니까?

「1959년, 미시간 대학을 졸업하고 대학원에 들어갈 때였읍니다.」

— 피프킨(F. Pipkin)이 양자전자역학(量子電磁力學)이 깨뜨려지고 있다고 시사했을 때, 당신은 1966년의 학회에서 깨뜨려지고 있지 않다는 논문을 발표하셨읍니다. 그 발표가 매우 완벽했기 때문에 모두가 금방 믿었었다고 하는데…….

「박사 학위를 받은 후, 1년 동안을 CERN에서 보내며 코코니(G. Coconi)와 일을 같이 했읍니다. 거기서 만난 사람들은 모두 훌륭한데다, 물리학이 미시간에서 생각하고 있던 따위의 것이 아니라는 것을 알았읍니다. 그 후 컬럼비아 대학으로 옮겨 갔읍니다. 당시 컬럼비아의 물리학은 라비(I. I. Rabi), 우젠슝(C. S. Wu : 吳建雄), 리충다오(T. D. Lee : 李政道)들이 있었고, 노벨 수상자도 많은 으리으리한 곳이었읍니다. 그 사람들로부터 물리학자에게 있어서 가장 중요한 것은 토픽(topic)을 선정하는 일이라고 배웠읍니다. 브로드스키(S. Brodsky), 슈타인버거(J. Schteinburger) 등과 함께 이론적인 연구를 하여 양자전자역학의 계산을 했읍니다. 거기서 이론이 매우 엘레간트하고 아름답다는 것을 알았읍니다. 양자전자역학이 깨뜨려지고 있다고 하는 피프킨의 실험을 알고서 매우 신중하게 검토한 결과 이 실험은 반복해 볼 가치가 있다고 판단했읍니다. 피프킨의 실험은 2년 동안 아무도 확인하지 않은 채로 있었어요. 마침 내가 시작할 무렵에 코넬 대학의 싱크로트론에서 피프킨의 실험을 지지하는 결과가 나왔읍니다.」

「이 실험을 하는데는 전자 가속기가 필요합니다. 그래서 나는 전자 가속기가 있는 하버드로 갔읍니다. 하버드에서는 『자네는 컬럼비아에서는 환영을 받았겠지만, 젊은 조교수인데다 지지해 주는 사람도 없으니까 앞으로 4∼5년을 더 기다려야 한다』고 딱지를 맞았읍니다. 그때 CERN에서의 친구들이 서독으로 돌아가 함부르크에 있는 DESY(독일 전자 싱크로트론 연구소)라는 이름으로 알려진 70억 eV의 전자 가속기를 만들었던 것이지요. 그들이 협력을 약속해 주었어요. 그래서 6개월 동안에 실험 준비를 하여, 피프킨의 실험에 혹시나 오류가 들어가 있지 않나 하는 가능성에 대해 신중히 점검했읍니다. 1966년 여름에는 무엇이 오류의 근원이었던가를 분명히 하여, 어떻게 하면 그 오류를 피할 수 있는가에 대한 결론을 끌어냈읍니다. 그것이 실험을 올바르게 하는 데에 가장 중요했으니까요. 그 결과 정확하게 실험을 할 수가 있었읍니다.」

— 그때 레더만과 내기를 하셨다면서요……。

「네, 레더만(L. Ledermann)은 3년 안으로는 못 해낼 것이라고 말했어요. 나는 몇 달이면 해낼 수 있다고 했읍니다. 그 결과 내가 20달러를 땄읍니다.」

브루크헤이븐 국립연구소에서 J입자를 발견한 장치를 만들었을 때, 어떤 아이디어를 갖고 계셨읍니까?

「피프킨의 오류를 바로 잡은 실험은 내게도 DESY에도 행복했읍니다. 사람들은 DESY가 매우 중요한 연구소라는 걸 인식했지요. 나는 DESY에 오랫 동안 머무르며, 포톤(光子)이 원자핵에 충돌했을 때 무엇이 일어나는가를 연구했읍니다. 포톤은 전하를 갖지 않기 때문에 쉽게 핵으로 들어갑니다. 이런 종류의 연구로부터 포톤이 매우 짧은 시간 내에, 포톤과 흡사한 입자로 변화한다는 것을 알았읍니다. 양자역학에서 이 입자를 정의하는 여러 가지 성질이 포톤과 같습니다. 이건 벡터 중간자라고 불리는 포톤의 무리입니다. 당시 캘리포니아 대학의 로스엔젤레스분교의 J. J. 사쿠라이(櫻井純)가 내놓은 이론이 있었읍니다. 때로는 빛이 양성자의 질량과 같을 만한 매우 큰 질량을 갖는 것입니다. 그러나 그 입자는 수십억 분의 1의 또 수십억 분의 1초라는 매우 짧은 수명밖에는 갖고 있지 않습니다.」

「나는 몇 해 동안이나 포톤과 무거운 포톤, 즉 벡터 중간자의 문제를 연구했읍니다. 포톤이 벡터 중간자로 바뀌는 확률이 매우 작기 때문에, 이 실험은 매우 어렵습니다. 100만 분의 1의 확률로 나타나는 현상을 1%의 실험오차내에서 실험하려면 1억 분의 1의 정밀도를 가진 검출기가 필요합니다. 몇 년 후에 우리는 다른 연구자가 갖지 못한 테크닉을 개발해 냈읍니다.」

「그리고 나는 무거운 포톤, 벡터 중간자가 왜 모두 약 10억 eV로, 양성자와 같은 정도의 질량을 갖는가에 대해 의문을 가졌읍니다. 어째서 이 우주에는 더 무거운 포톤이 없을까? 질량 제로의 포톤이 어째서 10억 eV의 입자로만 바뀌어지는 것일까? 보다 무거운 포톤을 찾는데는 더 높은 에너지의 가속기가 필요합니다. 맨 처음에 가고 싶다고 생각했던 곳은 가장 고에너지의 가속기가 있던 페르미 국립 연구소였읍니다. 우리의 실험 신청은 달리 해야 할 실험이 있다는 이유로 인정되지 않았읍니다. 그래서 브루크헤이븐으로 간 것입니다. 브루크헤이븐의 로(F. Loh) 소장은, 이건 매우 중요한 실험이라고 하며 우선적으로 인정해 주었읍니다.」

「실험을 한다면 극히 신중히, 정확하고 명확하게 해야만 합니다. 내가 신청을 내자, 다른 신청자들이 모두 반대했읍니다. 반대의 이유는 이론 물리학자는 그와 같은 무거운 포톤의 존재를 전혀 예측하고 있지 않기 때문에 실험은 무의미하다는 것이었읍니다. 이론을 이해하는데 있어 그와 같은 입자는 필요가 없다는 것이지요. 또 매우 어렵기 때문에 아무도 이런 종류의 실험을 한 적이 없었읍니다. 실제로 레더만이 시도한 적이 있었지만 결과는 얻지 못했읍니다.」

— 그 어려움이란 전자와 양전자의 쌍을 검출하는데 있읍니까?

「그렇습니다. 기본적으로 세 가지의 곤란이 있었읍니다. 전자-양전자쌍이 생성되는 확률이 매우 낮기 때문에 강력한 빔이 필요합니다. 1초 동안에 10 ~ 12조 개나 되는 포톤의 빔이 필요합니다. 두번째로는 매우 높은 분해 능력이 필요합니다. 1000분의 1이라는 아무도 실현하지 못한 분해능 말입니다. 세번째로는 전자-양전자쌍을 숱한 파이(π) 중간자와 케이(K) 중간자로부터 분해해서 검출해야만 합니다.」

「실험 물리학자는 내가 해 낼 수 있으리라고는 생각하지 않았고, 이론 물리학자는 그런 입자는 존재하지 않는다고 생각했으며, 자금을 대줄 사람은 돈이 너무 많이 든다고 생각했었지요. 뭔가 새로운 일을 하려고 생각하면 많은 저항이 있기 마련입니다. 그러나 내가 피프킨의 실험에서 성공하고 있었기 때문에 마지막에는 모두가 지지해 주었읍니다. 확실히 매우 어려운 실험이었어요. 함부르크에서 몇 년이나 했던 경험이, 우리에게 이 실험을 가능하게 만들어 주었읍니다.」

— J입자와 같은 것의 존재는 예상되고 있었으나, 발견은 우연이었다는 것이였었을까요?

「아닙니다. 나의 생각은 자연은 왜 양성자와 같은 정도의 질량을 갖는 3개의 벡터 중간자 밖에는 허용하지 않느냐, 그게 이상하다는 것입니다. 나의 느낌으로는 입자가 더 있어야 했던 것입니다. 예측이라기보다는 직관입니다.」

— 31억 eV인 곳에서 피크가 나타났을 때는 어떤 상황이었읍니까?

「이 실험은 우선 40억~50억 eV에서부터 시작했는데, 한 달 동안은 아무 것도 발견되지 않았읍니다. 이건 실험이 잘 되어가고 있다는 것과, 사실은 아무 것도 없다는 것의 두 가지 사실을 시사하고 있었읍니다. 결과가 매우 깨끗했기 때문입니다. π중간자나 다른 입자를 전자로 착각하고 있지 않다는 게 확실했읍니다. 그래서 에너지를 25억~35억 eV로 내렸더니 갑자기 예리한 피크가 나타났읍니다. 굉장히 빨리 얻은 결과였읍니다.」

— 그때는 모두 놀라셨겠군요?

「그럼요. 아무도 그런 일이 일어나리라고는 생각조차 하고 있지 않았으니까요.」

— 당신은 매우 신중하게 실험을 계획하거나, 결과를 해석하거나 하시는데, 그 신중성은 어디서 길러진 것입니까?

「그건 대답하기 매우 힘들군요. 나는 과학의 역사를 주의깊게 공부했읍니다. 패러데이 (M. Faraday)와 같은 위대한 실험 과학자는 매우 신중하게 실험을 하고 있읍니다. 매우 신중하게 또 무엇을 해야 할 것인가 하는 직관을 매우 잘 작동케 했읍니다. 오류로 이르는 길은 수없이 많아도, 정답으로 가는 길은 하나 밖에 없는 것입니다. 그러므로 나의 실험은 데이터를 잡는데 있는 것이 아니라, 오류는 어디서부터 생기느냐, 오류의 근원이 되는 것이 무엇이냐를 추궁하는 데에 거의 모든 시간을 소비합니다.」

— J입자의 발견 때도 확인에 시간이 걸려서 바이스코프의 퇴임식에 맞추지 못했었다고 하던데 …….

「그랬읍니다. 그러나 그때 양성자로부터의 전자쌍의 생성이 매우 **많**다는 이상한 현상이 발견되었읍니다. 바이스코프의 퇴임식에서 발표하지 않기로 결정한 건 이 현상을 설명해야 했기 때문입니다. 그런데 결국 우리는 그걸 설명하지 못했고 페르미 연구소에서 설명을 해냈었읍니다.」

바이스코프는 팅을 MIT의 교수 자리에 앉혀 준, 팅에게는 큰 은인이다. 팅은 실험 그룹 안에서는 전제군주(專制君主)처럼 행동한다는 말을 듣는다. 그래도 업적이 올라가기 때문에 아무도 말썽을 부릴 사람이 없다고 한다. 그러한 그도 바이스코프에게만은 아주 공손하고 고분고분하다고 한다. 팅은 바이스코프에게는 최대급의 경의를 치르고 있다.

— J입자라는 이름의 유래는, 통설(通說)로는 당신의 중국 이름의 한자 「丁」에서 땄다는데, 진상은 어떻습니까?

「나는 몇해 동안이나 사쿠라이(櫻井純)의 이론에 대해 연구하고 있었읍니다. 그의 이론에서는 포톤과 벡터 중간자는 커렌트(current)로 되어 있는 것입니다. 나는 매우 놀랐어요. 그는 굉장한 이론 물리학자라고 생각했읍니다. 내 이름에서 딴 것이 아니라, 그건 전자 커렌트(電磁 current)의 기호 J_μ 에서 딴 것입니다.」

— 그렇다면 당신 이름의 한문자에서 땄다는 말은 누가 했을까요?

「아주 유명한 이론 물리학자가 조작해 낸 얘기입니다. 일본이나 중국에서는 많은 사람들이 이 얘기를 믿고 있읍니다. 사쿠라이 박사가 사망했기 때문에 더욱 사정이 난처해졌읍니다. 그와는 토론을 했기 때문에 그에게 물어보면 금방 알 수 있을 터인데 말입니다.」

— 당신은 J입자를 발견한 장치를 만들 때, 이론을 그다지 신용하지 않았기 때문에 자기들의 방침대로 진행하기로 했다는 취지의 글을 쓰고 계셔요. 한편 이론 물리학자들은 흔히들, 우리는 실험을 믿지 않는다고 반대의 말을 합니다.

「그렇습니다. 그러나 나의 실험결과에는 아무도 반대하지 않았읍니다. 고에너지 물리학에서는 매우 치열한 경쟁이 있읍니다. 거액의 돈이 들고, 실험의 기회가 적은데다 또 국제적인 경쟁이기도 합니다. 최초의 발견자가 되지 못하면 의미가 없읍니다. 수많은 사람이 실험을 하지만, 단 한 사람만이 최초의 사람이 될 수 있는 것입니다. 이런 이유에서 좋지 못한 연구가 태어나는 것입니다. 그러나 세계의 어떤 이론 물리학자에게 물어 보아도, 내가 한 실험에 이의를 제기할 사람은 없을 것입니다.」

— 당신의 실험에 말썽을 부릴 사람이 없을 것이라는 건 잘 알지만, 실험 물리학자와 이론 물리학자의 갭은 피할 수 없는 것이 아닐까요?

「아니오. 물리학은 기본적으로는 실험과학입니다. 어떤 이론이건 실험적으로 확인되지 않으면 이론이 틀린 것입니다. 그러나 한편, 실험 물리학도 그것 만으로는 존재할 수가 없읍니다. 이론은 실험결과를 설명하고, 새로운 현상을 예측해 줍니다. 한 걸음 한 걸음씩 조화를 취해 가면서 나가야만 합니다. 나의 의견으로는 실험에는 두 종류가 있읍니다. 하나는 다른 사람의 이론을 확인하는 실험으로 내가 초기에 했던 것입니다. 또 하나는 직관에 좇아서 이론과는 독립적으로 하는 실험입니다. 둘 다 필요합니다.」

단호한 어조이다. 실험 물리학자로서의 자신감을 역력히 볼 수 있는 느낌이다.

— 현재는 이론이 대상으로 하는 에너지가 매우 높아져서 실험 코스트가 극도로 높아지고 있읍니다만…….

「그렇읍니다. 매우 불행한 일입니다. 내가 지금 CERN에서 하고 있는 실험의 코스트는 약 1억 달러입니다. 350명의 박사 학위를 가진 연구자와, 약 1000명의 기술자가 일을 하고 있읍니다. 현재 가속기를 건설하는 데에 수 십억 달러가 듭니다. 국가의 총 생산액과 비교해도 엄청난 거액입니다. 30〜40년 사이에 에너지를 높여 주는 새로운 기술이 개발되지 않는다면 이 분야는 끝장입니다.」

— 지금의 가속방법으로는 한계가 내다 보인다는 말씀이십니까?

「현재 계획되고 있는 가속기는 지름이 80 km에 달하고 있읍니다. 코스트는 수십억 달러, 건설에는 적어도 10년이 걸립니다. 이것들은 20조eV 규모의 양성자-반양성자 충돌형 가속기입니다. 아마도 이것이 20세기 최대의 가속기라고 생각됩니다.」

리히터도 언급했지만 이 가속기는 미국이 계획하고 있는 SSC (Superconducting Super Collider)를 말한다. 「디저트론(Desertron)」이라는 별명을 가진 엄청나게 큰 가속기이다. 완성 예정은 일단 1994년으로 잡고 있지만, 설치장소 마저도 결정되어 있지 않았고, 아직 구체적인 것으로는 되어 있지 않다.

— 현재의 기술로는 실험 물리학이 벽에 부딪쳐 버릴 것이 분명하군요?

「근본적으로 새로운 테크닉이 개발되지 않으면, 우리가 지금 이해하고 있는 것과 같은 형태의 실험 물리학은, 다음 세기 초까지는 끝장이나 버립니다.」

— 그런 근본적으로 새로운 가속기술의 가능성은 앞이 내다 보이나요?

「문제는 두 가지가 있읍니다. 하나는 초전도(超傳導) 기술입니다.

초전도자석에 비약적인 진보가 있으면 코스트가 내려 갑니다. 또 하나
는 가속방법의 문제입니다. 에너지를 올리기 위해 강력한 전기장 (電氣
場)을 만들어야 합니다. 레이저를 사용하는 방법이 생각되고 있읍니다.
그러나 이것들은 매우 어려운 일이기 때문에 아직은 뭐라고 말할 시기
가 아닙니다.」

— 현재는 어떤 실험을 계획하고 계십니까?

「하나는 DESY에서 새로운 쿼크를 찾고 있읍니다. J입자를 찾아
냈던 것과 같은 실험입니다. DESY에는 세계에서 가장 높은 에너지의
전자 - 양전자 가속기가 있읍니다. 220 억 + 220 억 eV의 충돌형 가속기
입니다. 또 CERN에서 계획하고 있는 LEP (렙)을 쓴 실험도 준비 중
에 있읍니다. LEP은 지름이 8.5km이고 전자와 양전자를 1000억 eV
로 가속합니다. 새로운 검출기를 만들어 3개의 입자를 찾고 있읍니다.
그 중의 하나는 새로운 쿼크입니다. 또 하나는 Z^0입자가 몇 개나 있느
냐는 것입니다. Z^0는 최근에 CERN에서 발견되어, 약한 힘과 전자기
력을 결부한다고 생각되고 있읍니다. 현재의 이론에서는 Z^0입자는 단
1개 뿐이라고 생각되고 있지만, 실험가들에게는 단 하나 뿐이라고는
생각하기 어렵습니다. 이를테면, 유가와(湯川秀樹)의 π중간자의 하나
가 발견되었을때, 대부분의 물리학자들은 이제 모든 것이 다 이해되었다
고 생각했읍니다. 그러나 오늘날에는 여러 π중간자가 발견되고 있읍니
다. 마찬가지로 Z^0입자가 하나라고는 생각되지 않습니다. 세번째는 왜
입자는 질량을 가지고 있는가를 이해하고 싶다는 생각입니다. 왜 양성
자도 전자도 K중간자도 질량을 가졌고, 왜 그 질량이 다르냐, 그 질
량의 기원은 무엇이냐…….」

— 바로 근원적인 문제이군요.

인터뷰 도중에 팅의 한 따님이 우연히도 연구실을 찾아왔다. 사진처
럼 예뻤으나 훨씬 성숙해 있었다. 대학의 휴가를 이용하여 여행을 떠나
는데, 아버지에게 티켓을 가지러 왔다고 했다. 기념삼아 부녀를 카메라
에 담았다. 팅은 내게 컬러 필름을 쓰느냐고 물었다. 주광형 (晝光型)의
컬러 포지티브라고 대답했더니, 그렇다면 형광등을 끄지 않으면 색깔이
깨끗하게 찍혀지지 않는다고 지적하면서, 형광등을 끄고 창문에서 들어
오는 빛과 스트로보로써 찍으라고 충고했다. 과연 카메라 마니아이었다.

듣고 싶어했던 얘기도 대충 다 들었기에 인터뷰를 끝내겠다고 알렸더
니, 점심을 준비했으니까 함께 하자고 권해 주었다. 그 점심은 생선 횟
밥이었다. 근처의 일본요리 가게에서 가져온 것이라고 한다. 다랑어, 흰

살 생선, 연어가 발포 스티롤 그릇에 담겨 있었다. 흰살 생선은 넙치같기도 했으나 잘 모르겠기에 그에게 물었더니 그도 몰랐다. 빵을 곁들여 먹은 보스턴의 생선회는 무척 맛이 좋았다.

팅의 배려가 고마웠다. 같은 동양계라는 친근감을 그가 가졌던 것인지는 확언할 수 없으나, 나는 그런 느낌을 품으며 「J」의 간판 아래서 그와 작별했다.

퍼즐에 열중하던 끝에

1957년 · 패리티 비보존에 관한 연구

양 첸닝 (楊振寧)
Chen Ning Yang

1922년 9월 22일 중국 안후이 성(安徽省 : A nh wi
       Sheng)에서 출생
1942년 국립 시난(西南) 연합대학 졸업
1948년 Chicago대학에서 박사 학위 취득, 동대학 강사
1949년 Prinston 고등 연구소 연구원
1955년 교수
1964년 미국 국적 취득
1966년 New York주립대학 교수
중국명 楊 振 寧

인간의 신체는 좌우대칭이지만 자세히 관찰하면 오른쪽 반과 왼쪽 반의 모습이 약간 차이가 있다는 것을 알 수가 있다. 또 대부분의 사람의 심장은 좌측에 있다. 거울에 비쳐진 인간의 심장이 보인다고 한다면 우측에 있는 것처럼 보일 것이다. 생체를 구성하고 있는 분자도 그렇다. D NA분자는 오른쪽으로 감겨진 이중 나선구조(二重螺線構造)이지만, 거울에 비쳐지면 왼쪽으로 감겨진 것처럼 보여질 것이다. 당(糖)과 같은 분자를 보더라도 우선성(右旋性)과 좌선성(d체와 l 체)의 두 가지가 있다. 입체구조가 서로 경영 (鏡映)의 관계로 되어 있을 경우, 거울에 비쳐진 상은 역의 구조체가 된다.

그런데 소립자와 같은 기본적인 입자의 경우, 이러한 좌·우의 구별은 없다고 생각하는 것이 자연스러웠다. 양자역학 (量子力學)이 등장하자, 입자의 공간적인 대칭성에 관한 이와 같은 관계는, 파동함수(波動函數)에 포함된 좌표값을 반전시킬 때 그 함수값이 부호를 변화시키느냐 어떠냐는 것으로 생각할 수 있다. 이것을 소립자의 패리티(parity)라고 한다.

몇몇 소립자가 반응을 했을 때, 전체 파동함수의 부호가 변화하면 패리티는 기(奇, -)가 되고, 변화하지 않으면 우(偶, +)로 정의된다.

복수의 소립자가 관계되는 계(系)의 패리티는 각 입자의 패리티를 곱한 것이 된다. 패리티는 소립자의 반응에 의해서도 변화하지 않는다. 즉 우와 좌 사이에는 대칭성이 성립된다. 자연계는 우와 좌를 차별하지 않는다라고 누구나가 다 오랫동안 믿고 있었다. 이것을 〈패리티의 보존법칙〉이라고 부른다.

그런데 1950년대 중엽에 〈시타·타우($\theta - \tau$)퍼즐〉이라는 문제가 대두되었다. 시타(θ)중간자는 약한 상호작용에 의해 2개의 파이(π)중간자로 붕괴한다. 한편 타우(τ)중간자는 약한 상호작용에 의해 3개의 파이 중간자로 붕괴한다. π중간자의 패리티는 ―였으므로 θ중간자의 패리티는 +이고 τ중간자의 패리티는 ―이다.

그러나 두 입자는 질량도 스핀도 같았다. θ중간자와 τ중간자는 패리티만 서로 다른 두 종류의 입자일까? 아니면 두 입자는 실제는 하나의 입자이고, 붕괴가 일어날 때 패리티가 보존되지 않는 것일까? 이것이 $\theta - \tau$퍼즐이다.

두 가지 가능성 중 대부분의 물리학자는 패리티가 보존되지 않는다고는 생각하지 않았다.

1956년, 약한 상호작용에서는 패리티가 보존되지 않으며, 그것을 확인하기 위한 실험을 어떻게 할 것이냐는 논문이 등장했다. 저자는 중국으로부터 미국에 유학을 와 있던 젊은 이론 물리학자 양첸닝(Chen Ning Yang : 楊振寧)과 리충 다오(Tsung Dao Lee : 李政道)였다.

그들의 가설을 확인하는 실험은 즉각 컬럼비아 대학의 우젠슝(Chien Shiung Wu : 吳建雄) 여사들에 의해 실시되었다. 우 여사들은 코발트 60의 베타(β)붕괴를 조사했다. 코발트 60을 절대 영도 가까이까지 냉각하여 열운동을 억제한다. 그리고 강한 자기장(磁氣場)을 걸어 주면 코발트 원자핵이 갖는 자기력의 방향이 일정한 방향을 향한다. 이때 원자핵 자석의 북극과 남극에서부터 β선이 방출되는 상태가 된다. 패리티가 보존된다고 한다면 어느 극으로부터도 균일하게 β선이 방출될 터이지만, 만약에 보존되지 않는다면 어느 한쪽 극으로 더 많은 β선이 방출될 것이다. 실험결과는 명확히 패리티가 보존되지 않는다는 것을 가리켰다.

스위스 태생으로 미국에 건너 온 대물리학자 파울리(W. Pauli)는 우 여사의 실험을 앞에 두고 「자연의 신(神)이 약한 왼손잡이라고는 내게는 믿어지지가 않는다.」고 편지에다 썼다(M. Gardner 『자연계에 있어서의 左와 右』). 그러나 자연의 신은 파울리를 비롯한 많은 물리학자를 배신했다. 약한 상호작용에서의 패리티 비보존(非保存)의 발견은, 물리학의 근본적인 개념인 「대칭성」의 중요성에 대해 물리학자들의 인식을 깊게 해 주는 계기를 만들었다. 동시에 자연이 본질적으로 우와 좌를 구별하고 있다는 의미에서, 일반 사람들에게도 큰 충격을 주어 관심을 불러 일으켰다.

양과 리는 1957년도에 노벨 물리학상을 수상했다. 논문이 나온 다음 해의 수상이었고, 우 여사들의 최종 실험결과가 나온 것은 그해 초였다. 정말로 전격적인 수상이었다.

뉴욕의 맨해턴, 정오를 지나서다. 8번가의 45블록 모퉁이에서는 좀처럼 차가 잡히지 않았다. 여기는 동으로 한 블록만 가면 7번가와 브로드웨이가 교차되는 타임즈 스퀘어이다. 번화가의 한가운데 인데다 통행인도 많고, 평소에는 차의 왕래가 엄청나게 많은 곳이다. 그것이 웬일인지 통 차가 없다. 어쩌다가 택시가 오는가 하면, 어김없이 앞쪽에서 누군가가 손을 번쩍 들고는 올라 타 버린다. 택시를 잡는데 이토록 고생한다는 일은, 보통이면 생각조차 할 수 없는 일이라고 한다.

양과는 록펠러 대학에서 만날 약속이었다. 뉴욕 근교의 스토니 블록에 있는 뉴욕 주립대학에 있는 그가, 일을 보러 나올 때에 마침 시간을 낼 수가 있다는 것이었다.

가까스로 택시를 잡았다. 8번가를 북상하여 65블록에서 우로 꺾어, 센트럴 파크를 가로질러서 이스트 강에 가까운 요크가(街)로 나간다. 결국은 20분쯤 늦어서야 록펠러 대학으로 뛰어들었다.

때마침 양이 복도로 나오는 데서 얼굴을 마주쳤다. 죄송하다고 지각을 사과하자 상냥하게 받아 주었다. 제본된 잡지 등이 놓여 있는, 세미나에 쓰는 듯한 방에서 인터뷰를 했다. 그는 감색 상의에 감색 털조끼, 흰 와이셔츠에 연지색 넥타이 차림이었다. 상의와 조끼는 안된 말이지만 상당히 낡은 인상이었지만 검소한 옷차림에는 도리어 호감이 갔다. 내가 지각을 했는데도 불구하고 그는 한 시간 이상이나 인터뷰에 시간을 내주었다. 온화한 표정과 친절함이 인상에 깊이 남았다.

— 어릴 적부터 수학과 물리를 좋아하셨읍니까?

「아마 여섯 살 때쯤부터 수학을 좋아했고, 또 썩 잘 했읍니다. 이 경향은 국민학교에서부터 대학까지 줄곧 계속되었읍니다. 열 다섯 살 때, 중국은 새로운 교육제도를 채택했읍니다. 고등학교를 졸업하지 않았더라도 대학의 입학시험을 치를 수 있게 된 것이지요. 전쟁 때문에 너무도 많은 학생들이 이동을 하고 있었기에 고등학교를 졸업할 수가 없었기 때문입니다. 그런 탓으로 나는 1년을 월반해서 대학에 들어갔읍니다. 수험 때는 화학을 좋아했기 때문에 화학을 전공하기로 했었지요. 그런데 수험에 필요해서 물리책을 읽다가 재미가 있어서 물리학이 공부하고 싶어진 것입니다. 합격한 뒤 바로 전공을 물리로 바꾸었읍니다. 물리와 수학의 양쪽에 모두 흥미를 가지고 있었기에 어쩌면 수학으로 나갔을지도 모릅니다. 그런데 왜 물리로 정했느냐라는 질문이지요? 실은 저의 아버지가 수학자이었기 때문에, 당신께서는 자식에게는 좀 더 실용적인 것을 시켰으면 하고 생각하고 계셨어요.」

— 당신의 수학에 대한 재능은 아버님에게서 물려받은 것일까요?

「글쎄요, 하지만 분명히 아버지의 영향을 받았읍니다. 어릴 적부터 가르쳐 주셨어요. 소수(素數)란 무엇인가, 소수라는 걸 증명하는 방법이라든가 말입니다. 그러나 그것은 일부분이고 영향을 받은 것은 그 분위기였읍니다. 아버지는 공부를 하고 계시고, 나는 곁에서 책을 들여다 보았어요. 대개는 영어여서 나는 읽지는 못했지만 그림을 보았지요. 이를테면 스페이서(A. Speiser)의 유한군론(有限群論)이라는 유명한 책을 찾아냈읍니다. 독일어여서 읽지는 못했으나 그림이 무척 예뻤읍니다.그래서 웬지 모르게 군론에 매력을 느끼고 있었읍니다. 군론은 대칭성과 밀접히 관계되고 있어, 후에 내가 하는 일의 중요한 분야가 되었읍니다.」

— 혼자서 미국으로 오셨을 때 어떤 연줄이라도 있었는지요. 또 어떻게 할 것이라는 전망도 서 있었읍니까?

「연줄이라고는 없었지만, 내가 다니던 대학의 출신자가 몇몇 와 있었읍니다. 나는 중국에서 프린스턴 대학의 대학원에 입학원서를 내놓고 있었읍니다. 그러나 실제로 내가 가장 원했던 것은 페르미의 대학원생 제자가 되는 일이었읍니다. 나는 세 분 물리학자의 스타일을 존경하고 있읍니다. 아인슈타인(I. Einstein), 디랙(P. Dirac), 페르미(E. Fermi)이지요. 아인슈타인은 학생을 받지 않았고, 디랙은 영국에 있었읍니다. 그래서 사사(師事)했으면 싶었던 분이 페르미였읍니다. 그러나 그가 어디에 있는지를 나는 몰랐읍니다. 그래서 프린스턴에다 입학원서를 낸 것이지요. 미국에 와서야 페르미가 시카고 대학에 있다는 걸 알고, 1946년 1월에 시카고 대학의 학생이 되었읍니다.」

— 미국에 온 것은 당시, 중국이 물질적으로 궁핍해서가 아니라,순전히 페르미의 학생이 되고 싶어서였군요?

「그렇습니다. 실제로 중국의 대학원생이 미국에 건너오기 위한 장

학금이 여러 가지 있읍니다. 나는 그 중의 하나에 응시했지요. 1944년
에 20명의 여러 분야의 사람들과 함께 자격을 얻었는데, 여권과 비자
를 받는데에만 1년이나 걸려서, 1945년에야 모두 함께 왔읍니다.」

「일본은 1900년 경부터 근대과학을 시작하여, 20세기 초에는 이미
우수한 과학자가 있었읍니다. 이를테면 니시나(仁科芳雄)로, 그는 19
20년대에 유럽에 유학하여 중요한 물리학자가 되어 있었지요. 중국의
이 분야에서의 발전은 늦었었지만, 젊은 대학원생을 유학하게 하는 제
도가 확립되었읍니다. 저의 아버지가 그러하셨는데, 우리보다 앞 세대
로 미국에 유학했던 분들이 중국으로 돌아와서 가르쳤읍니다. 1946년
까지는 여러 분야에서 중국으로부터 미국에 온 유학생이 수백 명은 될
것입니다.」

— 그때 장학금은 얼마나 받으셨읍니까?

「한 달에 125달러였읍니다. 이 밖에도 수업료가 따로 지불되고 있
어 충분한 액수였읍니다. 지금이라면 1200 달러 이상이 아닐까요.」

— 당신은 시카고 대학의 앨리슨(S. K. Allison) 밑에서 실험적 연구
를 한 뒤에 텔러(E. Teller)에게서 이론을 연구하셨더군요.

「나는 실험이 서툴러서 이론으로 바꾸었읍니다.」

— 『와장창 했다하면 양이 있다』는 유명한 말이 있더군요(웃음). 실
험 물리학자로는 적성이 맞지 않았던가요?

「나는 실험에 관해서는 잘 몰랐기 때문에 실험 물리학자가 되고 싶
었읍니다. 그러나 앨리슨한테서 일하고 있는 1년 8개월 동안에, 이론
에는 능하지만 실험은 그렇지가 못하다는 것이 분명해졌읍니다. 그러
나 이 기간의 경험은, 실험 물리학이란 것이 어떤 것인가를 내게 알 수
있게 해 주었기 때문에 내게는 매우 귀중한 시기였읍니다.」

「실험 물리학자가 무엇을 걱정하고 어떻게 계획하느냐, 어떤 가치판
단을 내리느냐. 물리는 물론 대답이 하나로 귀착되는 분야입니다. 그
러나 실험과 이론에서는 가치판단이 달라집니다. 그건 요리를 만드는
쿡과, 그것을 먹는 사람의 평가가 일치하지 않는 것과 같습니다. 쿡은
현실에 직면해야만 합니다. 쿡은 어떤 재료를 쓸 수 있고, 오븐의 온도
는 어느 정도인가를 걱정해야 합니다. 그러나 먹는 사람에게는 그 따
위는 관계가 없읍니다. 둘 사이에는 차이가 있읍니다. 실험을 경험하지
않으면, 나중에 새로운 요리를 생각했을 때처럼, 실험가가 실제로 그
걸 만들 수 있는가 없는가를 생각해 볼 수가 없었을 것입니다. 내가 실
험가가 되지 않았던 것은 아마 큰 행운이었지만, 이 경험은 큰 도움이

되었읍니다.」

─ 미국에서 리를 만났을 때 어떤 인상을 받았읍니까?

「그를 만났을 때 나는 스물 세 살이었고, 그는 나보다 네 살 아래의 매우 우수한 청년으로 일도 썩 잘했읍니다. 우리는 곧 친구가 되었지요. 1962년까지 오랫 동안 공동연구를 계속했읍니다.」

─ 어디서 처음 만나셨읍니까?

「내가 대학원의 석사과정에 재학 중이었거나, 아니면 수료할 무렵 중국에서 만났을 것입니다. 그가 학생으로 들어왔지요. 그러나 그때는 만났었다고 하더라도 서로를 몰랐읍니다. 1946년에 그가 시카고 대학에 왔을 때 서로 알게 되었지요. 그는 미시간 대학으로 유학을 왔었는데, 시카고 대학이 좋다고 해서 시카고로 왔읍니다.」

약한 상호작용에서의 패리티 비보존의 아이디어가 떠 오른 것은 1956년 4월 말이나 5월초 경이었다고 한다. 당시 프린스턴 고등연구소에 적을 두고 있던 양은, 컬럼비아 대학의 리와 2주일에 한 번쯤 만나고 있었다. 56년 봄의 어느 날, 양은 브룩헤이븐 연구소에 왔던 귀로에 거기서 맨해턴의 컬럼비아 대학으로 차를 몰았다.

대학에서 리를 태우고는 근처에서 주차장을 찾지 못하여 브로드웨이와 125 블록의 모퉁이까지 가서야 겨우 주차를 했다. 마침 점심시간이어서 식당을 찾았는데 이 근처에는 문을 연 데가 없었다. 그래서 일단 카페에 들어가 $\theta - \tau$ 퍼즐에 대하여 토론했다. 거기서 얼마 동안 시간을 보낸 뒤 중화요리점에서 점심을 먹었다. 양의 기억으로는 텐진(天津)식 요리점이었다고 하고 리의 기억으로는 상하이(上海)식 요리점이었다고 한다. 거기서 $\theta - \tau$ 퍼즐을 토론하고 있을 때, 강한 상호작용에 있어서만 패리티가 보존되고, 약한 상호작용에 있어서는 보존되지 않는다는 아이디어가 떠 올랐다 (양의 『논문선집』＝*Selected Papers* 1945 ~ 1980 *with Commentary*에 의함)

─ 아이디어가 떠 오른 순간에 대해 얘기해 주시지요.

「그 무렵 $\theta - \tau$ 퍼즐에서는 몇 가지 실험이 혼란을 일으키고 있었읍니다. 모든 이론가가 답을 찾아서 많은 토론을 했지만, 도무지 해결이 나질 않았읍니다. 점심 때의 대화를 나누던 사이에, 그때까지의 모든 논의가 핵심을 찌르지 못하고 있다는 걸 알아챘지요. 패리티의 보존은 어디서나 성립되거나, 어디서나 깨뜨러지고 있다고 가정할 것이 아니라, 약한 상호작용에서는 깨뜨러져 있고, 강한 상호작용에서는 성립되고 있다고 생각하는 일이었읍니다. 강한 상호작용과 약한 상호작용을 구별한다는 생각이 그때에 떠 올랐읍니다.」

「아이디어가 떠 오른 이유는 『편극(偏極)』이란 개념에 생각이 미쳤기 때문입니다. 『편극』이란 물리학에서는 자주 쓰이는 술어(術語)인데, 이 문제의 분석에서는 그 이전에는 쓰여진 적이 없었읍니다. 일단이 개념을 도입하자 강한 상호작용과 약한 상호작용이 자연히 갈라지게됩니다. 그날 이전까지는 누구나가 수레 바퀴를 맴돌고 있었던 것이, 그날 이후부터는 초점을 잡게 된 것입니다. 이건 창조적인 활동에서는 모두 마찬가지이며 문제가 무엇인지 명확하지 않는 동안은 같은 곳을 맴돌고만 있을 뿐, 여러 가지 것에 부닥치기는 해도 구체화되질 않습니다. 그러나 일단 열쇠가 되는 아이디어가 생기면 어떻게 응축되어 가는가를알게 됩니다.」

— 약한 상호작용에서는 패리티가 보존되지 않는다는 확신을 가진 것은 언제입니까? 그 즉시였읍니까?

「아닙니다. 이 아이디어가 중요하다는 건 명백했기 때문에 6 주간쯤논문을 조사해 보았읍니다. 그러나 그것이 $\theta - \tau$ 퍼즐의 해답이라고 믿고 있었느냐고 묻는다면, 믿지 않았었읍니다. 중요한 문제이기에 테스트되어야 한다고는 생각하고 있었지요. 모순이 있으면 반드시 옳은 해답이 있을 것입니다. 그러나 그것이 옳은 해답이라고 걸지는 않았읍니다. 확신을 가진 것은 1956년 말과 57년 초, 컬럼비아 대학과 국립표준연구소의 실험이 끝났을 때입니다. 그건 결정적인 실험이었고, 실제로 약한 상호작용에서 패리티가 보존되지 않는다는 것을 명백히 했읍니다.」

— 명확한 실험이었지요.

「그렇습니다. 그것은 우리를 위해 한 실험이었읍니다. 우리의 논문이 가장 중요한 질문에 대답해 주는 좋은 논문이라고는 믿고 있었지만, 나는 이 해답이 썩 마음에 들지 않았읍니다. 왜냐하면 우리의 답은 대칭성을 감소시켜 버리기 때문입니다. 누구나가 대칭성을 바라는 것은자연스런 일입니다. 그러므로 우리의 답은 확인할 필요는 있지만, 반드시 옳은 해답이 아닐 는지도 모른다고 생각했읍니다.」

— 당시의 물리학자는 대칭성을 믿고 있었는데도, 어째서 당신들은 그걸 의심할 수 있었을까요?

「그건 우리가 퍼즐을 갖고 있었기 때문입니다. $\theta - \tau$ 퍼즐에는 해답이 있었을 것입니다. 우리의 해답은 하나의 가능한 대답일 뿐 특별히좋아한 답은 아니었읍니다. 그런데도 불구하고 이 점만을 이해하게 된다면 실험적인 관점, 즉 좋은 전통적 물리학의 관점으로부터는, 이것을 테스트하지 않으면 안됩니다. 그러니 특별히 강제된 것은 아니었읍니다.」

「물리학에서 무언가를 믿는다고 한다면, 이론적인 논의에 의해 믿을 뿐만 아니라, 확실한 실험적인 증거에 의해서도 믿고 싶은 것입니다. 이를테면 19세기의 확립된 열역학의 제1, 제2법칙은 이론적으로는 매우 아름답지요. 그러나 어떤 이론이라도 실험적인 근거가 없으면 진실로는 받아들일 수 없읍니다. 우리는 대칭성을 믿었는데도 불구하고, 패리티가 보존되지 않는 것은 진실이었읍니다. 좋은 전통적 물리학은 실험과학이며, 어떠한 신념도 실험적으로 검증되지 않으면 무의미합니다.」

—— 현재는 이론에서 다루어지는 에너지가 너무도 높아져서, 가속기를 써서 인공적으로 만들어 낼 수 있는 에너지가 그것을 따라붙지 못하게 되는 것은 아닐까요?

「1957년의 패리티 보존의 실험에서는 그와 같은 높은 에너지는 필요하지 않았었읍니다. 확실히 오늘날에는, 더 강력한 가속기가 만들어져야만 비로소 검증이 가능한 이론이 있읍니다. 그러나 물리학 중에서 탁월한 이론이 되기 위해서는 꼭 검증이 필요해요. 누군가의 상상에 지나지 않는 이론은 위험합니다. 이를테면 W입자, Z입자(위크 보존)는 1967년부터 추측되고 있었읍니다. 70년대에는 이들 입자가 아마 존재할 것이라고 믿을 만한 여러 가지 실험이 있었읍니다. 그런데도 불구하고 명백한 진실은 아니었읍니다. 그렇기 때문에 이들 입자가 명백하게 존재한다는 것을 제시한 CERN의 1983년의 실험은, 확고한 실험적 증명이었기 때문에 중요한 것이었읍니다. 에너지가 충분히 높아지기 전에는 검증을 할 수 없었는데, 이 경우는 다행히도 가속기의 에너지가 충분히 높아져서 검증할 수가 있었읍니다. 현재 에너지가 너무 높아서 아직은 검증을 할 수 없는 예측이 많이 있읍니다. 그것들은 언젠가는 에너지가 충분히 높아지게 되면 검증될 것입니다.」

—— 네 가지의 힘을 통일하는 이론(超統一理論)이…….

그때까지 나의 질문을 참을성 있게 들어주고 있던 양이 질문을 도중에서 가로 막았다.

「아직 그와 같은 이론은 없읍니다. 아직은 세 가지 힘을 통일하는 대통일 이론(大統一理論 : GUT)이 있을 뿐입니다.」

—— 그러나 인류는 네 가지 힘을 통일하는 이론을 겨냥하고 있을 터인데요.

「물론 우리는 네 가지 힘을 통일하는 이론을 만들고 싶다고 생각하고 있읍니다. 그러나 좋은 아이디어가 없어요. 중력(重力)을 포함시킨 통일이 매우 어렵기 때문입니다.」

— 네 가지 힘을 통일하는 이론은 불가능한 것입니까?

「그건 시간문제라고 생각합니다. 그 질문에 대해서는 세 가지 견해가 있을 수 있읍니다. 하나는 우리 인류의 한정된 뇌(腦)의 용량으로는 초통일 이론을 이해할 수 없을 것이라는 것. 두번째는 이해는 할 수 있겠지만 매우 시간이 걸린다. 세번째는 금방 이해할 수 있다는 견해입니다. 최초의 견해는 가장 비관적이고, 세번째는 가장 낙관적이라고 할 수 있읍니다. 나는 가장 낙관적인 견해는 채택할 수 없읍니다.」

「만약 두번째의 견해가 옳다면 오랜 시간이 걸립니다. 우리가 모르는 어떤 근본적으로 새로운 아이디어가 있을 것입니다. 그것이 무엇인지를 나는 모릅니다. 그러나 이를테면 중력의 양자화(量子化)는 곤란에 직면해 있읍니다. 발산(發散)의 곤란, 재규격화(再規格化 : renor-malization)의 문제입니다. 재규격화의 문제는 아직도 잘 해결되어 있지 않습니다. 그리고 대칭성이 증가하고 있으며, 그 증가는 분명히 아직도 계속되고 있읍니다.」

「나의 세대의 이론물리학의 발전은, 어느 의미에서는 대칭성이 계속하여 증가해 온 일이었읍니다. 내가 대학원생이던 시절, 대칭성의 중요성은 오늘날에 인식되고 있을 정도의 것은 아니었읍니다. 내가 학생이던 무렵은 대칭성은 그저 도움이 되는 아이디어라는 정도에 지나지 않았읍니다. 50년대에는 아마도 일부는 패리티의 연구 탓이겠지만, 대칭성의 중요성이 더욱 명백해졌읍니다. 70년대에는 게이지장(gauge 場)의 아이디어의 대두로 대칭성은 가장 근원적인 아이디어가 되었읍니다. 오늘날에 있어서의 대칭성은 도움이 되는 아이디어라는 것일 뿐만 아니라, 이론물리학의 구조 자체 속에 짜넣어져 있읍니다.」

「나의 견해로는 최소의 대칭성 조차도 아직 충분히 이해되어 있지 않습니다. 대칭성의 이해가 30년 전보다 진보했느냐고 묻는다면, 어떤 물리학자이든 진보했다고 말할 것입니다. 나는 이 변화는 아직 끝나지 않았다고 생각합니다. 대칭성의 개념은 더욱 중요한 역할을 하게 될 것입니다. 그러나 어떤 것이냐는 것은 말할 수가 없읍니다. 중력을 통일하는 일의 곤란은, 장(場)의 대칭성을 아직 완전히 이해하고 있지 못하다는 것에 관계되고 있다고 생각합니다. 재규격화와 대칭성은 깊숙히 관계되고 있읍니다. 이제부터 중요한 일들이 나오겠지요. 스무 살 정도의 젊은 사람들이 이론물리학의 새로운 변신(變身)으로 이어질 아이디어를 찾고 있읍니다. 비관적인 의견과 낙관적인 의견은 쌍방이 다 극단적인 것이며, 나는 그 중간을 택합니다. 그러나 당장에는 진보가 없읍니다. 30년이나 40년은 걸릴 것입니다.」

패리티 비보존의 발견은 양의 큰 업적의 하나로, 그가 현대 물리학에 기여한 공헌은 매우 많다. 그 중에서도 1949년에 밀스(R. Mills)와의 공저인 게이지 이론의 논문은 특기할만 하다. 발표 당시는 그것이 결정적으로 중요한 것이라고는 간주되지 않았었는데, 힘의 통일이론의 연구가 진보하자 그 아이디어가 골격이 되었다. 현재는 세 가지 힘의 통일이론까지가 게이지 이론에 바탕하여 만들어져 있다. 물리학자 중에는 양을 가리켜 철학자이기도 하다고 평하는 사람도 있다.

— 당신은 1949년에 밀스와 게이지 이론에 관한 중요한 논문을 쓰셨읍니다.

「게이지 이론은 일본에서는 〈가타카나(일본의 고유문자의 하나)〉로 씁니까?」

— 네.

「중국에서는 어떻게 쓰는지 아십니까? 이 개념은 물론 중국에는 없었기 때문에 번역을 해야 합니다. 중국에서는 가타카나가 없기 때문에 이렇게 쓰지요.」

그는 한문자로 「規范場」이라고 썼다.

「『場』은 "장"이고 『規范』이 "게이지"입니다.」

— 알기 쉽군요. 물리학의 이론은 앞으로도 게이지 이론에 바탕해서 진전될까요?

「그건 의심할 바 없읍니다. 누구나가 믿고 있읍니다. 그러나 충분하지는 못합니다. 무언가 다른 것이 필요합니다.」

— 당신은 노벨상을 젊을 적에 수상하셨읍니다. 만약 수상하지 않으셨더라면 인생이 바뀌었을 것이라고 생각하십니까?

「아니요. 그렇게는 생각하지 않습니다. 나의 경우는 물리학자로서 이미 잘 알려져 있었읍니다. 수상 후에 더욱 유명해졌지만, 그건 일반 사람들에게 대해서 뿐입니다. 거기에다 나는 연구소에서 좋은 일을 맡고 있기 때문에 수상한 탓으로 더 좋아졌다는 건 없읍니다. 물리학에서나 사생활에서도 나의 경우는, 상의 영향은 매우 적습니다.」

— 팅(S. Ting)을 만났을 때, 그는 이론 물리학자는 모든 일을 예언하는 것은 아니며, 실험에 의해서 비로소 알 수 있는 일이 반드시 있다

고 말씀했읍니다. 우리가 보기에는 물리학은 이론가가 아이디어를 생각하고, 실험가가 그것을 증명하는 과학인 것처럼 보입니다. 이 관점은 잘못된 것일까요?

「그건 매우 중요한 질문으로 다음과 같이 대답할 수 있을 것입니다. 오늘날의 소립자 물리학은, 어떤 것은 실험으로부터 알게 된 것입니다. 그러나 어떤 것은 이론이 앞섭니다. 어느 쪽도 중요한 정보를 가져다 줍니다. 100년 전이나 200년 전의 물리학에서도 마찬가지였을 것입니다. 현재의 생물학에서도 마찬가지입니다. 일반적으로 과학의 중요한 아이디어는 이론으로부터도, 실험으로부터도 태어납니다. 그러나 어느 때는 어느 한쪽이 보다 많은 새로운 아이디어를 낳는 수가 있읍니다. 또 다른 때는 다른 쪽이 더 많은 아이디어를 낳읍니다. 복잡한 상호작용입니다.」

「20세기에는 중요한 정보가 실험으로부터 방대하게 태어났읍니다. 러더퍼드(D. Rutherford)의 원자의 실험이 그렇습니다. 원자의 구조를 추정하는 많은 실험이 과거에도 있었지만 모두 틀린 것이었읍니다. 그의 학생 제자에 의해 이루어진 금박(金箔)에서의 알파(α) 입자의 산란 실험의 결과는 놀라운 것으로서, 20세기의 물리학에서 매우 중요한 사건이었읍니다. 거기서부터 러더퍼드는 원자가 작은 구조를 가지며, 전자(電子)가 그 주위를 돌고 있다는 것을 알았읍니다. 실험으로부터 놀라운 사실을 알아낸 예입니다. 최근의 예로는 팅들의 J-ψ입자의 발견입니다.」

「한편, 이론으로부터의 중요한 발견도 있읍니다. $\theta-\tau$ 퍼즐도 그렇고, W입자와 Z입자도 그렇습니다. 나는 어느 쪽도 다 정보를 낳는다고 생각합니다. 그러나 20세기를 돌이켜 보면 이론에서부터 태어나는 것이 많아졌다고 할 수 있겠지요. 그 이유는 실험이 어렵게 되어 왔기 때문입니다. 이론이 지배적으로 되어 오는 경향이 있는데 이것은 좋지 않습니다. 나는 우려할 상황이라고 생각합니다. 그러나 그것을 어떻게 바꾸어야 좋을지는 알지 못합니다. 실험은 비용이 들게 되고, 장래에는 그 경향이 더욱 강해질 것입니다. 이론이 지나치게 지배적으로 된다는 것은 걱정스러운 일이며, 그 분야에 있어서도 건전한 일이 못됩니다. 로코코(rococo) 미술은 극단적인 형태로 진보해서 오래 계속되지 못했읍니다. 팅은 실험 물리학자이므로 실험을 강조한 것이겠지요.」

여기서 인터뷰를 마치기로 하고 나는 사진을 찍기 시작했다. 두, 세 번 셔터를 눌렀을 때, 문득 생각했던 질문 중에서 빠뜨린 것이 생각났다.

— 물리의 연구에서 동양적인 배경이라는 것은 무언가 영향을 끼치고
있을까요?

「그것도 중요한 문제이며 나도 그걸 생각하고 있었읍니다. 연구에서
는 그리 중요하지는 않다고 생각합니다. 중국이나 일본의 물리학자가,
미국이나 독일의 물리학자와 서로 상이한 사고방식을 하고 있을까요?
그렇게 차이는 없다고 생각합니다. 그러나 과학에 대해서 보다도 태도
에 있어서의 차이는 있다고 생각합니다. 동양문화의 특징은 어떤 종류
의 혼돈(混沌)입니다. 사람들은 참을성이 강하고, 다른 사람이 무엇을
했는지를 이해하려 합니다. 서양문화는 『당신을 믿지 않기 때문에 내
가 한다.』고 하듯이 아이들의 독립심을 키우려고 합니다. 어느 쪽이
좋다고 잘라 말할 수는 없읍니다. 동양적인 배경에서 자란 학생은 자
신이 무엇을 하고 싶어하는 미국의 학생과는 다릅니다. 나를 포함하
여 중국이나 일본의 물리학자는 대체로 조용하고, 우선 남의 말에 귀
를 기울이려 합니다. 그러나 나의 패리티의 연구에 동양적인 배경은
없었읍니다.」

경계영역에서 비약

1973년 · 고체에서의 터널 효과의 연구

에 사키 레오나
(江崎 玲於奈)
Leo Esaki

1925년 3월 12일 일본 오사카(大阪)에서 출생. 도
시샤(同志社)중학, 구제(舊制) 제3 고등학교
를 거쳐
1947년 도쿄(東京)대학 이학부 물리과 졸업. 가와니
시(川西)기계〔후의 고베(神戶)공업〕입사
1956년 도쿄 통신기계공업 (후의 SONY)주임 연구원
1959년 이학박사 학위 취득
1960년 도미, IBM 워싱턴 중앙연구소 연구원
1967년 IBM 특별 연구원
1974년 일본 문화훈장 수상

1947년에 대학을 졸업한 에사키(江崎玲於奈)는 바로 민간회사에 취
직했다. 제2차 세계대전이 끝난 2년 후의 일이었다. 「물리학과 공학
의 결부, 그런 방면으로 나가보려고 생각하고 있었다. 물론 내 자신이
먹고 살아갈 수 있을 만한 직업을 찾아야 했지만, 내가 하는 일을 통해
서 일본이라는 나라도 살아갈 수 있게, 얼마쯤은 공헌할 수도 있지 않
을까 하고 생각했었다.」(일본 물리학회 엮음 『일본의 물리학사 · 상권』『일본의
과학정신 3, 인공자연의 디자인』)라고 그는 회고하고 있다.

노벨상을 받게 된 고체 내에서의 터널효과의 발견은 그가 SONY에 재
적 중이던 1957년의 일이다. 이 연구는 공학적으로는 터널 다이오드의
발명이라고 불리게 된다.

노벨상의 과학분야에서의 세 가지 상의 수상자는 태반이 박사 학위를
받은 후, 대학이나 연구소 등에서 연구한 사람들일 것이다. 즉 아카데
미즘의 중심에 있는 사람들이다. 주커만(H. Zuckerman)은 그의 저서
『과학 엘리트』에서 미국의 노벨상 수상자의 대부분이 유명 대학에 집
중해 있고, 더구나 노벨상 수상자 등 저명한 스승 아래서 많이 배출되
고 있다고 분석하고 있다.

그런데 에사키는 민간회사에서 연구를 계속했고, 수상 연구 당시는 아직도 박사 학위도 없었다. 에사키의 수상은 아카데미즘의 중심이 아닌 곳에서도 노벨상급의 연구가 가능하다는 것을 시사하고 있다.

「터널효과」는 에사키의 수상에 의하여 많은 사람들에게 알려지는 말이 되었다. 한마디로 말하면 전자(電子)는 고전역학에서는 마이너스의 전하(負電荷)를 가진 입자이지만, 양자역학(量子力學)에서는 파동으로서의 성질을 가지며, 그 전자의 파동으로서의 성질을 일으키는 현상의 하나가 터널효과이다.

고전역학에서는 전자의 운동에너지가 마이너스가 되어 버리는 따위의 영역에는 전자가 존재할 수 없다. 이런 영역을 에너지 장벽이라고 부른다. 그러나 전자가 파동으로서의 성질을 갖는다면 에너지 장벽으로 침투하여 통과할 수도 있다. 이 현상을 터널효과라고 부르고 양자역학의 이론으로부터 1920년대에는 이미 예측되어 있었다.

냉금속(冷金屬)으로부터의 전자복사(電子輻射)나 알파(α)붕괴 등의 터널효과에 의한 설명은 1920년대 말에는 이미 나와 있었으나, 고체 내에서의 터널효과의 검증은 이론과 실험의 불일치라는 역사의 반복이 있었을 뿐 1950년대까지 결정적인 것이 없었다.

에사키는 고주파용 트랜지스터를 개발하는 작업을 하던 중 1957년에 고체 속에서의 터널효과를 반도체에 의하여 실험적으로 검증한 것이다.

p형 반도체란, 결정 속에 정공(正孔 : hole)이 생기고, n형 반도체에서는 자유전자가 생긴다. p - n형 반도체에서는 p영역에 플러스의 전압을 가하면 전류가 흐르기 쉽고, p영역에 마이너스의 전압을 가하면 전류가 흐르기 어렵다는 성질이 있다. 한 방향으로만 전류가 흐르기 쉽기 때문에 정류작용이 있는 셈이다. p영역에 플러스의 전압을 걸어 주는 것을 순방향(順方向 또는 正方向)이라고 부른다. 통상적인 p - n 접합 반도체에서는 순방향전압이 높아짐에 따라서 전류가 많이 흐르게 된다.

p형, n형 반도체를 만들 때 보통 게르마늄 등의 결정에 미량의 불순물을 보태게 되어 있는데, 에사키는 불순물을 많이 넣은 게르마늄 p - n접합의 반도체로서, 역방향으로 전류가 흐르는 다이오드를 만들었었다. 터널효과는 온도에 의해서는 변화하지 않을 터이므로, 온도의 의존성이 가늠이 된다. 에사키가 만든 다이오드의 역방향전류는 온도에 의존하지 않으며 터널전류라는 것을 가리키고 있었다.

또 순방향의 전압이 낮은 곳에서 전류가 감소되는 현상도 발견되었다.

즉 마이너스의 저항이 발생한다. 순방향에서도 터널전류가 흐르고 있었던 것이다. 이들 실험에 의해 고체 안에서의 터널효과가 명확하게 검증되었던 것이다.

이 새로운 소자는 터널·다이오드 또는 에사키·다이오드라고 불린다.

에사키의 발견은 고체 물리학에 새로운 분야를 개척해 냈다. 또 미국의 제버(I. Giaever)는 초전도(超傳導)현상에서의 터널효과를 연구했고, 영국의 조셉슨(B. D. Josephson)은 두 초전도체 사이에 흐르는 터널전류의 이론적 연구를 했다. 조셉슨의 이론을 토대로 만들어진 조셉슨소자는 고속 연산소자 (演算素子)로서 주목되고 있다. 에사키, 제버, 조셉슨의 세 사람은 1973년 노벨 물리학상을 수상했다.

에사키는 1960년에 IBM사로 옮겨 미국으로 건너갔다. 현재 그는 이 회사의 윗슨 연구소에 적을 두고 있는 한편, 일본 IBM의 임원이기도 하여 일본에는 자주 올 기회가 있다. 인터뷰는 도쿄의 롯뽕기(六本木)에 있는 일본 IBM 본사의 21층에 있는 그의 사무실에서 했다.

외출에서 돌아온 그가 나를 방으로 맞아들였다. 널찍한 방으로 입구 가까이에 응접 세트가 있고, 그 곁의 선반에는 수많은 그의 저서가 몇 권씩 꽂혀 있었다. 짙은 감색 상의에 흰 와이셔츠, 줄무늬 넥타이의 그는 이야기가 시작되자 상의를 벗었다.

── 가와니시 (川西)기계〔후에 고베 (神戶) 공업 〕에 계실 때부터 터널 효과에 흥미를 가지고 계셨읍니까?

「터널효과는 양자역학과 함께 생긴 개념으로서, 물리학자라면 누구나 흥미를 갖는 현상입니다. 입자가 마이너스의 에너지를 갖는 영역, 그것을 에너지장벽이라고도 하는데, 파동성을 갖는 입자는 에너지장벽으로 침투할 수 있다는 예언이 있었읍니다. 유명한 것은 강전기장(強電氣場)에서의 냉금속 표면으로부터의 전자복사를 포울러(R. H. Fowler)와 노드하임(L. Nordheim)이 터널효과로서 훌륭하게 설명한 일과, 가모브 (G. Gamow), 거니(R. W. Gurney) , 콘든(E. U. Condon)들의 터널효과에 의한 알파 (α)붕괴의 이론입니다. 나는 당시 가와니시 기계에서 진공관 관계의 일을 하고 있었기 때문에 전자복사에는 흥미를 가지고 있었다고 말할 수 있을 것입니다.」

「터널효과의 또 하나의 흥미는 1930년대에 들어와서 터널효과로서 여러 가지 일을 설명하려 한 일일 것입니다. 이를테면 터널효과에 의한 정류이론과 유전체(誘電體)의 절연파괴의 설명이 있었읍니다. 그러나 그것들은 모두 사실은 틀린 것들이었읍니다. 나의 터널 다이오드에 이르기까지, 터널효과에서 전류가 흐르고 있는 다이오드는 없었읍니다. 제너(C. Zener)가 말한 자연 파괴도 자세히 조사해 본즉 전자 홀의 사태(沙汰)현상이 지배적이었읍니다. 트랜지스터가 등장하여 쇼클리(W. B. Shockley)들의 벨 연구소의 유명한 연구자들이 깨끗한 게르마늄 p-n접합의 반도체를 만들자, 이것이야말로 제너의 터널메커니즘에 의해 절연파괴가 이루어지고 있는 것이라 하여 제너·다이오드라는 이름까지 붙여졌읍니다. 그러나 그것도 틀린 것이었읍니다. 이와 같이 1930년대부터 50년대까지, 실험과 이론의 불일치가 연속된 것도 내게 흥미를 갖게 했다고 말할 수 있을는지 모릅니다.」

— 터널효과가 늘 머리 속에 있었다고 하시는데, 그것이 어떤 과정을 거쳐 터널 다이오드로 되었을까요?

「학자는 좋은 일을 하고 싶다는 욕구가 있읍니다. 반도체의 연구를 하고 있어도 본질적인 문제와 주변적인 문제가 있다고 생각합니다. 학자들은 본질적인 것은 무언가를 찾아내려고 합니다. 1956년에 SONY에 들어와서 여러 가지 p-n접합을 만들 수 있는 환경에 놓여지자, 나는 그때까지 막연하게 생각하고 있었던 터널효과를 명확하게 확인하는 일을 하고 싶다고 생각했읍니다.」

— SONY에서 연구를 시작할 때, 박사 논문이 될 만한 일을 해야겠다고 생각하셨다는데, 그 시점에서 테마를 터널효과의 검증이라고 확신하고 계셨읍니까?

「그렇습니다. 1957년 초 쯤이었읍니다. 그래서 어떻게든지 해 보려고 생각한 것입니다.」

— 불순물을 많이 넣어서 역내전압(逆耐電壓)을 내려주면 터널효과가 검증되리라는 아이디어를 갖고 계셨었군요.

「네, 불순물을 많이 넣으면 p-n접합의 에너지장벽의 폭이 얇아집니다. 터널전류가 지배적으로 되는 상황을 낳게 된다는 것입니다. 이것은 나 뿐만 아니라, 이론적으로는 누구나가 착상하는 일입니다.」

「내가 하는 일은 학제적(學際的; 많은 전공분야의 협동적 연구방식)인 요소가 있읍니다. 도대체가 불순물을 많이 넣거나 하면 좋은 p-n접합은 되질 않습니다. 순도를 올리는 편이 깨끗한 접합과 소자가 만들어지는 것은 당연한 일입니다. 불순물을 많이 넣었는데도 불구하고 p-n접합의 순수한 특성을 가진 것을 만든다는 점이 중요한 의미를 지니게 됩니

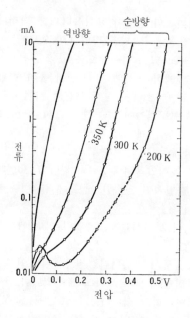

터널 다이오드의 전압 - 전류특성. 역
방향은 온도와는 거의 관계가 없
다. 순방향 200 K의 저전압에 음
성저항을 가리키는 피크가 보인다.

다. 불순물을 많이 넣더라도 이상적인 p-n접합은 있을 수 있는 것입
니다. 그것을 만드는데도 무척 고생을 했읍니다. 그 부분에서는 SONY
의 다른 사람들의 협력이 매우 컸읍니다.」

「전자의 사태현상이 일어나기 위해서는 어떤 값의 문턱전압값이 필
요합니다. 이를테면 게르마늄이라면 대충 1V정도의 전압입니다. 그 이
상이 아니면 사태현상이 일어나질 않습니다. 1V 이하에서도 꽤나 전류
가 흐르는 것이 만들어져서 터널효과일 것이라고 확신하게 되었읍니다.」

「최초에 발견한 것은 백워드 다이오드(backword diode) 라고 불리는
것으로서 역방향쪽이 전류가 많이 흐르는 것입니다. 역방향에서는 분명
히 터널효과가 일어나고 있다고 생각되는 다이오드가 발견된 것이지요.
그것은 최초의 계획대로 들어 맞았읍니다. 보통의 다이오드에서도 장
벽이 있지만, 전자는 그 장벽을 뛰어 넘어서 전류가 흐릅니다. 전자는
어떤 분포를 하고 있어, 그 중의 에너지가 높은 전자만이 장벽을 뛰어
넘어 가는 것입니다. 이것이 보통의 정류를 설명하는 메카니즘입니다.
열적(熱的)으로 장벽을 뛰어넘기 때문에 온도특성이 매우 큽니다. 만
약 이것이 터널효과라면 에너지 보존법칙이 있어, 에너지를 상실하지
않는 셈입니다. 이것은 곧 온도의존성이 비교적 적다는 것을 뜻합니다.

그것이 터널효과인지 아닌지를 시험하기 위한 간단한 방법입니다.」

　「역방향에서 터널효과가 잘 관찰될 수 있다고 생각되는 것의 특성적 온도변화를 측정해 보았더니, 이번에는 순방향에서 음성저항 (陰性抵抗)이 있는 것이 발견되었읍니다. 여태까지 터널효과라고 생각되고 있었던 것은, 역방향으로 많은 전압을 걸어 주었기 때문에 흐른 전류현상이었읍니다. 실험에 의해 순방향으로 약간의 음성저항과 이상현상이 나타나는 것으로부터, 순방향에서도 터널효과가 나타난다고 알아 차린 것입니다. 그렇게 하면 좀 더 불순물을 많게 하고, 더 폭을 얇게 하여, 보다 이상적인 접합을 만들면, 실온에서도 순방향에서 음성저항을 가리키는 것이 나타났읍니다. 음성저항은 하나의 발견이라고 해도 될 것입니다.」

　「공학 관계의 사람들은, 에사키는 터널 다이오드를 발명했다고 말하고, 과학 관계의 사람들은, 에사키는 터널 다이오드를 발견했다고 말합니다. 아전인수 (我田引水)가 될지 모르지만, 터널 다이오드는 매우 학제적 (學際的)인 것으로, 과학과 공학의 꼭 접점에 있다고 생각합니다.」

　── 그 당시, 실습을 와 있던 학생이 터널 다이오드의 실험결과를 보고 「회사 사람 (에사키)은 오류를 범하고 있다.」는 리포트를 쓴 적이 있었다는데 …….

　「그때, 나는 터널효과에 대해 확신을 가지고 있었읍니다. 그 사람을 재미있다고 생각하는 건, 하나는 교과서에 쓰여있는 것은 모두 옳고, 그 밖의 것은 틀린 것이라고 생각하는 따위의 사람이었는데, 그래서는 터널 다이오드와 같은 것은 태어나질 않습니다. 또 하나는 회사에 와서, 내가 자기의 상사인데도 불구하고, 상사가 틀렸다고 말할 만한 배짱이 있었다는 점입니다. 아부를 하지 않는다는 것은 훌륭한 자세라고 생각합니다.」

　── 교과서 만능으로는 도저히 터널 다이오드와 같은 연구는 안된다는 말씀이군요.

　「과학자나 기술자에게 있어서는 발명이나 발견이 삶의 보람이지만, 그것이 얼마나 참신하느냐는 점입니다. 일본 사람도 새로운 것에 흥미가 없다고는 말하지 못할 것이라고 생각합니다. 대체로 정보화 사회 (情報化社會)를 좋아하니까요 ……. 정보는 새롭지 않으면 의미가 없읍니다. 온 세계로부터 여러 가지 정보를 수집하고, 그것을 활용하는 것이 정보화 사회입니다. 그런데 곰곰히 생각해 보면 설령 새로운 정보라고 하더라도, 그것은 그 당사자나 또는 그 기업에 있어서 새롭다는 것에 지나지 않습니다. 그러니까 말하자면, 본질적으로 새로운 정보라는 것은 자신이 만드는 수 밖에는 없습니다. 교과서 뿐만 아니라, 아무리 새로운 정보를 알았던들, 본질적으로 새로운 것은 아닙니다.」

「본질적으로 새로운 정보는 자기만을 의지합니다. 거기에 「자기(自己)」라는 것이 나타납니다. 반도체 속의 터널효과를 밝히고 싶다고 생각했을 때는, 역시 나 자신의 반도체 물리학에 대한 가치판단 비슷한 것이 있었다고 생각합니다. 가치판단은 남이 하라고 해서 하는 한은 자기의 사고방식은 아닌 것입니다. 그러므로 과학자에게 있어서는 모른다(未知)고 하는 것이 중요하고, 그 다음에는 『개(個)』라는 것이 나타난다고 나는 생각합니다. 일류 과학자는 자주 독립의 가치관이라고 할까, 좋은 감식력이랄까 심미감(taste)을 가져야 한다고 생각합니다.」

애기는 차츰 교육론, 일본과 구미와의 차이라는 방면으로 옮겨 갔다. 미국에서 오랫 동안 생활한 그는 일본과 미국의 풍토차, 창조성 등에 관한 많은 저서가 있다.

「일본에서는 지금 학생들의 폭행사건, 비행사건이 있고, 수험체제, 획일교육, 가정에서의 예의범절에 대한 교육 또는 사회의 규범이 잘못된게 아닌가 하는 풍조가 꽤나 높아지고 있는 듯합니다. 그래서 자주독립심을 갖는 개인을 만드는 교육을 할 것인가, 집단인간을 만드는 교육을 할 것인가 하는 문제가 대두됩니다. 그러한 기본적인 일이 의외로 논란되고 있지 않는 것처럼 생각됩니다. 규율 바르고, 진지하고, 얌전하며, 집단 속에서 기능을 발휘하는 따위의 집단인간을 만드는 것을 주체로 한다면, 그런 교육방침 속에서 창조성을 찾는다는 것은 좀 모순되고 있지 않을까요.」

「그 점을 일본 사람들은 어떻게 결정할 것인가? 일본을 위해, 사회를 위해서 교육할 것인가, 또는 개인을 위해 교육할 것이냐는 차이가 있읍니다. 내 생각으로는 역시 개인을 위한 교육을 시켜서, 그 결과로서 훌륭한 개인이 일본을 위한, 사회를 위한 것이 된다고 생각합니다. 현재 제기되고 있는 여러 가지 문제들은 집단인간을 만드는 결과로 말미암아서 나타나는 것이 아닌가고 생각합니다. 일본의 교육은 집단인간을 만든다고 분명히 말하고 있지는 않지만, 미국의 교육은 아이들은 양친이나 사회에 의존하고 있는 것이며, 그것을 독립된 인간으로 만든다는 점에서 매우 분명합니다. 일본의 교육은 아이는 의존하는 것이라는 걸 물론 전제로 삼고 있지만, 아이를 어른의 사회로 즉, 틀 속으로 짜넣는 하나의 과정이라고만 생각됩니다.」

「일본에서는 『개(個)』라는 것은 이기주의의 횡행으로 이어진다는 사고 방식입니다. 미국에서는 『discipline』이라고 합니다. 디시플린과 일본의 『훈련』이나 『버릇 들이기』와는 좀 뉘앙스가 다릅니다. 『개』를 만드는 건 일본에서는 아직도 방종으로 받아 들여지기 쉽습니다. 『인디비듀얼리즘(individualism)』『개인주의』는 상당히 뉘앙스가 다르다고 생각합니다. 미국에서는 개인을 존중하는 동시에, 디시플린은 자제(自制)라든가 자책(自責)이라든가 하는 생각을 분명히 갖게 합니다. 개인을 바탕으로 하여 예의 범절을 가르치느냐, 외부로부터 주어진 것을 바탕으로 하여 예의범절을 가르치느냐 하는 차이가 있는 것이 아닐까요.」

— 개인을 바탕으로 삼지 않으면, 창조적인 인간은 자라지 않는다는 말씀이시군요.

「일본에서는 누가 다른 데서 한 일이라도, 새로운 것이면 새로운 것이라고 생각해 버립니다. 새로운 것이기 때문에 그것을 바탕으로 해서 무언가 하려 합니다. 그것을 키우는 능력은 일본에는 많이 있어도, 새로운 것을 낳는 능력이 일본에는 없다고도 할 수 있습니다. 일본에서는 어느 정도, 자기를 죽여야만 합니다. 즉 외부로부터의 지시에 순종하는 따위의 인간입니다. 내가 말하는 『개인인간』과 『집단인간』은 자신의 내부로부터의 지시를 좇느냐, 외부로부터의 지시를 좇느냐는 차이일 것입니다. 안으로부터의 지시를 좇는 인간이 아니면 창조적인 일은 못합니다. 이 근본적인 점이 일본의 교육에서는 의외로 언급되고 있지 않는 듯이 생각됩니다.」

— 그런 의견을 기회 있으실 때 마다 말씀하시는 줄로 알고 있는데요…

「그러나 도무지 귀담아 듣질 않더군요(웃음).」

— 당신께서는 도시샤(同志社) 중학이나 옛날의 제3 고교 시절부터 『개』라는 것, 또는 창조성에 이어질 만한 것이 길러졌었읍니까?

「그리스도교와 같은 것은 『개』를 인식하게 하는 것이 아닐까고 생각합니다. 성서에 있는 『찾아라, 그리하면 주어질 것이다. 구하라, 그리하면 얻을 것이다. 문을 두들겨라, 그리하면 열릴 것이다』라고 하는 것은 개인적인 사상이 매우 강하다고 생각합니다. 모두가 집단으로 문을 밀어 부치라고는 하지 않았으며, 문을 두들겨라, 그리하면 열릴 것이라는 것입니다. 도시샤 중학에서 그리스도교에 접한 것과 구제(舊制) 제3 고교에서 배운 것에서 『개』라고 하는 것이 길러졌을 것입니다.」

「전쟁의 경험도 영향을 끼쳤는지 모릅니다. 인간은 언제 죽을지 모른다고 하게 되면, 자기란 무엇인가를 생각하게 됩니다. 과학사상도 근본을 더듬어 가면 그리스로 가게 됩니다. 그리스인은 매우 개성적인 인간이 아니었을까요? 지금에 와서 생각해 보아도 훌륭한 대학자가 많이 나타났습니다. 지구의 크기를 맨 처음에 누가 계산했는지 아십니까?」

— 에라토스테네스였던가요?

「그렇습니다. 그는 알렉산드리아와 시에네의 거리를 측정하여 태양의 각도를 측정하고, 16%정도의 정밀도로써 지구의 크기를 측정했읍니다. 저런 사고방식은 정말로 굉장한 착상이며, 개인의 창조성 바로 그것입니다. 히파르코스(Hipparchos)는 월식을 바탕으로 하여, 달과 지구 사이의 거리를 상당히 좋은 정밀도로 측정하고 있읍니다. 에라토스테네스(Eratosthenes)는 지리학자였으므로 좋은 지도를 그리기 위해서 했겠지만, 지구와 달의 거리를 측정한들 그것으로 어떤 소득이 있느냐고 하면, 그저 자연을 안다는 것 이외는 없는 것입니다.」

— 박사 학위를 받기 전에 민간 기업 안에서 노벨상에 해당할 만한 값어치 있는 일을 했다는 것은, 수상자 중에서는 이례적이라고 하겠읍니다.

「비교적 드문 예이겠지요. 역사를 거슬러 올라가면 공학 관계에서는 무선전신을 발명한 마르코니(G. Marconi) 등도 수상했고, 컬러 사진의 발명자도 수상하고 있읍니다. 최근에는 트랜지스터를 발명한 쇼클리, 바딘(J. Bardeen), 브라탄(W. H. Brattain)이 수상하고 있으니까 예가 없다고는 할 수 없겠지만, 전반적으로 말하면 역시 아카데미즘의 중심에서 큰 일을 한 사람들이 수상한 경우가 많더군요.」

— 큰 연구를 하기 위해서는 주위에 많은 연구자가 있는 환경이 꼭 필요한 것만은 아니라는 시사를 받는 듯한 느낌이 듭니다.

「한 가지 말할 수 있는 것은 SONY에 결정(結晶)을 제조하는 기술이 있었다는 것이 매우 중요한 역할을 하고 있읍니다. 과학이 새로운 기술을 선도(先導)하는 일은 물론 있지만, 기술이 새로운 과학을 선도하는 일도 많습니다. 이를테면 컴퓨터를 쓸 수 있게 되자 과학이 크게 진보한 일입니다. 과학과 기술은 서로 매우 다른 것이기는 하지만, 나의 경우는 과학과 기술의 경계선 위에 있었던 셈입니다.」

「그러나 무엇이 본질적인가를 식별하는 감식력을 갖는 것이 우선 중요합니다. 일본의 기초연구를 진보시키기 위해서는, 물론 나 자신도 노력하고 싶다고 생각하지만, 돈과 인간을 투입하는 것만으로는 안되는 것입니다. 물론 돈은 필요조건이기는 하지만 충분한 조건은 아닙니다. 어느 편이냐고 하면 이것이 중요하다고 인식할 수 있을 만한 창조성을 지닌 개인이 있느냐 없느냐가, 그 나라의 기초연구를 추진하는데 있어 중요한 것이 아닐까요. 」

2. 化 學 賞

P. D. 미첼(1978년) ····················· 85
K. 후쿠이(1981년) ····················· 98
L. 폴링(1954년, 1963년) ············· 112
F. 생거(1958년, 1980년) ············· 122
J. 켄드루와 M. 페루츠(1962년) ········ 134

〈노벨 물리학·화학상 금메달의 뒷면〉

외톨박이의 반란

1978년 · 생체막에 있어서의 에너지 변환의 연구

페터 미첼
Peter D.Mitchell

1920년 9월 29일 영국 Surrey주 Mitcham에서
출생
1943년 Cambridge대학 Jesus 칼리지 졸업
1950년 박사 학위 취득. 동대학 조수
1955년 Edinburh대학 동물학부 화학생물부문 주임
1961년 동대학 강사
1963년 퇴직
1964년 Green연구소 설립. 연구부장

영국 국영철도의 특급열차는 목장이 이어지는 풍경 속을 달리고 있었다. 멀지 않아 미첼(P. D. Mitchell)이 사는 보드민에 닿을 예정이었다. 시계는 오후 5시 20분을 가리키고 있었다. 오늘은 일요일. 미첼을 만나기로 약속한 것은 월요일인 내일인데, 이 날은 마침 영국의 국경일이다. 그는 지금 여행 중인데 오늘 중에 돌아올 것이다. 나의 사정상 그를 만날 수 있는 기회라고는 내일 밖에 없다. 경축일인 줄을 뻔히 알면서도 인터뷰를 요청한 나의 부득이한 사정을 그는 쾌히 승락해 주었었다.

런던의 파딩턴 역을 나선 것은 오후 0시 45분, 브리턴 섬 남서단을 겨냥하여 플리머스에 닿았을 때는 저녁이 가까웠다. 여기는 미국으로의 최초의 이민을 실은 메이플러워호가 출범한 유명한 항구도시이다.런던에서 플리머스까지는 360 km . 보드민까지는 여기서 다시 40분 이상을 더 가야만 한다. 5월의 영국은 저녁이라고는 하나 아직도 낮처럼 환하다. 열차는 해안선을 달려 간다. 하구의 철교를 건너면서 왼쪽으로 커브를 꺾자 플리머스 항구가 보였다. 영국 해군의 함선인 듯한 모습이 보이고, 현재의 플리머스가 영국 굴지의 군항이라는 것을 실감나게 했다.

보드민 파크웨이 역에 닿았다. 정말로 별난 곳이다. 주위에 건물이라

고는 통 볼 수가 없다. 작은 역사에는 대합실 조차도 없었다. 메…메…'
하고 이따금 송아지 소리가 들려 올 뿐이다. 보드민에는 동네다운 동네
조차도 없다는 말인가.

개찰구도 따로 없는 역사를 나서자, 바로 거기에 택시 회사로 통하는
직통전화가 있었다. 그렇군, 이것으로 택시를 부르면 된다. 얼마 후 택
시가 왔다. 15분쯤을 달려 갔더니 작은 동네에 닿았다. 거기가 보드민
이었다. 전에는 보드민 파크웨이 역에서 동네까지 작은 철도가 달리고
있었으나 지금은 폐지되었다고 한다.

이튿날 아침, 호텔로 미쳴이 직접 차를 몰고 마중을 와 주었다. 차는
랜드로버 타입의 일본제였다. 그는 스웨터에 진즈바지, 발에는 샌들을
걸치고 있었다. 귀에 박힌 작은 피어스 이어링이 눈길을 끌었다. 많은
사람들이 품고 있을지도 모를 위엄있는 대 과학자의 이미지와는 동떨어
진 매우 리럭스한 차림새였다. 노벨상을 수상하던 당시의 흑백 사진에
는 검고 풍성했던 머리카락이 이제는 하얗게 물들어 있었다.

차 안에서 그는 연구소가 「그린」이라는 이름의 골짜기에 있기 때문
에 「그린 연구소」라고 명명했다는 것, 「그린」이란 본래 켈트인의 말
인데 골짜기를 뜻한다는 것, 그러니까 「그린 밸리」라는 말은 마치 역
전 앞과도 같이 중복된 말이어서 이상하다는 것 등등을 얘기했다. 보드
민이 있는 콘월 주의 「Conwall」도 로마인의 말로서 「뿔」이라는 뜻
이라고 한다. 브리탠 섬의 남서단이 뿔처럼 툭 튀어나와 있기에 이런 이
름이 붙여졌다고 한다.

이런 얘기를 하는 사이에 나는 그의 귀가 매우 불편하다는 것을 알았
다. 오른쪽 귀는 거의 들리지 않는데다, 왼쪽 귀에는 보청기를 끼고 있
었다. 오른쪽 귀는 감염증에 걸렸었는데, 의사가 귀에 대한 지식이 없
었기 때문에 들리지 않게 되었다고 한다.

연구소는 동네와 역 사이의 골짜기를 내려가, 비탈을 조금 올라간 곳
에 있었다. 목장과 숲으로 둘러싸인 사색(思索)의 장소로는 더없이 좋
은 곳이었다. 건물은 컸다. 그리스의 신전(神殿)을 연상하게 하는 부
분이 있는 꽤나 꼼꼼한 솜씨의 건조물이었다.

미쳴은 1963년에 에딘바라 대학을 그만 두고, 혼자서 이 연구소를 창
설하여 모일(J. M. Moyle) 여사들과 연구를 계속해 왔다. 연구소라고는
하나 자택을 겸하고 있는데다, 연구진은 그를 포함하여 단 네 사람뿐인
사적(私的) 연구기관이라는 색깔이 짙다. 생화학과 같은 실험과학 분
야에서 이런 스타일로 연구를 하고 있다는 것은 매우 드문 존재일 것

이다.

미첼은 흔히 「반골(反骨)적인 사람」으로 불린다. 그는 영국의 구석
진 시골, 만족한 설비도 없는 곳에서 숱한 세계의 대권위자를 상대로
하여, 외톨박이로 싸워서 마침내 승리를 거두었다. 그 결과로 1978년
도의 노벨 화학상을 수상했다. 경쟁 상대인 권위자들이 그토록 탐을 내
던 노벨상을 그가 차지한 것이다. 거대화해 가는 과학의 세계에서 르네
상스 시대의 과학자를 보는 듯한 느낌이 든다. 요즈음에 이런 스타일
로 노벨상을 타는 사람이 나오리라고는 도무지 믿어지지 않는 일이다.

그린 연구소는 미첼이 노벨상을 타기 직전, 극도의 재정 악화로 존속
이 위태로운 처지에 있었다. 노벨상의 수상은 재정적으로도 큰 도움을
가져다 주었다.

그의 수상 연구는 「생체막(生體膜)에 있어서의 에너지 변환의 연구」
이다. 생명은 호흡에 의하여 먹이로부터 에너지를 끌어 낸다. 호흡의
마지막 과정에서는 먹이 속의 수소가 공기 속으로부터 흡수한 산소와 결
합되어 물로 된다. 이 과정에서 많은 에너지가 얻어진다.

생명에 이용할 수 있는 에너지는 아데노신 3인산(ATP)이라는 형태
로 된다. ATP는 생체 내의 에너지의 통화(通貨)라고 불린다. ATP
라면 생체 내의 어디서건 금방 에너지를 이용할 수 있기 때문이다. 어
디에 가든지 돈만 있으면 물건을 살 수 있는 것과 같은 셈이다. ATP
는 ADP(아데노신 2인산)라는 물질에다 인산을 하나 더 첨가하여 만들어
진다. 호흡의 마지막 단계에서 ATP가 만들어지는 과정을 산화적 인산
화(酸化的燐酸化)라고 부른다. 산화적 인산화는 세포 내의 작은 기관
(器官)인 미토콘드리아에서 이루어진다. 미토콘드리아는 세포의 에너
지 생산공장이라고도 일컬어진다. 식물에서는 엽록체(chloroplast)에 있
어서의 광합성(光合成) 때도 역시 산화적 인산화가 이루어진다.

산소호흡의 최종 과정에는 전자전달계(電子傳達系)라고 불리는 것이
있다. 대사 경로(代謝經路)에서 나온 기질(基質)로부터 보조효소(補
助酵素)NAD, 보조효소Q, 몇 가지 치토크롬(cytochrome) 등에 전자
가 전달되어 산화·환원 반응이 일어나고, 마지막에 수소와 산소로부터
물이 만들어진다. 이 사이의 산화·환원 전위(電位)의 차에 의해 에너
지가 유리된다. 이때 ADP와 인산으로부터 ATP가 합성되는 것이 산
화적 인산화이다. ATP의 합성은 전자전달계의 산화·환원 전위의 차
가 큰 곳에서 일어나는 것으로 생각된다. 비유하여 말하면, 높은 곳에
서 물을 흘려 보내어 낙차가 큰 곳에서 일하게 하는 것과 같은 것이다.

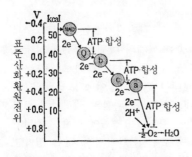

전자 전달계에서의 산화 환원전위의 변
화. NAD, Q는 보조효소. b, c, a
는 티토크롬의 형식.

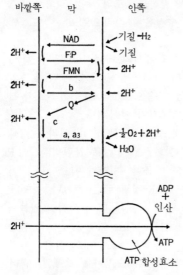

화학 삼투압설에 의한 ATP합성의 메
카니즘. 위는 전자전달에 수반하는 수
소이온의 막 바깥쪽으로 퍼내는 것 아
래는 ATP의 합성. FMN은 보조효
소, FP는 플라빈 단백질.

그렇다면 ATP는 도대체 어떻게 하여 만들어질까? 산화적 인산화
메카니즘을 둘러싸고, 1950년대부터 「화학설(化學說)」이 제창되고
있었다. 이것은 ATP가 생성될 때 전자전달계로부터 높은 에너지를 가
진 중간체가 만들어진다고 생각한다. 이 중간체가 바탕이 되어 인산과
결합한 고에너지 화합물이 만들어지고, 그것이 ADP와 반응하여 인산
을 ADP에 결합시켜 ATP가 만들어진다고 설명한다.

이것에 대해 미첼은 전혀 다른 발상으로부터 「화학삼투압설(化學渗透
壓說)」을 내 놓았다. 이 설은 중간체의 존재를 부정하고, 생체막을 사
이에 끼고서 수소이온의 농도의 기울기가 ATP를 만들어 내는 추진력
이라고 생각하는 것이다.

화학삼투압설은 ATP 의 합성기구를 다음과 같이 생각한다. 전자의 전달과정에 수반하여 수소이온이 막(미토콘드리아의 내막)의 안쪽으로부터 바깥쪽으로 퍼내어져서, 막 바깥쪽의 수소이온의 농도가 높아진다. 즉 막의 안팎에서 수소이온의 농도의 기울기가 생긴다. 이 농도의 기울기에 의해 수소이온이 ATP 합성효소인 곳을 통하여 막 속으로 들이갈 때 ATP가 합성되는 것이라고 생각한다.

화학 삼투압설 지지자의 추이

처음에는 아무도 화학삼투압설에 대하여 전혀 관심을 보이지 않았다. 그것이 점차 화학설과 동등하게 다루어지게 되었다. 미첼은 이 분야의 권위자가 화학삼투압설로 탈바꿈해 간 상태를 그래프로 만들어 놓고 있다. 이 그래프로부터 화학삼투압설이 연구자들 사이로 「침투」해 간 상태를 알 수 있다. 외톨박이의 반란이 마침내 세계의 권위자들을 쓰러뜨려 버린 것이다.

화학삼투압설에 의해 산화적 인산화의 메카니즘이 완전히 밝혀진 것은 아니지만, 여태까지의 실험결과와는 모순이 없다.

미첼의 사무실에서 얘기를 들었다. 내가 하는 말이 잘 들리지 않는지 그는 연방 보청기의 볼륨을 높이고 있는 듯, 이따금 「낑… 낑」하는 증폭음이 들리곤 했다.

— 당신의 박사 논문은 페니실린의 작용에 대한 모델에 관한 것이었읍니다. 거기서부터 어떤 과정을 거쳐 생체에너지학(bioenergetics) 분야의 일을 하시게 되셨는지요?

「그건 간단히 대답하기는 매우 어렵습니다. 그 이유의 하나는, 나는 여태까지 생체에너지학 분야라고 의식하고 일을 한 적은 없읍니다. 생화학의 한 분야가 분명히 에너지적인 과정과 관계되고 있으므로, 생체에너지학이라고 불리게 되었읍니다. 내가 그 분야에 관계하게 된 이유는, 아마도 인의 대사를 연구하고 있었기 때문이라고 생각합니다. 페니실린의 문제를 연구한 결과, 장애가 된 것이 핵산의 합성이었읍니다. 핵산의 대사는 인의 흡수를 수반합니다. 페니실린의 효과를 조사하는 데는 쓰고 있던 포도구균에서, 막을 통하여 급속한 무기인(無機燐)의 교환이 있다는 것을 내가 발견한 것입니다. 이건 물리적인 과정이 아니라 효소적인 과정처럼 생각되었읍니다.」

「나는 학생 시절부터 줄곧 생체막에서의 물질의 수송 문제에 흥미를 가지고 있었읍니다. 급속한 인의 흡수가 핵산으로의 인의 흡수를 가능하게 하고 있었지요. 용액 속의 인이 세포의 원형질 막을 통해서 흡수되고, 이 과정은 매우 특이적으로 저해되기 때문에, 효소적인 과정이라고 생각되었어요. 예상하지 못한 일이었읍니다. 이것이 생체에너지학에 관계하게 된 시초라고 생각합니다.」

「당신의 질문에 직접 대답하기 위해서는 케임브리지 대학의 생화학 교실에 있던 학생 시절의 일부터 얘기해야 합니다. 그 당시 내게는 무척 알찬 인간 관계와 환경이 있었읍니다. 케임브리지의 생화학 교실에서는 매우 고전적인 가용성(可溶性) 효소를 연구하고 있었고, 그렇게 방향이 설정되어 있었읍니다. 그러나 나는 초기에 생체막의 연구를 시작한 다니엘리(J. Danielli)에게 사사(師事)했읍니다. 그는 케임브리지의 생화학 교실의 가용성 효소의 연구는 시대에 뒤졌다는 생각을 갖고 있었고, 생화학은 물질의 수송문제를 연구해야 한다는 생각이었읍니다. 그는 독자적인 자기나름의 생각을 가지고 있었기에, 교실의 고전적인 생화학적 관점에는 반대였다고 하는 것이 타당할 것입니다. 그러나 나는 학생으로서 고전적인 연구에서 자라왔고 또 그것이 무척 좋았읍니다. 동시에 다니엘리의 물질수송 연구도 마찬가지로 좋은 것이라고 생각되었고, 사실 또 좋아했읍니다. 두 개의 흐름이 하나가 될 경향은 전혀 없었읍니다. 그때 생화학 교실에서 그리 떨어져 있지 않는 몰티노 기생충학 연구소에는 킬린(D. Keillin)이 있었읍니다. 그는 치토크롬계를 재발견한 인물이지요. 정말로 굉장한 분이었읍니다.」

「킬린은 기생충을 연구하다가 치토크롬계에 관계하게 되었지요. 발견은 흔히 있듯이 우연에 의한 것이었읍니다. 이전에 맥먼(C. Mac‐Munn)이라는 사람에 의해 실시되었던 연구가, 아무에게도 인정을 받지 못한 채로 잊혀져 있다가 킬린이 다시 발견하여 연구하게 된 것입니다.」

「킬린과 나 사이에 어떤 관계가 있느냐고 하면, 주된 두 가지 이유가 있다고 생각합니다. 하나는 내가 꽤나 독립적인 학생이었다는 점입니다. 권위자들의 말이라도 충분히 증명되지 않았다고 생각하면, 내 나름의 방법으로 생각하기를 좋아했읍니다. 그러니까 자연히 권위자들과의 사이에 문제가 생기게 되었지요. 킬린은 내가 젊은 학생인데도 불구하고 언제나 동정적이고 친절했읍니다. 그래서 나는 킬린이 퍽 좋은 사람이고 위대한 과학자인 것을 좋게 생각하고 있었지요.」

「또 하나는 치토크롬계는 고전적인 효소학(酵素學)의 연구에도, 다니엘리와 같은 연구에도 딱 들어맞지 않는 것처럼 생각되었어요. 부분적으로는 대사(代謝)이고, 부분적으로는 막에 있어서의 수송의 문제인 것입니다. 나는 서로 다른 관점이 하나로 통합될 수 있는지를 이해하고 싶었던 것입니다. 페니실린을 연구한 것은 하나의 우연이라고 생각해요. 매우 유용하고 좋은 일이라는 걸 나중에 와서야 알게 되는 따위의 일이란 언제나 우연하게 생기는 것입니다.」

— 당신은 숱한 과학자들 중에서 킬린을 특별히 존경한다는 글을 쓰셨더군요.

「네, 그렇습니다. 내가 킬린을 존경하는 이유의 하나는, 그가 권위자의 말을 별로 마음에 두고 있지 않았다는 점입니다. 그렇기 때문에 그는 나와 같은, 인생에서나 과학의 세계에서도 성공도 하지 않은 젊은 학생에게 대해서도 관대했고, 많은 시간을 쪼개 주셨읍니다. 그런 한편에서는 대학 안의 유명한 사람들과도 충분히 토론할 준비가 되어 있었읍니다. 이건 매우 드문 일입니다.」

— 화학삼투압설은 어떤 상황에서 착상한 것입니까?

「하나의 물질이 다른 물질로 전환하는 화학적 전환 — 이것은 한 군데서 일어난다고 생각할 수 있읍니다 — 이 어떻게 하여 물질의 이동과 관계되고 있는가를 이해하려 했던 것이지요. 1958년에 효소에 있어서의 그룹 트랜스 로케이션(group trans location)이라고 불리는 걸 생각하여 모일과 나는 두 편의 짤막한 논문을 발표했읍니다. 화학적인 전환과 케미칼 그룹(분자 속에서 한 뭉치가 되어서 이동하는 부분)의 이동이 동시에 하나의 과정으로서 일어나는 것입니다. 이것이 그 후 산화적 인산화에 있어서의 화학삼투압설의 중심으로 되어 간 것입니다.」

미첼과 모일의 공동 연구는 케임브리지 시대부터 1983년까지 무려 35년 간이나 계속되었다.

「당신의 질문에 간략하게 대답하기는 매우 어렵습니다. 정확하게 대답하려면 며칠이나 걸려야 합니다. 어디 당신에게 지금 얼마나 시간 여유가 있는지 알아 보실까요. 그렇지 않으면 당신은 며칠간이나 여기서 묵어야 합니다 (웃음). 오후까지 있을 수 있겠어요? 그럼 점심을 대접하지요. 몇 시 차로 돌아가시겠어요?」

그의 얘기는 역사적인 사실 관계를 비롯하여 매우 정확하다. 그런 만큼 시간이 걸린다. 그런 방식으로 얘기를 하는 사람인 것 같았다. 그러나 그는 진정 며칠이라도 기꺼이 상대해 줄 것 같았다.

— 열차 시간표가 있읍니까?

그가 시간표를 찾아다 주었다. 오후 1시반 다음에는 오후 5시 43분의 기차가 있을 뿐이다. 런던에 닿는 것은 오후 9시 53분이다. 내일 아침에는 케임브리지로 가야만 한다. 이 열차로는 너무 늦다. 결국은 1시반 차를 탈 수밖에 없었다. 가능한 한 인터뷰를 계속하기로 했다.

— 당신이 화학삼투압설을 내 놓았을 때, 다른 과학자들은 모두 고에너지 중간체가 있을 것이라고 생각하고 있었읍니다. 어째서 고에너지 중간체에 의거하지 않는 설을 창출할 수 있었을까요?

「그것에는 커다란 두 가지 이유가 있었다고 생각합니다. 내가 만든 건 이론이기는 했지만, 잘 정의된 것이었읍니다. 생체막에서의 수송과정이 산화적 인산화와 관계되고 있을지도 모른다고 최초에 말한 것은 내가 아닙니다. 최초에 말한 건 대이비즈(R.E. Davies)와 오그스턴(A. G. Ogston)이며 1950년 경입니다. 나중에야 그렇지 않다는 것을 알았지만, 그들은 위산의 분비가 직접적으로 산화·환원에 의해서 일어난다고 생각한 것입니다. 위산의 분비가 산화·환원에 의해서 일어난다고 하면, 그 과정에서 인산화와 환원이 있을 것이라고 그들은 지적했읍니다. 그러므로 두 개의 산화·환원의 과정이 있다는 것이 됩니다. 첫번째 것은 단순히 수소를 수송하고, 두번째의 과정은 인산화를 한다. 오그스턴들은 실제로 이것을 발견한 최초의 사람들입니다. 그러므로 나의 생각은 새로운 것이 아니었읍니다. 내가 발견했다고 생각한 적은 한 번도 없읍니다. 다만 나의 새로운 생각은 매우 정리된 형태로서 제출되었기 때문에 모두가 중대하게 받아들이지 않을 수 없었던 것이지요.」

「수송이 인산화와 관계되고 있을지 모른다고 진지하게 생각하게 된 이유는 두 가지가 있읍니다. 최초의 이유는 순수히 과학적인 것입니다. 많은 우수한 생화학자가 고에너지 중간체를 찾고 있었는데도 불구하고, 내가 이해하고 있는 한에서는 중간체가 존재한다는 근거는 아무 것도 없었읍니다.」

— 과연, 당신은 중간체의 존재를 덮어놓고 믿지는 않으셨군요.

「증거가 충분하지 않았어요. 나의 견해로는 현재도 치토크롬 산화효소나 프로톤 펌프(막 바깥으로 수소이온을 퍼 내는 메카니즘)라고 하는 증거에서는 마찬가지로 전적으로 불충분합니다. 이 의견은 현재로는 아직 매우 소수파에 속합니다마는, 그 당시에도 매우 소수파에 속했던 나의 생각으로는, 불안정한 중간체의 존재를 증명하는 연구를 계속해야 할 것이라고 생각하게 할만한 일은 아무 것도 없었습니다. 또 하나는 그 당시, 대부분의 생화학자는 생체막에서의 수송을 대사와는 매우 다른 것이라고 생각하고 있었읍니다. 산화적 인산화가 수송현상의 일종이라고 한다면, 멋진 일이 아니냐고 생각했읍니다. 만약에 그게 사실이라고 한다면 수송과정이 훌륭한 생화학으로 되는 것입니다. 이것이 이론을 제출하게 된 이유입니다.」

산화적 인산화의 메카니즘을 해명한다는 것은 매우 중요한 테마인 것이 명확하여, 많은 생화학자가 이것과 씨름하고 있었다. 만약 정답(正答)을 얻을 수 있다면 노벨상은 거의 확실하다. 몇몇 저명한 생화학자의 연구실에서는 고에너지 중간체를 찾아 내려고 많은 대학원생과 박사과정의 연구자를 써서, 동물로부터 대량의 미토콘드리아를 추출하여 실험을 계속하고 있었다. 인원이나 설비, 자금면에서 본다면 미첼에게는 도저히 승산이 있을 것 같지 않았다.

미첼의 안내로 연구소를 둘러 보았다. 실험기구는 모두 손수 만든 것들이었다. 그는 저온실을 가리키며 「푸줏간의 냉장고인 걸요.」라고 말했다. 그 푸줏간의 냉장고, 원심분리기, pH미터 등의 간단한 장치만을 갖추고 연구소가 출발했던 것이다.

— 고에너지 중간체의 존재를 믿고 있던 연구자에는 쟁쟁한 권위자들이 모조리 포함되어 있었읍니다. 이를테면 슬레이터(E. C. Slater), 찬스(B. Chance), 보이어(P. D. Boyer), 레닌저(A. L. Lehninger), 라커(E. Racker), 그린(D. E. Green) 등 많았읍니다. 당신은 자신이 외톨박이라고는 생각하지 않았읍니까?

「그건 물론 잘 알고 있었어요. 그러나 내가 생각하고 있는 것이 진실일지도 모른다고 생각했기 때문에 그 생각을 바꾸어야 할 필요는 전혀 느끼지 않았읍니다. 대개의 사람이 한 가지 일을 생각하고 있을 때, 자기만이 다른 것을 생각했다고 합시다. 그 생각이 틀린 것일지도 모른다는 일은 충분히 있을 수 있다고 생각할 것입니다. 그렇지만 나는 내 생각이 틀리게 된다고 한들 그걸 두려워하지는 않았읍니다.」

「내가 킬린을 존경하는 것은, 그는 아이디어가 권위자의 지지를 받느냐 받지 못하느냐가 아니라, 아이디어 그 자체의 알맹이가 중요하다고 생각하고 있은 점입니다. 진실을 발견하는 일에 충실하려 한다면, 그 아이디어를 지지하는 사람이 극히 소수라든가, 권위자가 아니라든가 하는 따위는 전혀 신경을 쓸 필요가 없는 것입니다. 아이디어는 어린 아이처럼 혼자서 성장해 가는 것입니다. 전혀 권위가 없는 사람이 내놓은 것이라도, 좋은 아이디어는 중요한 것으로 되어 갑니다. 이것이 내가 생각하고 있는 일이며, 지금도 소수파의 한 사람으로서 내가 생각하고 있는 일입니다. 그 당시도 그릇된 방향으로 나갈 듯하다는 건 잘 알고 있었어요 (웃음). 내가 옳았던 것은 다분히 행운이었읍니다. 노벨 화학상에서 진정 상을 받을 만한 가치가 있는 사람은 생거 (F. Sanger) 입니다. 그는 두 번이나 수상 (58, 77년) 을 했고, 명확한 목적을 가지고 일을 했읍니다. 나 따위는 어쩌다 잘못 수상한 것이지요 (웃음). 」

— 무척 겸손해 하시는데, 당신이 한 일은 매우 위대한 것이라고 생각합니다. 의식적으로 소수파가 되려고 하셨을까요？

「아니요, 아닙니다. 아마 그 이유의 하나는 내가 한 방법이 생물학에서는 전혀 일반적인 것이 못되고, 오히려 물리학에서 흔히 행해지는 방법이었기 때문일 것입니다. 내가 하려고 생각하는 방법은, 의문에 대해 가능한 해답을 정식화 (定式化) 하는 일입니다. 그것에서부터 가설을 세우고 실험을 하여 그 가설을 확인합니다. 이건 흔히 다른 연구자에게 동의하지 않는 입장에 서게 됩니다. 왜냐하면 이 방법이 여태까지의 지식으로는 성공하지 못한다는 걸 밝혀주기 때문입니다. 그래서 다른 견해를 정식화하지 않으면 안될 때가 왔다고 느끼게 됩니다. 이것이 내가 소수파가 된 이유의 하나일 것입니다.」

「생체에너지학은 중요한 방법이라고 생각하지만, 나는 생체에너지학의 분야에서 빠져 나왔으면 하고 생각하고 있읍니다. 생체에너지학에서는 에너지는 회사의 대차대조표의 숫자처럼 다루어집니다. 시스팀으로 들어오는 수입액은 시스팀의 일반적인 활동도에 대한 어떤 정보를 제공해 주지만, 실제의 생산물이 무엇이냐는 정보는 제공해 주지 않습니다. 마찬가지로 생체에너지에서의 에너지는 이동한 거리에 작용한 힘을 곱해서 얻어집니다. 나는 지금 생화학적인 과정의 메카니즘에 직접적인 흥미를 갖고 있읍니다. 힘과 거리를 한데 뭉치지 않기로 하는 것입니다. 이 둘은 공간에서 방향을 가지고 있읍니다. 일단 곱셈을 해 버리면 방향과 공간이 사라지고 에너지만으로 되어 버립니다. 내가 흔히 다른 연구자와 전적으로 다른 점은, 개념적으로 방향을 바꾸고 싶다고 생각하고 있기 때문입니다. 대부분의 연구자는 어떤 실험이 진보를 가져다 주는가를 골똘히 생각해 보지도 않고서 실험을 하고 있읍니다. 나는 어떤 사태에 대해서는 다른 관점을 취하는 것이 도움이 된다는 걸 자주 생각하고 있읍니다. 그리고 나서 어떤 실험이 현재 적절할 것인가를 생각하는 것입니다.」

— 당신의 생각은 포퍼(K. R. Popper : 빈 출생의 영국 철학자)의 기준과 잘 일치하듯이 생각되는데요…….

「전적으로 그렇습니다. 1956년에 여기서 일을 하고 있던 한 학생이 어느날 갑자기 이런 말을 했읍니다. 『당신은 포퍼를 완전히 소화하고 계시군요.』라고 말입니다. 포퍼의 이름은 물론 알고 있었지만, 그가 무엇을 했는지를 정확히 생각해 내지 못했읍니다. 그래서 포퍼를 다시 읽기 시작하여, 곧 내가 그때까지 「포퍼의 인용자」였다는 걸 알았읍니다. 그 이후 포퍼가 옳다는 걸 강하게 느끼게 되었읍니다. 그의 과학의 발전에 대한 사고방식은 매우 심오하고 정확하며 또 퍽 유용합니다. 나는 거의 포퍼와 같은 관점에 서게 되었고, 그의 생각은 내게는 자연스러운 것이었읍니다. 물론 독립적으로 그렇게 된 것이지만…….

나는 독일의 철학자 오그든(C. K. Ogden)과 리차드(I. A. Richards)의 『의미의 의미』(The meaning of meaning)라는 책을 읽고 있었읍니다. 그 책은 확실히 1926년에 출판되었고, 포퍼의 견해와 아주 비슷한 세 가지 세계가 묘사되어 있읍니다. 나는 포퍼에게 편지를 보내어, 오그든과 리차드의 책과는 어떤 관계가 있느냐고 물어 보았지요.」

여기서 미첼은 자신의 논문이 따로 인쇄된 것을 끄집어 내었다. 그 안에는 오그든과 리차드의 세 가지 세계의 그림이 그려져 있었다.

「이들의 관계는 내가 포퍼에게서 배운 것이지만, 그의 오리지날한 아이디어가 아니라, 훨씬 전에 독일의 철학자들이 지적하고 있었던 것입니다. 여기서 매우 의미 심장한 것은 심벌과 현실의 세계 사이에는 직접적인 관계가 없고, 의식이 매개하고 있다는 것입니다. 그래서 당신은 나의 포퍼적인 견해가 오리지날한 것이냐고 물으시겠지만 그 답은 노우입니다(웃음). 나는 킬린의 견해를 계승했지만 그건 내게는 자연스러운 일이었읍니다.」

「뭔가 어려운 일을 생각한다는 것은 매우 흥분하게 만듭니다. 지식이라는 건 훌륭한 인간의 영위이기 때문이지요. 개개 인간은 다른 인간의 어깨 위에 올라 서 있읍니다. 과학은 냉철한 이성적인 활동이 아니라, 훌륭한 인간적, 사회적인 활동입니다. 그러므로 지나치게 오리지낼리티를 주장하는 것은 틀린 일입니다. 그러나 그걸 주장하고 이성적으로 증명하려는 것은 허용된다고 생각합니다. 지식은 좋은 기반 위에 서는 것이지만, 만약 그 기반이 나쁘다고 생각하면 다른 기반으로 옮겨 가게 됩니다.」

— 지금까지 「나의 오리지날한 아이디어는 아니다.」라는 말씀을 여러번 하셨는데, 당신의 오리지날한 아이디어도 많이 있다고 생각합니다마는.

「나는 사람이 사물에 대한 새로운 관찰방법을 진보시키려고 힘쓰지 않았다는 걸 굳이 주장하려 했던 것은 아닙니다. 그 관찰방법이란 보다 예술적이며, 마음과 밀착되어 있고, 즐거움이 많은 것입니다. 과학의 가장 큰 즐거움이란 아마 그러한 인간성의 훌륭한 사용 방법이라고 생각합니다. 그것에 의해 모델은 보다 현실로 접근되고, 이해가 깊어져 갑니다. 그러나 아무도 생각하고 있지 않았던 것과 같은 영역에 대해서 무엇인가를 공헌한다는 일은 생각할 수 없읍니다. 나는 그런 종류의 아이디어가 있으리라고는 생각하지 않습니다.」

미첼은 아인슈타인(A. Einstein)이 상대성이론을 생각했을 때도, 아인슈타인 자신은 혁명적인 이론이 아니라는 입장을 유지하려고 힘 썼었다고 설명했다. 그리고 최소의 변혁(變革)으로 그칠 수 있게 생각하는 것이 젊은 연구자가 유의해야 할 일이라고 말했다.

— 당신의 화학삼투압설은, 제게는 생물학에다 뭔가 물리학에서 사용되는 「장(場)」과 같은 것을 도입한 듯이 생각됩니다. 전기장이라든가 자기장 따위와 같은 것 말입니다. 이것이 당신의 이론의 열쇠인 듯한 생각이 듭니다.

「그래요. 찬성입니다. 화학삼투압설이 하려 했던 것은 화학반응의 개념과 수송개념의 통합입니다. 거기서 목표는 화학을 수송의 장(場)으로 도입하는 것이 됩니다. 이건 수송은 화학으로는 설명할 수 없기 때문에 다른 방법이 필요하다고 생각하고 있는 화학자들에게는 놀라운 일이라고 생각합니다. 수송에서는 공간적인 설명이 필요합니다. 모든 것이 공간을 이동합니다. 화학의 이론에서는 단순히 화학반응을 좇을 뿐입니다. 아무 것도 공간을 이동할 필요가 없읍니다. 시험관에 붉은 용액이 있고, 그것이 파랑으로 바뀌어질 뿐입니다. 이것이 화학적 전환에 대한 일반적인 태도입니다.」

「화학삼투압설에서 화학반응은 화학적인 부품을 공간 속에서 재배열하는 것으로서 이해됩니다. 당신은 장이라든가 힘에 관계한다는 걸 말

했지만, 앞으로는 에너지보다도 힘에 대한 공간에서의 변위 (變位)로서
파악할 필요가 있읍니다. 이건 생물학에서는 매우 흥미롭고 중요한 점
이라고 생각합니다. 왜냐하면 누구나 궁극적으로는 생물의 개체가, 부
분으로부터 어떻게 완성되었는가를 이해하고 싶다고 생각하기 때문입니
다. 이를테면 나무는 어떻게 서 있으며, 왜 잎은 바람에 흔들리면서 쓰
러지지 않는가. 동물의 세계는 더 활동적입니다. 화학에서는 활동적인
일은 아무 것도 일어나지 않읍니다. 그러나 수송에서는 일어납니다. 그
래서 생물학적인 영역에서 일어나는 일 전체를 이해할 수 있는 하나의
개념적인 지식, 또는 개념적인 틀을 갖고 싶은 것입니다.」

— 정말 멋진 일이군요.

「우리의 세계는 공간에서 세 개의 차원, 시간에서 하나, 모두 네 개
의 차원을 가지고 있읍니다. 화학의 세계에다 공간의 차원을 도입하는
것입니다.」

정오가 지나자 그가 점심을 대접하겠다고 거실로 안내했다. 부인이
이미 테이블을 정돈해 놓고 있었다. 닭찜에 쌀 밥, 커다란 쟁반에 샐러
드가 준비되어 있었다. 미첼은 백포도주를 땄다.

거실은 한쪽 벽이 가득히 선반으로 되어 있고 많은 도자기와 유리병
이 장식되어 있었다. 이 건물을 샀을 당시의 현재의 거실을 찍어 놓았
던 사진을 보여 주었다. 황폐한 곳간같은 광경이 찍혀 있었다. 자세히
살펴 본즉, 입구의 위치 따위는 현재의 거실과 대응이 되지만, 사진으
로는 상상조차 못할 만큼 쾌적한 거실로 바뀌어져 있었다.

그린연구소를 창설했을 때, 건물의 수리작업에는 그도 손수 일을 했
다. 2년 동안 일체의 과학연구를 중단했다. 그는 취미의 하나로 건축
을 든다. 그는 생물학 이외에도 광범한 흥미를 가지고 있다. 건축, 인
간관계의 과학, 경제학 등이다.

서둘러 점심을 마치고 밖으로 나왔다. 사진을 몇 장 더 찍으려고 카
메라를 챙겼더니, 일찌감치 차에 올라 탄 그가 빨리 타라고 재촉한다.
시간이 없다. 차는 상당한 속도로 역으로 향했다. 플랫포옴에는 벌써
열차가 들어 와 있었다. 열차는 내가 오르자 마자 출발했다. 안절부절
하며 지켜보고 있었을 미첼에게 나는 힘껏 손을 흔들었다.

광범한 이론을 찾아서

1981년 · 화학 반응 과정의 이론적 연구

후쿠이 겐이치
(福井 謙一)
Kenichi Fukui

1918년　10월 4일 일본 나라현(奈良縣)에서 출생.
　　　　　구제(舊制) 오사카(大阪) 고교를 거쳐
1941년　교토(京都) 제국대학 졸업
1943년　동 대학 강사
1945년　조교수
1951년　교수
1982년　교토 공예 섬유(京都工藝纖維)대학장
1981년　일본 문화훈장 수상

　　노벨상 수상자는 해마다 10월 중순경에 발표된다. 시차(時差) 관계
로 일본에 외신이 들어오는 것은 밤이다. 일본인의 수상이 예상될 때는
각 보도기관에서는 미리 취재를 위한 준비태세를 갖추고 있다.　그런데
1981년의 화학상 수상자가 발표되었을 때는, 보도진이 허둥지둥, 교토
(京都) 시내에 있는 후쿠이(福井謙一)의 자택으로 달려가야 했다.　그
의 수상은 일본에서는 거의 하마평(下馬評)에도 올라 있지 않았었다.
　　그러나 수상 연구가 된 화학반응 이론의 연구는 넓은 범위를 다룰 수
있는 보편적인 것으로, 화학에 있어서의 근원적(fundamental)인　것이
다. 지극히 독창적이라는 평가가 높다.
　　화학결합에는 이온결합과 공유(共有)결합 등의 종류가 있다.　이온결
합은 양전하와 음전하를 갖는 원자 또는 분자(이온)가 전기적인　힘에
의해 결합을 만든다. 공유결합은 어떤 원자 또는 분자의 전자(電子)가
다른 원자 또는 분자에 번져들어 전자가 공유됨으로써 만들어진다.
　　1930년대까지는 분자의 전하에 부분적인 치우침이 있을 경우, 양의
부분과 음의 부분이 접근하여 거기에 화학결합이 생긴다는 사고방식이
태어났다. 원자는 원자핵의 주위를 전자가 돌고 있고, 화학결합을 만드

는 것은 전자다. 분자의 전하의 치우침은 바로 전, ;의 분포가 치우쳐 있다는 것이다. 그러므로 이 설에는 (유기)전자설〔(有機) 電子說 〕이 라는 이름이 붙여졌다.

그런데 방향족 탄화수소라고 불리는 물질의 반응에서는 전자설로는 설명이 안되는 일이 일어난다. 방향족 탄화수소란 벤젠, 나프탈렌, 아트라센 등과 같이 벤젠고리가 있는 탄화수소이다.

이를테면 벤젠고리 2개가 결합한 형태의 나프탈렌을 나트로화(化) 하는 반응에서는 니트로기(基)와 치환되는 후보로 되는 수소가 8개가 있다. 분자의 대칭성을 고려하면 위치가 달라지는 것은 두 군데 (각각의 수소가 결합해 있는 탄소를 α, β로 나타낸다)이다. 나프탈렌은 탄소와 수소만으로 되어 있고, 대칭적인 분자이므로 전자의 분포에는 치우침이 없다. 전자설의 입장에서 보면 어느 수소가 니트로기로 치환되어도 괜찮은 것이다. 그런데 실제로 반응이 일어나는 것은 거의가 알파(α)의 위치뿐이었다.

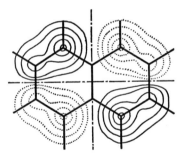

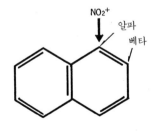

나프탈렌의 니트로기에 의한 치환 반응. 알파의 위치에 선택적으로 일어난다. 우는 나프탈렌의 HOMO로 전자밀도가 높은 곳과 반응이 일어나는 곳이 일치하고 있는 것을 안다.

후쿠이는 전자설과 같이 전자를 전체로서의 전하만으로써 생각하는 것이 아니라 전자의 오비탈(궤도)에 주목했다. 전자의 오비탈은 에너지에 따라서 다르고, 그 에너지는 띄엄띄엄한 값을 갖는다. 나프탈렌의 결합을 만들고 있는 것은 파이(π)전자인데, 그 중에서 에너지가 가장 높은 오비탈을 차지하고 있는 전자의 분포를 계산했다. 그러자 α 의 위치가 베타(β)의 위치보다 밀도가 높다는 것을 발견했다. 이 반응(친전자 치환반응 : 親電子置換反應)의 경우는, 전자가 차지하고 있는 에너지가 가장 높은 오비탈이 화합결합을 만드는데 특별한 역할을 한다.

방향족 탄화수소에서 친전자 치환반응의 예를 몇 가지 조사해 본즉 이 규칙이 모조리 적용되었다. 이것이야말로 후쿠이 이론의 최초로서 1952년의 일이었다.

부타디엔   에틸렌   시클로헥산

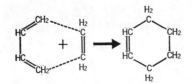

딜즈·알더 반응의 원형인 부타디엔과 에틸렌의 반응

또 다른 형식의 반응(친핵자 치환반응 : 親核子置換反應)에서는 전자가 들어가 있지 않은, 즉 빈 오비탈 속에서 에너지가 가장 낮은 오비탈이 특별한 역할을 한다는 사실이 밝혀졌다.

전자가 차지하고 있는 에너지가 가장 높은 오비탈은 HOMO(호모;最高被占오비탈), 전자가 비어있는 오비탈에서 에너지가 가장 낮은 오비탈은 나중에 LUMO(루모;最低空오비탈)라고 불리게 되었다. 이들 두 오비탈이 프런티어(frontier) 오비탈이라고 불린다. 화학결합에서는 HOMO와 LUMO의 두 오비탈이 특별한 역할을 한다는 것이 후쿠이의 프런티어 오비탈이론(frontier orbital theory)이다.

후쿠이이론은 더욱 진전을 보여 1964년에는 딜즈-알더(Diels-Alder) 반응이라고 하는 분자가 고리를 만드는 것과 같은 반응을 다룰 수 있게 되었다. 치환반응은 반응이 일어나는 장소가 한 군데인데 대해, 딜즈-알더반응은 두 군데서 일어난다. 이 반응이 왜 원활하게 일어나는가에 대해서는 종래의 이론에서는 알 수 없었다. 발전한 후쿠이이론은 그 이유를 프런티어 오비탈의 대칭성으로부터 설명했다.

후쿠이이론은 널리 알려져 있지는 않았으나, 1965년에 미국의 우드워드(R.B. Woodward)와 호프만(R. Hoffmann)이 딜즈-알더 반응 등을 설명하는, 입체선택성(立體選擇性)에 대한 「우드워드-호프만 법칙」 또는 「오비탈 대칭성의 보존법칙」이라고 불리는 법칙을 발표했다. 후쿠이이론에서는 HOMO와 LUMO의 상호작용을 생각함으로써 우드워드-호프만 법칙과 같은 선택법칙을 제공할 수 있었다. 우드워드와 호프만이 인용한 데서부터 후쿠이의 연구가 널리 알려지게 된 것이다.

또 1970년에는 화학반응이 어떤 경로를 거치는가를 이론적으로 결정하는 화학반응의 경로이론에 대해 최초의 논문을 발표하여, 프런티어 오비탈의 상호작용과 화학반응의 경로이론을 결부시키는 연구로 발전하고 있다. 이러한 연구는 화학반응의 본질을 이해하고, 이론적으로 반응을 설계하여, 새로운 분자를 만들어 내는 연구로도 연결되어 간다.

후쿠이는 1982년, 교토(京都)대학을 정년으로 퇴임하고 교토 공예섬유(工藝纖維)대학의 학장이 되었다. 인터뷰는 이 학장실에서 있었다. 학장이 되고서는 자신의 연구실을 갖고 있지 않지만, 자택에서 계산을 하는 등 아직도 연구를 계속하고 있다.

짙은 감색 양복에 보라색 줄무늬 넥타이 차림의 그는, 역시 학장실의 임자다운 복장이었으나 꾸밈새가 없고 친근해지기 쉬운 인상이었다. 인터뷰 후에 자택으로 방문할 기회가 있었는데, 일본옷으로 갈아 입었을 때는 한층 더 인상적이었다.

— 화학을 시작하게 된 것은 아버님께서 잘 아시는 기다(喜田源逸 : 교토 제국대학 교수) 선생님께 상의를 하신데서 결정하셨다면서요.

「내가 고등학교 3학년 때, 아버지가 먼 친척벌이 되는 기다 선생댁을 찾아가서 내 일을 상의하셨어요. 내가 수학을 좋아한다고 말씀드렸더니, 선생님은 어떻게 생각하셨는지 몰라도, 『수학을 좋아한다면 앞으로 화학을 하기에 편리할 테니까, 교토의 내가 있는 응용화학 교실을 치르면 어떻겠느냐.』고 말씀하셨어요. 당시, 화학은 수학을 싫어하는 사람이 가는 것이 상식적이었어요. 그런데 매우 고명하신 선생님이신데다, 수학은 화학의 장래에도 관계가 있고, 장래는 수학을 좋아하는 사람이 화학으로 나가도 일할 수 있는 학문이 될 것이라는 전망에서 말씀하시는 것이 아닌가고 느껴졌었지요. 그렇다면 썩 재미가 있을 것이라고 생각하여 거의 순간적으로 결정했습니다.」

「그런데 그렇게 되기까지에는 숱한 역사가 있읍니다. 중학 때에「파브르의 곤충기」, 고등학교 때는 푸앵카레(H. Poincaré)의 책들을 읽었고 응용적인 것보다는, 주지주의(主知主義)랄까 과학을 위한 과학이란 따위의 것을 동경하는 경향이 있었읍니다. 특히 파브르(J. H. Fabre)는 곤충의 관찰을 통해서 주지주의를 관철했다고 생각하는데, 훌륭한 화학자이기도 했읍니다. 그것도 화학을 선택하는 하나의 원인이 되었었다고 생각합니다. 하지만 이건 나중에 와서야 그렇게 생각한 일입니다.」

— 수학은 어릴 적부터 좋아했지만, 화학을 하고 싶다는 생각은 없으셨군요.

「한 번도 없었읍니다. 특히 고등학교에서는 화학은 질색이어서 수학이나 물리학쪽이 더 재미있다고 생각했었읍니다. 대학에 들어가서도 응용화학의 공부에는 그리 열중하지 않았고 기초 공부만 했읍니다. 역시매우 큰 영향을 주신 분은 기다 선생님으로, 나는 번질나게 댁으로 찾아 갔었지요. 그러면 많은 말씀은 하시지 않으셨지만, 응용을 단단히다지려면 기초를 튼튼하게 닦으라는 말씀을 늘 하셨읍니다. 그 말씀도내 멋대로 해석해서, 지금 학생인 동안에 기초를 튼튼히 공부하자, 화학의 기초란 물리학과 수학일 것이라고 생각하고, 역학 (力學) 따위는 무척 힘써 공부를 했읍니다.」

「졸업하고 11 ~ 12년쯤 지나자 그것을 활용할 수 있을 만한 세상이되었읍니다. 그때까지는 자연계에 존재하는 물질을 분석하여, 새로운 물질을 발견하고, 구조를 결정하고, 합성하는 것이 화학 전반의 한 가지방식이었읍니다. 그런데 화학의 객관적인 정세가 변화해서 이를테면 물리측정의 기계가 진보하는 한편에서는 컴퓨터가 발달해 왔읍니다. 이 둘을 조합하면 분석과 구조결정이 옛날과는 비교도 안될 만큼 수월해 졌읍니다. 그리고 화학의 또 하나의 방향인 이론으로써 여러 가지로 사물을생각하거나, 또는 복잡한 성질을 잘 정리, 통합해서 본질적인 것, 이론을 생각해 내려는 방면이 진보해 왔읍니다. 그런 시대가 되자, 내가 학생 시절부터 공부하고 있었던 것이 큰 도움이 되었읍니다.」

— 대학원 때는 이론화학의 연구로 옮겨 있었던가요?

「1941년에 공업화학과를 졸업하고 구제 (舊制) 대학원에 들어가, 새로 생긴 연료화학을 전공했읍니다. 연료화학과의 대학원의 지도 교수는고다마 (兒玉信次郞) 선생이었읍니다. 연료화학과 창설 때에 스미토모(住友) 화학으로부터 불려와서 기다 선생님을 돕고 계셨어요. 그런데 대학원에 들어가자 곧 군대의 단기 복무로 징집되어 도쿄(東京)의 육군연료연구소로 갔었읍니다. 2년 후인 1943년에 강사가 되어, 도쿄의육군 연구소에 있으면서 대학을 겸무하는 형식으로 왔다갔다 했읍니다.」

「나는 군의 연구소에서도 기초적인 연구를 시켜서 그것을 했읍니다. 탄소와 수소의 화합물인 탄화수소의 근원 구조를 촉매를 사용해서 바꾸는 일입니다. 곧은 골격을 가지달린(分枝) 것으로 바꾸는 것이지요. 가지가 달린 것에서부터 만든 연료는 옥탄가가 높고, 매우 좋은 항공기의 연료가 됩니다. 그것은 2년 반쯤으로 성공했읍니다. 탄화수소의 연구에 들어간 것이 후의 프런티어 오비탈이론을 발견하게 되는 경위와 매우 큰 관계가 있읍니다.」

「화학에서는 100종류가 채 못되는 원소의 조합으로써 수 백만이라는 화합물이 알려져 있고 더구나 그건 끝이 없읍니다. 게다가 많은 화합물이 조합되어 화학반응이 일어납니다. 그러므로 화학반응의 종류는 엄청난 수가 되는 것입니다. 화학반응을 잘 정리해서, 그 속의 규칙성을 발견하려는 건 화학자라면 누구나 착상하는 목표였읍니다. 그걸 멋지게 해낸 것이 1947년에 노벨 화학상을 수상한 영국의 로빈슨(R. Robinson) 입니다. 노벨상을 수상한 것은 알칼로이드의 연구인데, 영국 학파(學派)라고 불리는 로빈슨들의 그룹에 의해서 유기전자설(有機電子說)이라는 훌륭한 체계가 만들어진 것입니다. 화합물의 성질도 반응도, 더불어 정리할 수 있는 매우 유용한 것으로, 화학은 이것에 얼마 만큼이나 큰 은혜를 입었는지 모릅니다. 이것이 1930 ～ 40년, 마침 내가 대학을 졸업할 무렵까지에는 거의 완성되었고, 그 응용으로서 여러 가지 화학반응으로 전개해 나가려든 시기였읍니다.」

「그런데 탄화수소는 전자설에 있어서는 매우 상대하기 힘든 대상이었읍니다. 탄화수소는 양과 음전하의 분포가 없고 모두 균일합니다. 전자가 여분으로 저장되는 장소도 별나게 없읍니다. 나는 그것에 착안하지 않을 수가 없었읍니다. 사실 연료화학교실의 주된 목적은 석유화학입니다. 석유의 주성분은 탄화수소이지요. 더구나 나는 그때까지 탄화수소로 고생하며 실험을 계속해 온 셈이기에, 탄화수소의 성격을 잘 이해하고 있었읍니다. 전자설은 매우 효과적이기는 하지만, 탄화수소의 반응도 설명할 수 있게 할 수는 없을까 하고 착상한 것입니다. 착상했다기보다는 그 교실에 있으니까 자연히 그렇게 된 것이지요.」

「당시에 존재했던 탄화수소의 반응을 해석하는 이론에는 전적으로 찬성할 수가 없어서 불만이었읍니다. 좀 더 전자설이고 뭐고 모두를 포함해서, 넓은 범위에서 성립되는 일반적인 이론은 없을까 하고 생각했었읍니다. 탄화수소 중에도 여러 가지 종류가 있는데, 어떤 종류의 탄화수소에 대해서만 설명이 가능한 따위의 이론은 내게는 불만이었던 것이지요.」

── 전자를 전체로서 관찰하는 것이 아니라, 오비탈에 착안하지 않으

면 안된다고 생각하셨었군요.

「그렇습니다. 그건 전적으로 우연한 착상이었읍니다. 그 착상은 자연과학에서는 매우 일반적인 것입니다. 자연과학의 역사는, 이를테면 분자를 원자로 분할하는, 원자를 원자핵과 전자로 분할한다는 식으로, 거시(巨視)적인 것에서부터 미시(微視)적인 것까지를 포함하여 모두 분할에 의해 진보해 왔읍니다. 현재는 분할할 뿐만 아니라, 그것에 의해 본래의 자연을 재현하지 않으면 안됩니다. 나는 이것을 재통합(再統合)이라 부르고 있읍니다.」

「전체 전자밀도의 합계로는 잘 되지 않기 때문에, 그렇다면 분할하자는 것은 자연스런 추세라고 말할 수 있다고 생각합니다. 당시는 유기전자설의 성공이 매우 눈부신 것이어서 이것에 의심을 품을 사람은 아마 없었을 것이라고 생각합니다. 나는 전자설은 그것은 그 나름으로 매우 가치가 높다고 생각했읍니다. 그러나 공유결합은 전자가 상대 분자에 번져들어 가지 않으면 안됩니다. 이온결합이라면 분자가 가까이에 오기만 해도 되지만, 공유결합은 가까이에 와서 안정화하는 것만으로는 되질 않습니다. 가까이에 와서 안정화하기 때문에 만들어지는 화합물도 있는데, 그것은 분자화합물이라고 불리는 것입니다. 분자화합물이 만들어지는 원인과, 화학반응과는 마찬가지로는 되지 않을 것이라는 생각이 막연하게 있었읍니다. 그것이 전자설적인 사고방식으로 탄화수소의 반응을 설명하려 했던 모든 이론에 대해 불만스럽게 생각했던 원인이라고 생각합니다.」

— 모두가 유기 전자설로 잘 설명할 수 있다는 걸 의심하지 않았던 상황에서, 어째서 그걸 의심할 수 있었을까요?

「그건 역시 탄화수소로 고생을 했기 때문일 것입니다. 또 하나는 아마도 전자설을 만들어 낸 화학자는 양자역학(量子力學)에 그리 밝지 못했기 때문이었겠지만, 나는 학생 시절부터 양자역학을 하고 있었읍니다. 이를테면 공유결합의 성립에 대해서는 전자설의 화학자들보다는 내가 더 깊이 생각했었다는 것이지요.」

「단순히 양전기와 음전기가 서로 끌어 당긴다는 것만으로서 설명하는 건 불충분할 것이라는 데서 분할을 시작한 것입니다. 이 경우 오비탈로 나누는 것이 가장 자연스럽습니다. 그것도 하나의 아날로지(analogy)가 머리 속에 있었읍니다. 원자와 원자가 분자를 만들 때는, 그 원자가 가지고 있는 전자가 모두 평등하게 관여하는 것은 아닙니다. 원자의 에너지가 높은 전자가 결정적으로 관여합니다. 즉 원자가전자(原子價電子)

입니다. 거기서 바로 분할이 이루어지고 있는 것이지요. 아래쪽의 에너지가 낮고 원자핵에 결합되어 있는 전자와, 에너지가 높고 바깥쪽을 날아다니고 있는 전자를 나누는 분할이 이루어지고, 그 바깥쪽 전자가 공유결합의 성인(成因)에 기여한다. 이건 매우 자연스런 일이며, 바로 바깥쪽의 에너지가 높은 전자이기 때문에야말로, 다른 원자로 옮겨 뛰거나 번져들어 가거나 할 수 있는 것입니다. 이것이 공유결합의 성인(成因)으로 되어 있다는 것은 당시에도 누구나가 다 알고 있었던 일입니다.」

— 최외각(最外殼) 전자가 결합을 만드는 것이라고 우리는 배우고 있지요.

「네, 그걸 그저 단순하게 분자와 분자의 경우에도 그럴 것이라고 생각하여 분할한 것에 지나지 않았읍니다. 그런 이론이 그 당시까지 없었다는 것이 내게는 도리어 이상했읍니다. 없다는 것은, 논문을 제출해서 여러 가지로 반응을 살펴보지 않으면 좀처럼 알 수 없는 것입니다. 아무리 사소한 일이라도 이미 발표된 논문이 있으면 선취권(priority)이 없어져 버립니다. 그게 제일 걱정이었읍니다.」

— 최외각전자라고 하는 것은 HOMO이군요. 그리고 또 LUMO가 있읍니다. HOMO를 착상하게 되면 HOMO와 LUMO의 상호작용에는 금방 착상이 미쳤던 것일까요?

「그것에는 좀 시간이 걸렸읍니다. 나프탈렌의 경우에 잘 알려져 있었던 건, 전자를 받아들이기 쉬운, 즉 양전하를 가진 시약(試藥)에 대한 반응이었읍니다. 그 경우는 상대가 전자를 받아들이기 때문에 당연히 나프탈렌의 HOMO가 유효한 것입니다. 그러므로 1951년 당시, 처음에는 HOMO밖에 머리에 없었읍니다. 그런데 52년에 그 논문이 나오고, 53년에 도쿄에서 국제 이론물리학회가 있어 원자·분자의 물리학 심포지엄이 하코네(箱根)에서 열렸읍니다. 거기서 처음으로 LUMO에 대해 발표했읍니다. 그 때는 HOMO와 LUMO라는 이름은 붙여져 있지 않았는데, 이번에는 전자를 받아들이는 반응, 전자를 많이 가진, 즉 음전하를 가진 것이 나프탈렌에 반응할 경우는 LUMO가 효과를 나타낼 것이라는 것입니다.」

— 친핵적 반응이군요.

「네, 그렇습니다. 실제로 논문으로 된 것은 54년이었으니까, 그 동안에 좀 갭이 있었읍니다.」

— 최초의 논문을 쓰고 있을 때에, 기다 선생이 「이걸 발전시켜 나가

면 노벨상을 받을지도 몰라. 」라고 말씀하셨다던데……．

「아닙니다. 그렇게 분명한 말씀은 하시지 않았어요. 첫 논문이 나온 1952년에 『재미있는 일을 했읍니다.』하고 논문 얘기를 말씀 드렸었지요. 선생님은 병석에서 어렴풋이 그런 것 같은 말씀을 하셨지만, 당시는 꽤나 병세가 위중하셔서 그저 꿈결에서 생각하신 게.아니었을까요. 선생님은 그 해에 돌아가셨읍니다.」

— 자신은 노벨상 감이라곤 생각하지 않으셨읍니까?

「그건 생각하지 않았어요. 그때는 아직 정말로 젊었으니까요.」

— 하지만, 이 이론은 일반화되어 갈 성질을 가지고 있었던 셈이므로, 꽤 확산되리라는 전망은 있지 않았겠읍니까?

「아니오. 그까지는 예측하지 못했어요. 다만 본래 일반성을 겨냥하고 있었기 때문에, 다음에는 전자설을 포함시켜야 합니다. 그리고 전자설로는 설명할 수 없는 화학반응이 있읍니다. 분자가 고리를 만드는 딜즈－알더 반응이라든가, 이성질화(異性質化)하는 반응이라든가 말입니다. 이성질화란 내가 전쟁 중에 하고 있었던 구조를 바꾸는 따위의 반응입니다. 그런 반응에서는 전하의 이동이 없읍니다.」

「우선 전자설을 포함시키는 일은 HOMO, LUMO까지 확장하면 가능하기 때문에 비교적 빨리 알았읍니다. 전자설이 다루기 힘든 종류의 반응을 포함하여 설명할 수 있게 하는데는 1964년에야 비로소 가능했읍니다. 64년의 일은 딜즈－알더반응에 대해서만 간단한 해설을 한데 불과하지만, 그런 사고방식은 전자설로는 다루기 힘든 여러 가지 이성질화 반응 등을 원리적으로는 모조리 포함시킬 수가 있었읍니다. 그렇기 때문에 1952년의 첫 논문에서는 HOMO만이 머리 속에 있었고, 그것과 다음 번의 HOMO와 LUMO로 확장시킨 논문이 독립된 것으로 있고, 제2의 큰 비약이 64년의 논문이었다고 생각합니다. 그렇게 되자 범위가 매우 넓어져서, 내가 아무 일을 하지 않아도 다른 나라의 실험가들이 사용해 주게 되었읍니다. 거기서부터는 순조로이 진행되어 점점 자신을 갖게 되었지요.」

— 우드워드와 호프만의 힘도 도움이 되었던 것 같더군요.

「1964년의 나의 논문은 아무도 몰랐는데, 우드워드와 호프만의 논문이 65년에 나와서, 나의 64년의 논문, 그리고 52년의 논문까지도 더불어 선전해 주게 되었읍니다. 그건 노벨상의 수상에도 매우 큰 영향을 주었다고 생각합니다.」

— 그 후에는요?

「화학반응의 이론이 하나의 궁극 목적입니다. 호프만의 작업도, 나의 64년의 작업도 매우 정성적 (定性的) 인 것입니다. 그걸 어떻게든지 정량화 (定量化) 하지 않으면 화학반응 속도의 이론적 계산은 도저히 엄두도 내지 못합니다. 여러 가지로 궁리하고 있었는데, 때마침 시카고 대학에서 반 년쯤 강의를 하고 있을 때에 논문을 썼습니다. 그것이 1970년의 화학반응의 경로이론인데 화학반응의 속도를 계산하는 바탕이 되는 이론입니다.」

「우선 화학반응이 일어나는 경로를 정성적으로가 아니라, 이론적으로 일의적 (一義的) 으로 결정하는 것입니다. 정성적인 화학반응의 경로는 유기 화학자라도 생각하는 것이고, 호프만이나 우리도 생각하고 있었읍니다. 정량적인, 이론적으로 일의적으로 결정될 만한 경로를 정의하는 방법은 매우 간단해서, 금방 알아서 미국 화학회의 물리화학 잡지에 냈읍니다. 그런 것쯤이야 벌써 옛날에 누가 한 것이려니 하고 생각했었는데도, 의외로 아무도 하고 있지 않았던 모양입니다. 아직도 좀 미심쩍게 생각합니다마는. 10년쯤 더 지나면 괜찮겠지 하고 생각하고 있읍니다만 (웃음).」

— 언제나 근원적 (fundamental) 인 데를 집고 나아간 것은, 일반적인 이론을 겨냥한 최초의 자세로써 일관하고 있었기 때문입니까?

「글쎄요. 아주 특수한 것은 그리 간단하게는 되질 않습니다. 간단하다는 것은 그만큼 일반성이 크다는 것이 됩니다. 복잡한 이론이란 건 내 성미에는 맞지 않습니다.」

— 화학의 비경험화 (非經驗化) 라는 걸 자주 말씀하시는데, 구체적으로는 어떤 형태가 될까요?

「실험가라도 자신의 구상을 짤 때, 부지불식간에 여태까지의 화학의 진보가 머리 속에 들어와 있는 것입니다. 그것을 의식하지 않기 때문에, 화학의 발전에 의한 혜택을 입고 있지는 않다고 생각할지 모릅니다. 그러나 자연스럽게 혜택을 입고 있는 것입니다. 그러므로 화학이 어떤 한 방향으로 발전해 왔다는 건 화학 전체에 영향을 끼치고 있다고 생각합니다. 유기화학의 실험은 물론, 생화학에서도 화학의 발전 단계는 머리 속에 스며들어 있을 것입니다. 발전의 방향이 지금까지는 자연에 존재하는 것의 분석, 구조결정, 합성이라는 순서로 이루어져 왔습니다. 원소의 발견도, 알칼로이드 등의 천연물도, 세포 속의 단백질이라든가 핵산 등의 연구도 모두 화학의 테크닉이 발전한 혜택을 입고 있는 것입니다.」

「그와 마찬가지로 사물에 대한 사고방식에서도 무의식 중에 새로운 사고방식을 하고 있읍니다. 고등학교의 교과서에 조차도 우리가 옛날에는 몰랐던 일이 쓰여 있읍니다. 그만큼 달라진 것입니다. 비경험화란 것은 하나의 경향을 지시하고 있는 데에 지나지 않지만, 그 영향은 나타나 있읍니다. 이를테면 생물에서도 오비탈이라는 사고방식으로 여러 가지 생화학의 현상을 설명하고 있읍니다. 분자적인 상호작용론을 논하려 생각한다면, 아무래도 오비탈이라는 개념을 쓰지 않을 수가 없읍니다. 오비탈을 생화학 관계의 사람들이 썼다고 하면, 그건 비경험화의 노선을 따라가고 있는 것이 됩니다. 자신이 의식하느냐, 의식하지 않느냐는 것일 뿐인 얘기입니다.」

「전자설 시대의 전자밀도와 오비탈과는 어디가 다른가 하면, 전자밀도는 전체 전자의 분포이고, 오비탈은 그것의 분할이라는 점입니다. 밀도와 오비탈은 단순히 분할의 관계뿐만 아니라 비경험화 노선을 따르는 진보입니다. 전자밀도는 X선 회절(回折)이나 전자선 회절 등으로 직접 측정이 가능합니다. 그러므로 전체 전자의 분포는 경험과 매우 밀착된 개념입니다. 그런데 오비탈이 되면 우리의 경험과는 밀착해 있지 않습니다. 그만큼 비경험화하고 있는 것입니다. 경험으로부터 먼 따위의 개념을 유추(類推), 설계, 해석 등에 사용하는 일, 그렇게 하지 않을 수 없게 되어 가는 것이 비경험화이며, 우리는 그걸 알아채지 못하고 있지만 세상은 그렇게 되어 오고 있읍니다.」

「고등학교의 교과서에 오비탈이라는 말이 나온다는 것 자체가, 비경험화의 노선을 따른 발전을 하고 있다는 것의 증거입니다. 오비탈은 알기 힘든 개념이지만 그것을 쓰지 않을 수 없읍니다. 그건 인간에게 있어서 위화감(違和感)이 있읍니다. 그렇지만 부득이합니다. 오비탈을 쓰지 않고서 화학을 구축한다는 것은 이제는 불가능합니다.」

— 화학은 앞으로 어떻게 발전해 가리라고 생각하십니까?

「앞으로의 화학은 첨단적인 부분, 즉 매우 군제가 될만한 부분이 우리의 경험에서 먼 분야로 침투해 갈 것입니다. 좋을지 나쁠지는 몰라도 부득이한 하나의 경향이라고 생각합니다. 이를테면 앞으로 새로운 재료화학이 발전했다고 치고, 그러한 첨단분야에서는 그 학문을 구축하는 위에서 사용하는 개념이 비경험적인 것이 되지 않을 수 없다고 생각합니다. 마치 화학반응을 정리할 때에 오비탈이라는 것이 들어오지 않을 수 없었던 것과 마찬가지로, 무언가 새로운 비경험적, 또는 경험으로부터 멀리 떨어진 개념이 필요하게 되리라고 생각합니다.」

「그리고 지금까지의 화학이나 화학공업 등이 없어지는 것은 아니며, 그건 그대로 진보해 갑니다. 그러나 그 밖으로 삐어져 나가서 생기는 것으로는 두 가지를 생각할 수 있읍니다. 하나는 새로운 재료화학이고, 또 하나는 생물학 또는 생리학 등과 관계되는 생리활성(生理活性)을 갖는 물질의 화학입니다. 그것들이 새로운 흥미의 중심이 되어 가리라고 생각합니다.」

「응용으로서의 화학공업은 지구 위에서, 하나의 조건 아래서 이루어지고 있읍니다. 불과 얼마 전까지는 석유는 무한하다, 에너지는 무한하게 있다는 따위로 뭣이 든지 능률적으로 대량으로 변화시키는 것이 하나의 지도원리로 되어 있었읍니다. 그런데 그렇게는 되지 않는다는 것이 밝혀져서 화학공업의 경계조건(境界條件) 같은 것이 완전히 변해 버렸읍니다. 새로운 경계조건에서의 화학공업이라는 것은 지금까지와는 정반대로 될 경향이 있읍니다. 화학공업은 지구에 있는 것의 존재 형태를 바꾸는 공업이었읍니다. 바꿈으로 해서 가치가 늘어났기 때문에 바꾼 것입니다. 그런데 그 물질변환의 가치가 점점 작아지고 있다. 즉 불리하게 되었읍니다. 그렇게 되자 새로운 공업화 가치를 창조하지 않으면 안됩니다. 그러한 화학공업이 이제부터 나오리라고 생각합니다.」

─ 이를테면, 석유화학은 앞으로 전망이 없고, 파인 케미칼(fine chemical)이라든가.

「전망이 없다는 건 아니며, 흔히 오해의 씨앗이 됩니다만, 석유화학공업은 어느 정도는 언제 까지고 필요합니다. 우리는 모두 여러 가지 합성수지와 합성섬유를 쓰고 있읍니다. 그건 없어질 턱이 없읍니다. 다만 화학공업의 첨단부분, 그 발전이 매우 큰 충격(impact)을 가져다 주는 분야는 점점 바뀌어 가고, 새로운 공업화 가치의 창조에 기여할 만한 화학공업으로 됩니다. 구체적으로 말하면 화학공업을 둘러싸는 조건이 엄격해진 속에서도 성립될 만한 공업화 가치를 낳게 하는 것, 즉 파인화하지 않을 수 없는 것입니다.」

「파인 케미칼이라는 말에는 소량으로써 부가 가치가 높은 것이라는 느낌이 있지만, 반드시 그것 뿐만 아니라, 이를테면 하나의 준안정(準安定)적인 물질로, 수명이 10년이나 20년이나 견딘다면 훌륭한 공업재료가 될 수 있는 것입니다. 그런 것은 지금까지 지구 위에서 자연으로는 그다지 없었던 것입니다. 이를테면 유리 상태의 물질은 대개는 오랜 시간이 걸리면 결정화(結晶化)하는데, 반드시 안정된 결정상태가 아니더라도, 비결정상태라도 어느 정도 견디기만 하면 되는 것입니다.

또는 정보(情報)가 가치를 낳는 따위의 화학입니다. 단백질이라든가 핵산이라든가 하는 것이 모두 그러합니다.」

「미리 말해 둘 필요가 있지만, 화학공업의 장래는 결코 전부가 그렇게 되는 것은 아니며, 여태까지의 화학공업은 존속되는 것이지 결코 없어지는 건 아닙니다. 다만 지구적인 분포는 점점 바뀌어 가겠지요. 일본에서 하고 있던 것이 석유가 있는 곳이 아니면 성립되지 않는다는 일은 있을 수 있다고 생각합니다.」

「화학공업 전체에 대한 영향이 큰 첨단 부분은 경험으로부터 멀어져 가는 따위의 개념을 쓰지 않으면 안될 만한 새로운 재료입니다. 이를테면 전기전도성(電氣傳導性)의 수지(樹脂) 따위와 같은 것이 되면, 전기전도성을 잘 설명할 수 없습니다. 매우 큰 분자인데다, 더구나 함께 공존해 있는 것이 작용하기 때문에, 그것이 자칫 틀려지면 성질이 엄청나게 바뀌어져 버리는 따위의 매우 복잡한 현상입니다. 그런 것을 성립시키는 개념은, 경험적인 개념으로는 좀 불안합니다. 차츰차츰 경험으로부터 먼 개념을 설계나 유추에 쓰지 않으면 안됩니다.」

— 젊은 사람으로 화학을 지망하는 사람에게 있어서 가장 중요한 일은 무엇일까요?

「방금 말한 것과 같은 점을 인식해 주었으면 합니다. 그것이 인식되고 있지 않기 때문에, 화학이라고 하면 내가 옛날에 품었던 것과 같은 이미지로서 경원(敬遠)하는 것입니다. 암기물이라든가 이름이나 구조를 외워야만 한다든가 말입니다. 그런데 현대의 세상은 옛날에는 꼭 외워야만 했던 따위의 것의 상당한 부분을 컴퓨터에 기억시켜 두면 됩니다. 경험은 중요하지만 정보수집은 옛날에 비해 훨씬 수월해졌읍니다. 그렇게 함부로 덮어놓고 외워야 할 필요가 없읍니다.」

「그보다도 더 중요한 건 새로운 분야를 개척해 나가는 능력입니다. 새로운 분야는 여태까지의 화학의 개념과는 아주 동떨어집니다. 이를테면 지금까지 없었던 새로운 재료를 만들려고 하면, 물리학적인 소양이 매우 필요하게 됩니다. 새로운 원리에 바탕하는 초전도현상(超傳導現象)이란 걸 머리로 그리고, 그것을 화학으로 구체화하는 것입니다. 이렇게 재미있는 학문은 없읍니다. 생물쪽에서도 색깔은 다르지만 마찬가지의 재미가 있읍니다. 그걸 잘 인식한다면 화학만큼 재미있는 건 없읍니다.」

「주의해야 할 일도 있읍니다. 화학은 자연에 없는 것을 만들어 내는 것이 본래의 임무이며, 천연에 없는 합성품을 만든 덕분에 여러 가지 편리와 안락을 가져 왔읍니다. 그러나 여태까지 만든 것은, 말하자면 자연으로 있는 것에 조금 손을 보탠 정도의 것이지, 원리적으로는 그리 큰 차이가 없었어요. 그런데 앞으로 이제 말한 것과 같은 것을 만들게 된다면, 웬만큼 조심하지 않으면 매우 괴상한 것이 나올 가능성이 있읍니다. 그건 생물학쪽에서 자주 하는 말이지만, 화학쪽에서도 결코 방심할 수 없는 일입니다. 그것을 주의하는 힘도 역시 화학의 힘입니다. 그것이 가능할지 어떨지는 화학공업이 성립되느냐 어떠냐는 갈림길이 되는 것입니다.」

— 좋은 연구를 하기 위해서는 무엇이 필요할까요?

「장래에 비교적 평가를 받을 만한 연구가 되느냐 어떠냐는 건, 말하자면 테마의 선택입니다. 테마의 선택이 결과적으로 부적당하면, 아무리 노력을 해도 그리 좋은 평가를 받지 못하는 일도 있을 수 있읍니다. 또 테마의 선택만 좋으면 그리 큰 고생을 하지 않고서도 앞이 트여가는 수도 있읍니다. 그건 하나의 마음가짐이라기 보다는 오히려 선택입니다. 그 선택에 이르는 원인이란 것은, 그때까지의 자신의 모든 역사의 총괄이라고 생각합니다. 자연과학적으로, 인과율(凶果律) 로서, 왜 내가 오른쪽을 선택했느냐는 것은 설명할 수가 없읍니다.」

「다음에, 일을 진행시켜 나갈 때에 크건 작건 비약하는 일이 있읍니다. 그건 남이 하는 일이 힌트가 되는 수도 있지만, 거기에다 자기의 독창(獨創)이 보태집니다. 힌트 자체는 사소한 계기일 뿐이고, 자신의 발상(發想)이 더 큰 일을 반복하지 않으면 안됩니다. 그러므로 남이 하는 일을 공부하지 말라고는 하지 않겠읍니다만, 그건 자신의 비약적 창조의 단순한 계기가 되어야 한다는 것입니다. 그렇지 않으면 큰 창조로는 연결되지 않습니다. 남이 한 일에다 약간의 창조를 보태기만 해도, 논문으로는 될 수 있기 때문에 많은 과학논문이 있는 것입니다.   그러나 커다란 창조를 논문의 수로써 저울질할 수는 없는 것입니다.」

「창조는 연구자 개인의 두뇌의, 논리에 의지하지 않는, 또는 논리를 초월한 활동에서 오는 선택에 의한 것입니다. 회의방식이나 다수결로는 결코 태어나지 않는 동시에, 팔장만 끼고, 선반에서 떡이 떨어지기를 기다릴 수는 없읍니다. 연구자는 전심전력 경험하고, 학습하고, 정보를 수집하고, 논리적인 사고력을 갖추어, 선택의 소지를 배양해 두는 일입니다. 그리고 이것은 앞에서 말한 것과 모순되는 건 아닙니다.」

직관의 거인

1954년 · 화학결합에 관한 연구
1963년 · 핵실험 반대운동의 추진(평화상)

라이너스 폴링
Linus Pauling

1910년 2월 28일 미국 Oregon주 Portland에서
     출생
1917년 Oregon주립대학 입학
1919~20년 정량분석 교사
1922년 Oregon대학 졸업
1925년 California 공과대학에서 박사 학위 취득. 동
     대학 연구원
1927년 조교수
1929년 부교수
1931~64년 교수
1963~67년 민주제도 연구 센터 교수
1967~69년 California대학 San Diego교 교수
1969~74년 Stanford대학 교수
1973년 Linus Pauling연구소 소장

캘리포니아주 샌프란시스코 남쪽에 위치하는 팔로 알토. 지금은 유명한 실리콘 밸리의 일각으로서 알려져 있다. 4월의 맑게 개인 날, 하늘은 파랗다 못해 투명하기 조차 했다. 스탠퍼드 대학의 광대한 캠퍼스에서 가까운 거리에 창고같은 큰 건물이 있다. 자칫하면 「라이너스 폴링 과학 · 의학 연구소」라고 쓰인 간판을 지나쳐 버리기 십상이다. 금세기 최대의 화학자로 일컬어지는 폴링(L. Pauling)은 여든 세살(인터뷰 당시)인 지금도 여기서 연구를 지휘하고 있다.

폴링의 연구는 X선 회절에 의한 광물(鑛物)의 구조 연구에서부터 시작되었다. 그리고는 곧 화학결합에 관한 문제에 흥미를 가졌다. 원자를 결합시켜 화학물질을 만들고 있는 화학결합. 유럽으로 건너가 양자역학을 배우고, 화학결합의 본질을 양자역학의 관점에서 연구했다.

화학결합에 관해서는 많은 업적이 있지만, 특히 유명한 것은 「공명이론(共鳴理論)」이다. 이를테면 벤젠의 6개의 탄소가 만드는 고리(벤젠 고리)를 이중결합과 단일결합(單一結合)으로 만들면 두 가지 결합방법이 만들어진다. 공명이론에서는 벤젠 고리는 두 개의 구조가 혼합된 상태라고 생각한다. 실험적으로 벤젠 고리의 탄소원자의 거리를 측정해 보면, 실제로 단일결합과 이중결합의 중간으로 되어 있다. 공명이론은 여러 가지 분자의 구조를 이해하는데 큰 도움을 주었다.

폴링은 또 의학적인 문제에도 흥미를 가져, 낫세포 적혈구 빈혈증(鎌形赤血球貧血症)이 산소를 운반하는 혈액 단백질인 헤모글로빈 분자의 이상에서 일어난다는 것을 밝히고 분자병(分子病)이라는 말을 만들었다. 헤모글로빈의 연구로부터 단백질 분자의 구조에 관심을 가져 알파(α) 나선 구조의 모델을 만들어 성공을 거두었다. 헤모글로빈의 입체구조는 페루츠(M. F. Perutz)가 X선 회절로 연구하여 1962년에 노벨상을 수상했지만, α나선의 시점에서는 폴링에게 뒤진 꼴이 되었다.

그는 또 교육에도 열성적이어서 직접 초급 학생의 교육에 임했고, 독자적인 구상을 담은 교과서도 썼다. 그의 『일반화학』은 대학생용 교과서로 널리 쓰여 왔다.

1954년, 폴링은 화학결합의 본성에 관한 연구, 특히 복잡한 분자의 구조연구로 노벨 화학상을 수상했다.

이때의 일본 『아사히 신문(朝日新聞)』에 실린 소개 기사에는 「그는 지금 윌슨 천문대 가까이의 풀장의 물을 전기로 데우는 호화로운 저택에 살고 있다.」라고 적고 있다. 당시의 일본의 생활감각으로 본다면 상상도 못할 만큼 호화판으로 비쳐졌을 것이라는 생각이 들어 매우 흥미롭다. 폴링은 1962년에도 노벨 평화상을 수상했다(사정상 실제로 수상한 것은 1963년이다). 이것은 열성적인 핵실험 반대운동에 대해 수여된 것이다. 그는 이러한 활동 때문에 한대, 온 미국을 휩쓴 반공주의자 매카시(J. R. McCarthy)에 의한 반공 선풍 때는 해외여행 조차도 방해를 당하는 등 많은 박해를 받은 적도 있었다.

최근에 그는 비타민 C에 열중하고 있다. 그의 저서 『비타민 C와 감기, 인플루엔자』(역자주; 조 학래 역으로 전파과학사의 『현대과학신서 No. 75가 있다), 『암과 비타민 C』는 일본어로 번역되어 일본에서도 반향을 불러 일으켰다. 비타민 C의 대량 요법은 면역계(免疫系)를 활발하게 하기 때문에, 감기는 물론 암에도 효과가 있다는 주장을 제창하고 있다.

폴링의 비타민 C에 대한 몰두는, 이미 과학이 아니라고까지 준엄한 비판을 하는 사람도 있다. 그가 「늙은 대가병(大家病)」에 걸린 것이 아닐까 하고 걱정하는 사람도 있다. 위대한 과학자라도 만년에는 괴상한 일에 빠져드는 사람이 종종 있기 때문이다.

비서가 있는 바로 안쪽이 폴링의 방이었다. 꽤나 널찍한 방이지만 창문이 없다. 한쪽 선반 위에는 분자모형이 수두룩히 쌓여 있었다. 벽에는 갖가지 장식품이 걸려 있었는데 그 중에는 한문자로 씌어진 족자도 있었다. 책상 뒤에는 「L・ポーリング」이라고 일본의 가타카나로 쓰인 카드가 로서아어로 쓰여진 그의 이름과 함께 붙여져 있었다.

회색 상의 아래 감색의 앞이 트인 재킷을 입고, 와이셔츠에는 깔끔하게 다름질이 되어 있었지만, 옷은 꽤나 오래된 낡고 검소한 차림이었다. 검은 베레모가 액센트로 되어 있었다. 「2주 전까지 일본엘 갔다 왔어요.」라고 그는 말했다. 역시 나이 탓인지 혀가 잘 돌아가지 않는 듯한 느낌도 있었지만 말은 또렷했다. 그렇더라도 시차(時差)가 있는 일본으로 장시간의 항공여행을 할 수 있다는 것은 대단한 기력이다. 일본에서는 비타민 C의 효용에 대해 주부들에게 강연을 하고 왔다고 한다.

비타민 C에 관한 얘기는 젖혀 두기로 하고, 그가 갑자기 새로운 아이디어를 착상한 예로서 유명한 α나선의 얘기부터 듣기로 했다. α나선은 단백질의 복잡한 입체구조 속에 나타나는 규칙적인 입체구조, 즉 2차구조의 일종이다.

― 단백질의 α나선 구조의 모델을 착상한 건 감기에 걸려서 누워 계시던 때라고 들었는데요.

「단백질의 구조는 1937년부터 연구를 시작하여 10년 동안이나 해결하지 못하고 있었던 것입니다. 1948년에 나는 1년 동안을 옥스퍼드 대학에서 객원 교수로 있었지요. 우연히 감기에 걸려 오전 중 베드에 누워 있었을 때, 이걸 또 생각했읍니다. 전에는 X선 회절의 사진을 해석하려 하고 있었는데, 그때는 분자가 어떤 구조를 취하면 가장 안정하게 되는가 하는 것만을 생각하고 있었읍니다. 그래서 α나선을 착상하여, 아내에게 종이를 가져오라 하여 그림을 그려 보았읍니다.」

폴링은 흰 종이에 그때와 같은 스케치를 그렸다. 종이의 왼쪽 위에서부터 오른쪽 아래로 아미노산이 펩티드 결합을 하여 연결되어 있는, 단백질의 펩티드사슬의 골격이 화학식으로 그려졌다.

「이들의 결합 사이의 각도는 110도가 되어야 합니다. 그런데 평면에서는 180도이므로 110도가 되게 이렇게 구부려 간 것입니다.」

종이통이 만들어지고, 폴링이 그린 직선 모양의 **펩티드사슬**은 나선을 만들었다.

「옥스퍼드에서 나는 분자모형을 갖고 있지 않았기 때문에, 종이로써 만든 뒤에 계산을 했읍니다. 컴퓨터가 없었던 시대였기에 계산자를 사용했어요. 」

α 나선에서는 나선 1회전에 대해 3.6개의 아미노산이 들어간다. 나선은 1회전에서 5.3옹스트롬($\overset{\circ}{A}$)을 진행한다. 아미노산은 나선의 축 방향 거리로 약 1.5$\overset{\circ}{A}$마다에 위치하게 된다. 펩티드 결합의 N-H의 연장선 위에 1회전을 떨어져 있는 곳에 O=C가 온다. 거기서 N-H…O=C라는 수소결합이 만들어지므로써 나선구조가 안정화되어 있다.

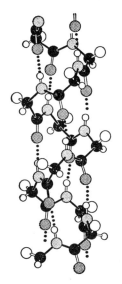

알파 나선의 구조
● 탄소   ○ 아미노산 잔기
◐ 질소   ○ 수소
◐ 산소   ••• 수소결합

— α 나선은 완전히 새로운 아이디어였읍니까?

「α 케라틴(머리카락 등에 있는 단백질)의 X선 회절 사진은 5.0~5.5 $\overset{\circ}{A}$의 반복구조를 가리키고 있었읍니다. 그런데 α 나선은 그렇게는 반복하고 있지 않았읍니다. 분자는 어떤 상태로 있어야 할 것인가 하는 것만을 생각한다면 구조가 틀려 있었읍니다. X선 회절의 사진은 잘못 해석되고 있었던 것이지요. 그때까지의 해석의 오류를 확인하여 논문을 발표하기까지는 1년 동안이 걸렸읍니다. 코리(R. B. Corey)와 함께 α 나선의 논문을 발표한 후에도, 왜 X선 회절의 데이터가 일치하지 않는지 알 수가 없었읍니다. 서둘러 실험을 한 결과 설명이 얻어졌읍니다.」

2년쯤 전에 오스트리아의 텔리비전에서 α 나선 발견의 에피소드를 다큐멘타리 형식의 드라마로 만들어 방영한 적이 있었다고 폴링은 말했다. 그와 에바(Ava) 부인으로 분장한 배우가 얼마만큼이나 닮았는지 보고 싶었으나 실제로는 보지 못하고 말았다. 에바 부인은 1981년에 암으로 세상을 떠났다.

폴링은 일찍 아버지를 여의고, 경제적으로도 몹시 궁핍했으나 향학심이 왕성하고 성적도 뛰어났었다. 한때 기계공장에서 견습공으로 일한 뒤 오리건 주립대학에 입학하여 아르바이트를 하면서 고학을 계속했다. 폴링의 우수성은 금방 대학 안에서 평판이 났고, 3학년생인 때는 화학공학과의 주임교수가 그에게 1년동안 교사로 일하라고 권했었다. 열여덟 살의 폴링은 정량분석(定量分析)의 조수가 되어 교단에도 섰다. 에바는 그때 그가 가르친 학생 속에 있었다. 두 사람은 폴링이 캘리포니아 공과대학의 대학원생이던 때에 결혼했다. 에바는 아직 학생이었다. 두 사람은 잉꼬 부부로서 유명했다.

— 1930년 12월에는 혼성궤도법(混成軌道法 : 공유결합을 설명하기 위한 양자역학의 방법)의 계산을 착상하여 하룻밤 사이에 계산해 버렸다고 하던데요.

「무척 흥분해서 새벽녘까지 계속해서 결과를 얻었읍니다. 논문의 카피가 있읍니다. 나는 카피를 많이 가지고 있읍니다.」

폴링은 카피를 가지러 갔다.

「이게 나의 1967년까지의 논문의 리스트입니다. 꽤 오래 전의 것이지만….」

그의 17년 전의 논문 리스트에는 375편의 논문과 아홉 권의 단행본이 실려 있었다.

「이것이 1930년에 착상한 새로운 아이디어에 바탕해서 쓴 논문입니다. 혼성궤도법은 화학에 있어서 많은 일을 밝혀 냈읍니다. 그 후 2, 3년 동안에 몇 편의 논문을 썼고, 그 내용은 나의 저서 『화학결합론』에 수록되어 있읍니다.」

— α 나선이나 혼성궤도법과 같이 전혀 새로운 아이디어를 갑자기 착상한다는 일은 흔히 있는 일일까요?

「네, 자주 있읍니다. 그러나, 그것을 착상하기까지에는 오랫동안 문제를 생각하고 있읍니다. 오랫 동안 생각한 끝에 갑자기 답을 착상하게 되는 것이지요.」

— 당신이 하신 일에는 언제나 물질의 구조에 대한 깊은 이해가 배경에 깔려 있는 듯이 생각됩니다. α 나선의 경우에도, 단백질의 구조를 X선 회절로 조사하고 있던 페루츠들의 케임브리지 그룹은 발견하지 못했읍니다. 그 차이는 물질의 구조에 대한 기본적인 이해에 있은 듯이 생각됩니다마는…… .

「내가 연구를 시작한 1922년에는, 분자와 결정의 구조에 관한 자세한 일들이 아직 알려져 있지 않았읍니다. 나는 그 당시, 분자의 구조를 잘 이해하고 있었던 사람 중의 하나라고 말할 수 있을 겁니다. 이런 분자모형 (폴링은 모형을 집어 들었다)은 나와 코리가 최초로 만들었고, 우리 이름이 붙여져 있읍니다. 지금은 상업적으로 팔리고 있는데 일본의 회사에서도 만들고 있읍니다.」

「양자역학을 잘 파악하고 있었다는 것도 α 나선을 발견할 수 있었던 이유라고 생각합니다. 양자역학은 내가 박사 학위를 막 땄을 무렵에 등장했읍니다. 나는 그걸 공부하여 다른 누구보다도 효과적인 방법으로, 화학구조의 문제에다 응용할 수 있었읍니다. 나보다도 양자역학을 더 잘 알고 있는 사람들이 있기는 했지만, 그들은 화학구조에는 흥미가 없었읍니다. 한편에서는 단백질의 구조를 연구하고 있던 사람들이 있었지만 그들은 양자역학을 몰랐읍니다. 나의 박사 학위는 화학, 물리 그리고 수학입니다.」

「나는 1926년에 유럽으로 갔읍니다. 하이젠베르크(W. K. Heisenberg)의 양자역학의 첫 논문이 1925년에 나왔고, 슈뢰딩어(E. Schrödinger)의 파동역학(波動力學)의 논문은 내가 유럽에 있는 동안에 나왔읍니다.」

— 과연, 당신은 정말로 아주 초기에 양자역학을 공부하셨군요.

α 나선은 폴링의 큰 업적으로 되었고, 케임브리지 그룹은 쓴잔을 핥는 꼴이 되었으나, DNA의 구조를 둘러 싸고도 폴링과 케임브리지에 있던 윗슨(J. D. Watson)과 크릭(F. H. C. Crick) 사이에서 촌각을 다투는 경쟁이 펼쳐졌다. 당시, 아직 이름도 없는 연구자이던 윗슨과 크릭은 캘리포니아의 유명한 화학자 폴링의 동향에 대해 신경을 쓰고 있었지만, 이 경쟁에서는 폴링을 이길 수가 있었다.

— DNA의 구조에 관해서는 윗슨과 크릭과의 경쟁에서 당신이 지셨지요. 당신이 정답을 얻지 못한 것은 DNA의 좋은 X선 회절 사진을 볼 수 없었기 때문입니까?

「그런지도 모르지만 뭐라고 말할 수 없군요. 만약 내가 1951년에 유럽에 갈 수만 있었더라면 프랭클린(R. Franklin)이 촬영한 DNA의

X선 회절 사진을 볼 수 있었을 것입니다. 윗슨과 크릭은 그 사진을 보았어요. 그 당시, 미국 정부는 내가 유럽으로 가는 걸 허가하지 않았읍니다.」

이 당시, 미국에서는 반공 매카시즘(McCarthyism)이 강대한 힘을 발휘하고 있었고, 폴링은 '용공적'인 인물로 지목되고 있었다. 그는 DNA의 삼중 나선 모델을 내놓았으나 이것은 완전한 실수였다. 광범한 문제에 흥미를 가지고 틀린 일을 발표하는 일도 있지만, 일단 본질을 찌르게 되면 발군의 성과를 거두는 것이 폴링의 연구 스타일이라고 할 수 있을지 모른다.

— 당신의 연구는 의학도 포함하여 매우 광범한 분야에 걸쳐 있읍니다. 어째서 그토록 광범한 분야의 연구가 가능한지요?

「아마, 두 가지 이유가 있다고 생각합니다. 하나는, 나는 세계 전체를 이해하고 싶다고 생각하고 있읍니다. 나의 흥미는 특정한 문제에만 한정되어 있지 않습니다. 두 번째는, 나는 원래 구조화학자입니다. 이 세계의 것은 거의 모두가 분자구조와 관계되고 있읍니다. 요 60년쯤 사이에 우리는 분자구조와 화학결합의 문제를 상당히 이해하게 되었읍니다. 이들 아이디어는 다른 분야에도 응용할 수가 있읍니다.」

「나는 무기화학에서 시작하여 양자역학, 양자화학을 하고는 바로 유기화합물의 일을 시작했읍니다. 1935년까지는 헤모글로빈의 실험적 연구를 하게 되어 있었기에 생화학에는 쉽게 들어 갈 수 있었읍니다. 헤모글로빈의 구조를 이해하고 싶다고 생각하여, 낫세포 적혈구 빈혈증의 원인이 헤모글로빈 분자의 이상이라는 걸 발견했읍니다. 이들 결과는 내가 화합결합으로부터 분자구조에 흥미를 갖게 된 논리적인 과정에 바탕하고 있읍니다.」

— 당신의 연구는 모두가 분자구조에 대한 흥미에서 왔다고 할 수 있겠군요.

「전적으로 그렇습니다. 비타민과 질병의 관계에 대한 최근의 연구는 그것에서 상당히 벗어나며, 보다 경험적인 근거에 바탕하고 있지만요….」

— 왜 비타민 C에 흥미를 갖기 시작하셨읍니까?

「몇 가지 질병이 이상 헤모글로빈에 의해 일어난다는 걸 발견하고부터, 그 밖에도 분자병이라고 말할 수 있을 만한 것이 없을까 하고 생각한 것입니다. 그래서 10년쯤 정신분열병과 정신박약에 관한 연구를 했읍니다. 그때, 정신분열병에 비타민을 대량으로 투여하는 정신과 의사가 있다는 걸 알고, 왜 비타민이 정신분열병에 효과가 있는가를 알고 싶었읍니다. 비타민C는 전혀 독성이 없읍니다. 대량으로 복용함으로써 건강하게 지낼 수 있는 가능성이 있읍니다.」

— 당신은 하루에 비타민C를 얼마 만큼이나 복용하시는지요?

「하루 12 g입니다. 소요량의 약 200배입니다.」

책이나 말로는 읽고 듣고 하여 알고 있었지만, 실제로 본인의 입으로 들어보면 엄청난 양이라는 실감이 난다. 성인에게 필요한 비타민C는 하루 50 mg이다.

— 여태까지의 논문이 몇 편 정도나 되는지 기억하십니까?

「세어 본 적은 없지만 아마 650편은 넘겠지요.」

— 과학자들 중에서도 제일 많은 편이 아닐까요?

「아니오. 화학분야에서도 더 많은 사람이 있읍니다. 훨씬 전에 죽은 친구는 1000편 이상을 썼읍니다.」

— 문제는 알맹이겠지요. 이만큼 위대한 일을 많이 할 수 있었던 것은 재능은 물론이지만, 다른 어떤 조건이 있었다고 생각하십니까?

「우선 행운이라고 생각합니다. 나는 우연히도 구조화학이 발전해 가는 시기에 태어났읍니다. 캘리포니아 공과대학이라는 좋은 연구시설에서 일을 할 수 있었읍니다. 새로운 대학인데다 스탭들도 홀륭한 사람들이었읍니다.」

— 거기서 누구에게 사사(師事) 하셨지요?

「디킨슨(R. G. Dickinson)입니다. 그는 미국에서 X선 결정학(X 線 結晶學) 과 최초로 씨름한 사람들 중의 한 분이지요. 디킨슨이 캘리포니아 공과대학에서 박사 학위를 받은 첫번째 인물이고, 나는 아마 일곱번째 박사일 것입니다.」

— 그로부터는 어떤 영향을 받으셨나요?

「디킨슨은 매우 비판력이 있는 사람으로, 충분한 증거가 없는 것은 믿지를 않았읍니다. 그는 자신의 아이디어가 옳은지 어떤지, 해답을 내는데는 어떻게 하면 좋은가를 늘 생각하고 있었읍니다. 결정구조를 연구할 때 그의 방법은 철저하게 논리적이었읍니다. 논리적으로, 엄밀하게 라는 걸 디킨슨에게서 배웠읍니다. 또, 상상력도 풍부했읍니다. 내가 새로운 아이디어로 논문을 쓰고 있었을 때, 그는 전혀 그것을 연구한 적이 없었는데도 금방 전체를 이해해 버렸읍니다.」

— 창조적인 과학자이기 위해서는 무엇이 필요하다고 생각하십니까?

「많은 홍미를 갖는 일입니다.」

폴링은 즉각 대답했다.

「왜 내가 많은 발견을 할 수 있었느냐는 것은, 언제나 과학의 문제를 생각하고, 다른 과학자보다도 부지런히 일했기 때문이라고 전에도 대답했읍니다. 나는 옛날부터 세계의 묘상(描像 : picture)을 만들고 싶다고 생각해 왔읍니다. 60년 전에는 매우 희미한 것이었는데, 지금은 보다 뚜렷한 것으로 되어 있읍니다. 그 묘상은 물론, 거의 모두가 분자구조에 바탕하고 있읍니다. 뭔가 새로운 걸 읽으면 그것이 나의 세계의 묘상에 어떻게 적용되는가를 늘 생각하는 것입니다.」

— 당신의 묘상은 바뀌어지고 있읍니까?

「차츰차츰 팽창해 가고 있읍니다. 그러나, 그 속에서도 옛날의 아이디어는 확고한 것으로 변화하지 않습니다. 묘상은 보다 세련되고 상세하게 되어 갑니다.」

— 당신은 교육에 대해서도 매우 열심이신데…….

「나는 과학교육도 과학의 일부라고 생각하고 있읍니다. 아시다시피 교과서도 몇 권을 썼고 일본어로도 번역되어 있읍니다.」

— 일본의 젊은 사람들에게 조언을 부탁드릴 수 있겠읍니까?

「현대 세계는 상당한 부분이 과학에다 기초를 두고 있다는 걸 인식하는 것이 중요합니다. 뭔가 판단을 내려야만 할 때 이 인식을 가지고 있을 필요가 있읍니다. 가장 큰 문제는 세계의 평화입니다. 물론 이것에도 과학이 관계하고 있읍니다. 핵분열과 핵융합이 이 문제를 가져다 주었으니까요. 나가사키(長崎), 히로시마(廣島), 그리고 현재에 이르는 방대한 핵병기의 축적입니다.」

그는 자신의 저서 『No More War!』를 끄집어 내어 사인을 하여 선물로 주었다.

「이 책의 일본어판은 22년쯤 전에 나온 것으로 압니다. 이것이 25주년 기념의 개정판이니까요. 」

나중에 조사해 보았더니, 일본어로 번역판이 나온 것은 원저가 출판된 바로 이듬해인 1959년이었다.

— 최근의 유전자공학에 대해서는 걱정하시지 않습니까?

「네, 걱정하지 않습니다. 우리가 상상할 수 있을 만한 생물은 자연계가 이미 만들어 내어 버렸다고 생각하기 때문입니다. 우리는 현존하는 생물을 조금 바꾸기만 할 뿐입니다.」

— 그렇다면 유전자공학의 연구를 추진해도 좋다고 생각하고 계시는 군요.

「그렇습니다. 유전자 공학에는 잇점이 있읍니다. 그러나, 무기물로
부터 생명을 만들어 낼 가능성이 있다고는 생각되지 않습니다.」

— 생물병기의 가능성은요?

「나는 의문시하고 있읍니다.」

— 당신은 아인슈타인(A. Einstein)과 비견할 만한 금세기 최대의 과
학자의 한 사람이라고 일컬어지는데, 자신은 어떻게 생각하십니까?

「나를 그렇게 말하다니 정말 놀라운 일입니다. 오리건에서 태어나서
자란 소년 시절이나 청년이 되고서도, 내가 그런 말을 들으리라고는 생
각조차 못해 보았읍니다.」

— 어릴 적부터 과학자가 되고 싶었읍니까?

「화학자가 되려고 결심한 건 열 세 살 때였읍니다. 그 전의 열 한살
때쯤에는 곤충에 흥미를 가졌었지요. 그리고는 광물(鑛物)을 공부했고,
열 세 살에 화학을 배웠읍니다. 그렇지만, 학생 시절에는 유기화학에
흥미가 없었는데도, 여러 가지 분자의 구조를 발견하게 된 것은 나로
서도 정말 놀라운 일입니다.」

폴링의 대답은 간결하면서도 핵심을 찌르고 있었다. 인터뷰에 익숙한
탓도 있겠지만 아직은 단단하다. 비타민 C에 얽힌 그의 일도 그 나름
의 역사적 경위와 논리를 지니고 있다. 이 연구소는 민간으로부터 제공
되는 기부금을 기반으로 운영되고 있는데, 설비는 꽤 좋은 것으로 보였
다. 폴링이 분투한 결과 정부 기관으로부터도 연구자금이 나왔다. 비
타민 C와의 관련을 중심으로 암에 대한 연구가 폭 넓게 이루어지고, 또
분자교정의학(分子矯正醫學)의 노선을 좇아, 오줌 속의 성분을 분석하
여 질병의 조짐을 발견하려는 연구도 진행되고 있다.

폴링은 죽을 때까지 이 연구소에서 계속하여 아이디어를 창출해 갈
것이다.

시행의 연속

1958년 · 인슐린의 구조결정
1980년 · 핵산의 염기배열의 연구

프레드릭 생거
Fredrick Sanger

1918년 8월 13일 영국 Gloucestershire의 Rand-combe 에서 출생
1939년 Cambridge 대학 St. John's 칼리지졸업
1943년 박사 학위 취득. 그 후에도 Cambridge 대학 생화학 교실에서 연구를 계속
1951년부터 MRC연구소 연구원. 동 단백질화학 부장
1983년 퇴직

퀴리(M. Curie), 바딘(J. Bardeen), 생거(F. Sanger)…….

1901년부터 1984년까지 물리, 화학, 의학·생리학상의 자연과학 분야의 세 부문에 걸친 노벨상 수상자는 모두 356명을 헤아리고 있다. 이 중에서 과학분야에서 두 번씩이나 노벨상을 수상한 사람은 위의 세 사람 뿐이다.

퀴리 부인으로 잘 알려진 마리는, 1903년에 남편 퀴리(P. Curie)와 베크렐(A. H. Becquerel)과 함께 방사능(放射能)의 발견으로 물리학상을, 또 1911년에는 라듐, 폴로늄의 발견 등으로 화학상을 수상했다. 바딘은 1956년에 쇼클리(W. B. Shockley), 브라탄(W. H. Brattain)과 더불어 트랜지스터의 발명으로, 또 1972년에는 쿠퍼(L. Cooper), 슈리퍼(J. Schrieffer)와 함께 초전도(超傳導)이론으로 모두 물리학상을 수상했다.

그리고 생거는 1958년, 인슐린의 구조결정으로, 또 1980년에는 핵산의 염기배열의 연구로 모두 화학상을 수상했다〔길버트(W. Gilbert)도 독립하여 같은 업적으로 수상했고, 버그(P. Berg)는 유전자공학의 기초가 되는 핵산의 생화학적 연구로 동시에 수상했다〕.

생거는 20세기 후반의 생화학을 대표하는 인물이다. 그는 장인(匠人)기질의 예술적인 솜씨의 실험기술을 지닌 것으로 일컬어진다. 생거가 수상한 두 가지 연구는 모두 실험수단의 개발과 관련되어 있다. 더구나, 그것들은 눈부신 발전을 이룩한 분자생물학(分子生物學)의 추진력이 되고 있는 기본적인 실험수단이다.

생거는 케임브리지 대학의 M R C (Medical Research Council = 의학연구진흥회)의 분자생물학 연구소의 부장이었다. '보스'가 되면 실험을 지도만 할 뿐 손가락 하나 움직이지 않는 사람이 많지만, 그는 손수 실험을 계속하고 있었다. 그런 생거가 1983년에 연구에서 은퇴했다. 인터뷰는 MRC 분자생물학연구소의 페루츠(M. F. Perutz)의 방으로 그가 나와 주기로 되어 있었다.

노벨상을 두 번이나 탄 대과학자는 예고도 없이 불쑥 나타났다. 갈색의 목이 트인 V자형 스웨터에 회색바지, 스웨터 밑에는 단추를 꿰지 않은 체크 무늬의 와이셔츠를 입고 있었다. 안경 속의 눈이 매우 인자하게 보인다.

생거는 목소리가 작다. 말끝이 독백조로 되다가 입안에서 삼켜 버린다. 어쨌든 더 할 수 없이 온순한 느낌의 인물이다. 이 용모와 말씨나 태도로는 거리에서 스쳐 가도, 노벨상을 두 번씩이나 탄 사람이라고는 도저히 짐작조차 하지 못할 것이다.

— 당신이 연구에서 은퇴하리라고는 상상조차 못했읍니다.

「영영 은퇴해 버릴 것인지 어떨지는 아직 결정하지 않았읍니다. 다시 연구실로 되돌아 갈지도 모릅니다. 지금은 그저 연구를 하지 않아도 된다는 걸 즐기고 있읍니다. 나는 실험 과학자이기 때문에 작업대에 앉아서 실험을 하지 않고서야……. 읽거나 쓰거나 하는 일은 좋아하지 않아요. 하지만 아무 일도 안하고 있다는 것도 퍽 좋은 것입니다.」

— 그럼 날마다 어떻게 지내시지요?

「정원의 손질을 하거나, 보트를 만들거나 합니다.」

— 두 번째의 노벨상 수상 소식을 들으셨을 때의 소감은요?

「사실 매우 흥분했읍니다. 놀랐지요. 뭐라고 해야 할지 모르겠읍니다. 상상조차 하지 않고 있었으니까요. 」

여태까지 과학분야에서 두 번이나 수상한 사람은 단 세 사람 뿐입니다.

「첫번째 수상 때는 아직 젊었기 때문에 행운이라고 생각했었지요. 실험실도 정비가 되었고 좋은 공동 연구자도 얻었읍니다. 큰 격려가 되었었지요. 그러나, 또 한 번 상을 받는다는 건 도저히 어렵다고 생각했읍니다.」

— 두 번째의 수상을 생각하신 적은 있었읍니까?

「네, 꿈은 꾸고 있었지요. 그러나 그것이 일을 한 이유는 아닙니다. 연구 자체가 무척 즐겁고 도움이 되는 것입니다. 과학으로 성공하자고 해서 이 세계로 들어오는 사람도 있지만, 내게는 과학 그 자체가 흥미로운 것입니다. 과학으로 성공한 사람의 대부분은 과학을 즐기고 있는 사람입니다. 성공했을 때는 물론, 잘 되지 않아 낙심하고 있을 때에도 과학은 무척 자극적입니다.」

최초의 수상 연구에서 그가 대상으로 삼은 인슐린은, 현재는 당뇨병의 치료약으로서 잘 알려져 있고, 유전자공학에 의해 생산된 사람—인슐린이 치료에 쓰여지려 하고 있다. 인슐린은 본래 혈액 속의 당의 양을 조절하는 호르몬이며 그 정체는 단백질이다.

단백질은 아미노산이 결합하여 만들어져 있다. 단백질에 사용되는 아미노산은 주요한 것이 20종류가 있다. 20종류의 아미노산이 어떤 순서로 배열되어 있느냐로써 단백질의 성질이 달라진다. 물론 결합되어 있는 아미노산의 수(그것은 곧 단백질의 크기이지만)에 따라서도 다른 단백질이 된다.

이와 같은 단백질을 구성하고 있는 아미노산의 배열 방법을 1차 구조라고 한다. 생거의 1958년의 수상 연구는, 인슐린의 1차 구조의 결정이었다. 이것이 단백질의 최초의 1차 구조의 결정이었다. 인슐린은 51개의 아미노산이 결합되어 있다 (분자량은 6000). 단백질로서는 가장 작은 부류에 든다. 그러나, 당시는 1차 구조 등은 전혀 짐작조차 못하고 있었다.

단백질의 아미노산 배열을 결정하는 데는 먼저 어디서부터 손을 대야하는가. 아미노산이 결합된 단백질의 끈 (펩티드 사슬)에는 당연히 양쪽 끝(아미노 말단=N말단과 카르복실 말단=C말단)이 있다. 이 한쪽 끝(N말단)에 있는 아미노산이 무엇인지를 알아내는 방법을 그가 개발했다. DNP법이라고 불리는 방법이다. 이것이 인슐린의 1차 구조결정에서 결정적으로 중요한 역할을 했다.

DNP법은 2, 4—디니트로플루오로벤젠이라는 황색 시약(試藥)을 사용한다. 이 시약은 아미노기(基)에 반응하여 DNP—아미노산을 만든다. 따라서 N말단의 아미노산은 DNP—아미노산이 된다. 2, 4—디니트로플루오로벤젠을 작용시킨 뒤에 펩티드사슬을 가수 분해(加水分

解) 하여, 아미노산을 분산시켜 크로마토그래피(chromatography) 에다 건다. 생거는, 처음에는 실리카겔에 의한 크로마토그래피를 사용하고, 후에는 종이 크로마토그래피를 사용했다. 종이 크로마토그래피는 간단한 방법이다. 종이 한쪽 끝에 아미노산을 함유한 시료를 묻힌다. 그 끝을 전개용매(展開溶媒)에 담그면, 용매가 종이로 침투하여 번져 나가는데 그 때에 시료 속의 아미노산도 이동해 간다. 그런데 그 이동속도는 아미노산의 종류에 따라서 다르다. 이동도의 차이를 이용해서 아미노산을 분류할 수 있는 것이다. 2, 4 −디니트로플루오로벤젠과 반응한 아미노산은 황색을 나타낸다. 종이 크로마토그래피 위에서 쉽게 식별할 수 있다. 20종류의 합성 아미노산으로 DNP −아미노산을 만들어, 크로마토그래피 위에서의 이동도를 조사해 두면, 그것과 비교함으로써 DNP −아미노산으로 된 N말단의 아미노산이 무엇인지를 알 수 있다.

인슐린에 DNP법을 사용하면, 두 종류의 아미노산, 즉 페닐알라닌과 글리신이 DNP −아미노산으로 되어 나온다. 그 당시는 인슐린의 분자량조차 분명하지 않아서 12000이라고 했었다. 생거는 같은 아미노산을 N말단에 갖는 **펩**티드사슬이 2개씩 모두 4개의 **펩**티드사슬로써 **성립**된다고 생각했다.

단백질을 만드는 아미노산의 하나에 시스테인이 있다. 시스테인에 함유되는 술퍼히드릴기(S−H) 끼리가 반응하여 −S−S−라는 결합이 만들어지는 수가 있다. 시스테인의 황원자 사이에 결합이 생기는 것이다. 이것을 S−S결합이라고 부르는데, 1개의 **펩**티드사슬 속에서 S−S 결합이 만들어지거나 2개의 **펩**티드사슬이 S−S결합으로 결합되거나 한다.

생거는 포름산에 의해 S−S결합을 절단하여 4개의 **펩**티드사슬을 분해했다. 그 뒤는 각각의 사슬의 아미노산 배열을 결정하면 되는데, **펩**티드사슬을 갑자기 하나하나의 아미노산으로까지 분해하여 종이 크로마

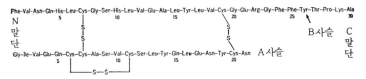

생거가 결정한 소-인슐린의 1차 구조. 세 문자로 아미노산의 종류를 나타내고 있다. 인슐린은 A, B 두 개의 **펩**티드 사슬로 구성되고, 시스테인 잔기의 SH기가 결합한 S−S결합에 의해 결합되어 있다.

토그래피에 걸어도, 구성하고 있는 아미노산의 종류는 알 수 있지만 배열은 알지 못한다.

그래서 페닐알라닌을 N말단에 갖는 펩티드사슬에 대해, 가수분해의 세기를 바꾸어서 N말단에서부터 2개, 3개, 4개라는 식으로 여러 가지 단편을 만들어 냈다. 각 단편에 함유되어 있는 아미노산을 배열해 봄으로써, N말단으로부터 네번째까지의 아미노산 배열을 결정할 수 있었는데 이 배열은 한 가지 뿐이었다. 글리신을 N말단에 갖는 펩티드사슬에 대해서도, N말단으로부터 네번째까지의 배열은 한 가지 종류로 결정되었다. 이것은 인슐린이 4개가 아니라 2개의 펩티드사슬로써 구성되고 있다는 것을 가리키고 있었다. 분자량은 12000이 아니라 그것의 절반인 6000이었다.

그리고는 2개의 펩티드사슬의 전체 아미노산 배열을 결정하는 일이다. 이것에는 몇몇 단백질 분해효소를 작용시켜, 펩티드사슬을 적당한 단편으로 절단한 다음, 그것들을 분획(分劃)하는 것이 효과적이었다. 단백질 분해효소는 그 종류에 따라서, 펩티드사슬의 어디를 절단하느냐가 다르게 되어 있다. 단백질 분해효소를 작용시킨 후, 발생한 단편을 이온교환 크로마토그래피나 여과지 전기영동(濾過紙電氣泳動)이라는 방법으로 분획할 수 있었다. 먼저 개개 단편의 아미노산 배열을 결정한다. 그렇게 하여 결정한 부분적인 아미노산 배열을 조합하여 전체 배열이 결정되었다.

마지막은 S-S결합의 위치를 결정하는 일이었다. 이것은 S-S결합이 절단되지 않은 상태에서 인슐린 분자를 단백질 분해효소로 절단하여 시스테인을 함유하는 단편을 분획하고, 함유되어 있는 아미노산을 조사하여, 앞에서 결정한 아미노산 배열과 비교함으로써 이루어졌다.

생거는 이만큼이나 까다로운 일을 도중에 참가한 두 사람의 공동 연구자의 협력을 얻은 것만으로 수행했다. 전체 구조가 결정된 것이 1954년, 연구를 시작한 이래 10년의 세월이 흐르고 있었다.

― 유명한 DNP법은 어떻게 착상하셨읍니까?

「이것은 하나의 사건으로서가 아니라 차츰차츰 형성되어 간 것입니다. 단백질의 특정한 곳을 표지하는 방법을 찾고 있었는데, 여러 가지 물질을 시험했읍니다. 그런 가운데서 발견한 것입니다. 당시, 중심으로 되어 있던 것은 분배(分配) 크로마토그래피의 발명〔케임브리지 대학의 마틴(A. J. P. Martin)과 싱(R. L. M. Synge), 1941년. 두 사람은 1952년에 화학상을 수상〕이었다고 생각됩니다. 분배 크로마토그래피에 색깔이 묻

은 물질을 사용한 건 내가 가장 빨랐던 편입니다. DNP는 황색 물질이
므로 크로마토그래피에서 이동해 가는 상태를 관찰할 수가 있읍니다.
이 방법은 매우 중요한 것입니다. 나중에 인슐린의 1차 구조 결정에
서 펩티드를 분리하는 데에 종이 크로마토그래피를 사용했읍니다.」

— 펩티드를 해석해 나가는 건 마치 복잡한 그림 맞추기(jigsaw puzzle)
를 완성시키는 것과 같아서 매우 복잡한 작업처럼 생각됩니다마는.

「네, 정말 그렇습니다.」

생거로서는 뜻밖의 큰 목소리였다.

— 전체의 1차 구조를 결정하는 과정에서 무엇이 제일 어려웠읍니
까?

「단백질 분자는 몹시 크고 복잡한 성질을 가졌기 때문에 여러 가지
곤란이 있읍니다. 그때까지 구조를 결정할 수 없었던 이유로 되어 있은
곤란은, 단백질의 분자를 분획하는 어려움이었읍니다. 단백질을 분해
하여 작은 펩티드를 얻고 그것을 분획하지 않으면 안됩니다. 분획을 위
한 좋은 방법이 필요합니다. 내가 단백질로 일을 해 오면서도 늘 문제
이었던 것이 분획방법이었읍니다. 그렇기 때문에 분배 크로마토그래피
는 큰 자극이 되었읍니다. 그리고부터 이온교환 크로마토그래피는 보다
큰 단백질에 쓸 수 있게 되었읍니다. 인슐린의 일을 하고 있었을 때,
이러한 새로운 방법이 개발된 것은 정말로 행운이었읍니다.」

그는 최초의 노벨상을 수상한 후, 단백질로부터 핵산의 연구로 옮겨
갔다. 그것도 배열결정의 방법이었다. 핵산은 누클레오티드라는 분자
가 결합하여 길다란 사슬 모양의 분자를 만들고 있다. 누클레오티드의
염기는 RNA에서나 DNA에서도 4종류이다. 즉 이들 분자는 4종류
의 문자(DNA에서는 아데닌＝A , 티민＝T , 구아닌＝G , 시토신＝C. RNA에서는
T 대신에 우라실＝U) 의 배열로써 나타내어 진다.

DNA의 문자의 배열 방법을 조사하는 방법은 암유전자, 면역계, 호르
몬, 신경계, 발생 등의 연구를 비롯하여, 현대의 분자생물학의 모든 최
첨단에서 가장 중요한 수단의 하나로 되어 있다. 진핵 (眞核)생물의 유
전자 DNA에서는 단백질을 지령 (code)하지 않는 개재배열(介在配列：
intron) 이 삽입되어 있다는 것이 발견된 것도, DNA의 문자를 해독하
는 테크닉이 개발되었기 때문이다. 유전자공학도 이 테크닉을 빼고는
생각할 수 없다.

현재는 단백질의 아미노산 배열의 결정도, 먼저 그 단백질을 지령하
고 있는 DNA를 끄집어내어 염기배열을 결정하고, 거기서부터 거꾸로

아미노산 배열을 결정하는 방법이 취해진다. 아미노산 배열을 결정하기 보다는 DNA의 염기배열을 결정하는 편이 쉬워졌기 때문이다. 각종 유전자의 염기배열을 저장한 데이터 베이스가 만들어지고 쉽게 비교할 수 있게 되었다.

— 단백질로부터 RNA, DNA로, 당신의 연구는 생체고분자(生體高分子)의 구성요소의 배열 순서를 결정하는 방법의 개발에 집중되어 있었읍니다. 논리적인 귀결로서 이렇게 된 것입니까？

「아닙니다. 계획하고 있었던 건 아닙니다. 나는 언제나 실험을 앞서서 계획하고 있질 않습니다. 몇 가지 실험을 해 보고서, 잘 된걸 앞으로 진행시켜 나갑니다. 그러므로 어느 시기는 단백질과 RNA를 동시에 연구하고 있었읍니다. 작은 RNA로 분획이 잘 되었기 때문에 차츰 RNA에 흥미를 갖게 된 것이지요. 그리고 작은 누클레오티드사슬의 염기배열 순서를 결정하는 테크닉이 잘 되어 갔읍니다. 이것들은 RNA를 부분적으로 잘라내는 기술에 의거하고 있읍니다. 이어서 DNA에 착수했는데, 이것은 우리가 RNA에서 한 것의 논리적인 발전입니다. DNA합성효소를 사용하여 염기배열을 결정하는 방법을 개발했는데, 이건 종래와는 좀 색다른 사고방식에 바탕하고 있읍니다. 그 방법에 아크릴아미드의 겔 전기영동법을 쓰기로 시도해 보았더니, 놀랄만큼 빠르게 DNA의 염기배열을 결정할 수 있게 되었읍니다.」

생거의 DNA 염기배열 결정 방법의 개발에는 여러 가지 과정이 있고, 역시 DNA합성효소를 사용하는 「플러스・마이너스법」이라고 불리는 테크닉도 창출했는데, 적당한 곳에서 합성을 정지시키는 방법이 성공하여 이것이 현재 생거법으로 불리고 있다. 매우 교묘한 방법이다.

배열을 결정하려는 DNA를 주형(鑄型)으로 하여 DNA합성을 시킨다. 이때 재료로 되는 네 종류의 누클레오티드3인산 중, 한 종류에는 그 이상 사슬이 뻗어나가지 못할 만한 것을 일부 섞어 두는 것이다. 이를테면 지금, DNA의 T의 문자가 될만한 재료로서 보통의 것을 T로 표지하고, 사슬이 거기서부터 앞으로는 뻗어나가지 못할 만한 재료를 T^*로 한다. T와 함께 T^*를 재료로서 보태주면, 합성된 DNA에 T가 들어 있는 동안은 사슬이 뻗어가지만, T^*가 들어가면 거기서부터 앞으로는 사슬이 뻗어 나가지 않는다. T^*가 들어가는 것은 전적으로 확률적이기 때문에, 사슬 속에서 T가 들어가야 할 여러 곳으로 들어간다. 그렇게 하여 합성된 많은 DNA사슬에는, T가 들어가야 할 여러 위치에서 합성이 멈추어진 DNA 단편의 모든 종류가 얻어진다. 이것을

A, T, G, C의 네 종류의 문자 모두에 대해서 한다.

아크릴아미드-겔 전기영동법을 사용하면, DNA를 크기에 따라서 분획할 수가 있다. 이렇게 해서 만든 각 DNA 단편을, 합성을 정지한 문자마다에 다른 겔을 사용하여 한꺼번에 전기영동에다 건다. 각각의 겔을 배열하여 이동도의 순서로 밴드가 나와 있는 문자를 해독해 가면 그것이 염기배열을 나타내고 있는 것이다.

생거와 함께 수상한 길버트의 방법은, DNA의 염기를 화학수식(化學修飾)하는 방법을 사용하며 맥샘-길버트(Maxam-Gilbert)법이라고 불린다.

— 어떻게 해서 아크릴아미드의 겔 전기영동을 쓰는 방법에 착상하셨지요?

「우리는 언제나 모든 방법을 시도해 봅니다. RNA에서 쓴 것은 이온교환 크로마토그래피였읍니다. 아크릴아미드-겔 전기영동은 단백질에서 쓰고 있었읍니다. 시험삼아 RNA에 사용해 보았더니 잘 되었던 것이지요. 커다란 단편으로 분획할 수 있었읍니다. 이를테면 300염기의 것과 301염기의 것을 분획할 수 있읍니다.」

— 우리 같은 아마추어에게는 배열 순서를 결정하는 데에는, 끝에서부터 하나하나씩 절단해 가서, 이건 무엇이다 하고 결정하는 방법이 매우 생각하기 쉬운 것이라고 생각됩니다. 그런데 당신의 방법이라면 DNA의 모든 종류의 단편을 준비해 두고서 한꺼번에 배열을 결정해 버립니다. 이건 제게는 무척 놀라운 일입니다.

「확실히 다른 원리에다 바탕하고 있읍니다. 우리는 실제로 처음에 DNA합성효소를 사용했을 때부터, 어떤 특정한 잔기(殘基)가 있는 데서 합성을 멈추는 방법을 쓰고 있었읍니다.」

— 그 생각은 상식과는 좀 동떨어진……?

「비상식적인지 어떤지는 모르겠지만 (쓴 웃음), 확실히 분해해서 그림 맞추기 퍼즐을 완성시켜 가는 따위의 방법과는 다릅니다. 이 방법은 매우 시간이 걸립니다. 조립해야 할 단편이 너무도 많아져 버리기 때문입니다. 새로운 방법에서는 최초의 분획으로부터 단번에 배열의 정보가 얻어집니다.」

— 거기서 굉장한 발상의 비약이 있다고 생각합니다마는…….

「그렇습니다. 사고방식에 비약이 있읍니다. 테크닉에 굉장한 비약이 있다고 나는 생각합니다.」

생거는 의식적으로 고쳐 말했다.

— 당신은 혁명적인 실험수단을 몇 가지나 개발한 동시에, 생물학적으로도 흥미 진진한 사실을 발견하고 계십니다. 사실의 발견을 목적으로 하여 수단을 개발한 것인지, 수단을 개발한 결과로서 사실을 발견한 것인지, 어느 편일까요?

생거는 또 씁쓰레한 듯한 웃음을 띄었다. 그렇지만 질문을 재미있어 하는 듯했다.

「실제는 둘 다라고 생각합니다만……. 그러나 발견하는 사실이란 건 흔히 예상과는 다른 것입니다.」

— 예를 든다면요?

「DNA의 염기배열을 해독할 수 있게 되자, DNA가 무엇을 하고 있는지를 알게 되었읍니다. 단백질이 지령되고 있는 곳이나 DNA 위의 신호가 있읍니다. 해독의 처음과 끝, 제어(制御)를 하고 있는 부분입니다. 내가 제일 재미있었던 건 오버래핑 진(overlapping gene : 중첩 유전자)의 발견입니다. 한 유전자가 두 개의 단백질을 지령하고 있는 것입니다. 이것은 전혀 예기하지 못했던 예입니다. 유전학자들은 모두 하나의 유전자가 한 개의 단백질을 지령하고 있다고 생각하고 있었읍니다.」

생거들은 1977년에, ϕX174 파지(phage)의 유전자DNA의 전체 염기배열을 결정했다. 이 파지는 5386 염기로써 구성되는 단일 사슬의 DNA를 가지고 있다. 이 속의 어떤 단백질을 지령하는 배열 속에 다른 단백질을 지령하는 배열이 숨어 있었던 것이다. 단백질을 지령하는 유전암호는 DNA 위의 문자(염기)가 3연자조(三連字組)로 되어서 한 개의 아미노산을 지정한다. 세 문자로써 구분하는 분획방법을 바꾸면 같은 문자열(文字列)이라도 다른 아미노산 배열을 지령하는 것이 된다. 이것이 파지에서는 현실로 이루어지고 있었던 것이다.

「또 하나는 미토콘드리아에서는 다른 유전암호가 사용되고 있었다는 발견입니다.」

— 이것도 놀라운 일이었읍니다.

「전혀 예상되지 않았던 흥분할 사실이었읍니다.」

— 당신도 전혀 생각하고 있지 않으셨읍니까?

「물론이지요. 유전암호가 진화과정에서 바뀌어지면 모든 것이 뒤집혀집니다. 그런데 어쩐 까닭인지 그게 일어나고 있었던 겁니다.」

1979년, 생거의 공동 연구자인 바렐(B. G. Barrell)들이 사람의 미토콘드리아 DNA에서 치토크롬 산화효소에 해당하는 배열을 조사했더니, 통상적으로는 단백질 합성의 종지암호인 TGA가, 단백질을 지령하고 있는 도중에서 발견된 것이다. 단백질의 아미노산 배열로 하면, 이 TGA는 트립토판을 지령하고 있는 것으로 밖에는 생각되지 않는다. 그 밖의 예도 곧 발견되어 미토콘드리아에서는 6개의 암호가 통상과는 다른 의미로 쓰여지고 있다는 것을 알았다. 이 사실은 미토콘드리아의 유래는 미생물이 기생 (寄生) 한 것이라고 하는 미토콘드리아 기생설의 큰 논거로 되어 있다.

— 내가 만난 어떤 노벨상 수상자는, 당신은 굉장히 훌륭한 실험기술을 가졌다고 말하고 있읍디다.

「(웃음) 나는 여러 가지 실험을 하고 있읍니다. 하지만 대개는 잘 안되는 걸요. 」

— 정말입니까?

「네, 여러 가지로 새로운 일을 시도하기 때문에 어려운 것입니다. 실험에는 인내가 필요하고, 잘 안되는 일에 신경을 써서는 안됩니다.」

— 당신은 실험초에 전체적인 전략(戰略)을 세운다기 보다는, 단계적으로 전략을 세우시는군요?

「그렇습니다. 다음 해에 할 일을 결정했다고 하더라도, 그해 말에는 뭔가 다른 일을 하고 있읍니다. 인슐린의 연구를 마쳤을 때, 대부분의 사람은 내가 인슐린의 기능에 관한 일을 시작하리라고 생각하고 있었어요. 실제로 그 실험을 몇 가지는 했지만, 다른 일이 잘 되었기 때문에 그 쪽으로 나가 버렸읍니다.」

— 그렇다면 만약 잘 되지 않았던 실험이 성공했었더라면, 당신은 전혀 다른 방향으로 나갔을는지도 모르겠군요?

「그렇습니다.」

— DNA의 배열을 해독하는 테크닉은, 오늘날 분자생물학에서 가장 중요한 테크닉으로 되어 있는 것으로 생각합니다만…….

「그렇습니다. 매우 중요한 테크닉입니다. 하지만 그건 단순한 테크닉이고, 다른 테크닉도 여러 가지 사용되고 있읍니다. 유전자공학의 테크닉은 새롭고 급진적으로 진전하고 있읍니다. 또 DNA의 배열은 아주 간단하게 해독할 수 있게 되었고 여러 가지 일을 알게 되었지만, DNA의 기능은 상상되고 있었던 것보다도 복잡했읍니다. 어떤 기능의 배열을 정확하게 동정 (同定) 한다는 건 무척 어렵습니다.」

— 인트론 (개재배열) 이 있다는 것 따위는 아무도 상상하지 못했읍니다.

「인트론의 문제는 매우 어렵습니다.」

─ 하지만 인트론은 현재, 당신의 방법이나 맥샘─길버트법으로 배열이 결정되어 연구되고 있습니다. 당신의 공적은 매우 크다고 생각합니다.

「확실히 유전자를 보다 더 잘 이해할 수 있게 되었읍니다.」

─ 그런데 케임브리지에는 위대한 분자생물학자, 또는 생화학자가 많이 계셨읍니다. 당신은 누구에게서, 어떤 자극을 받으셨는지 간단히 말씀해 주시지요.

「나는 흡킨즈(F.G. Hopkins)의 생화학 연구실에서 일을 시작했읍니다. 젊은 사람이 새로운 연구를 하고 있는 활발한 연구실로 특히 효소의 연구가 흥미로왔읍니다. 흡킨즈의 뒤를 이은 치브놀(A. C. Chibnall)은 단백질에 관심을 가지고 있었읍니다. 나는 그 밑에서 단백질을 연구하고 흥미를 가졌읍니다. 1960년에 MRC의 연구소로 옮겨 갔는데, 페루츠, 크릭, 브레너(S. Brenner)들이 있어서 매우 자극적이었읍니다. 이런 사람들과 얘기를 하고 있자 관심이 넓어졌읍니다. 특히 나중에 일을 시작한 핵산에 대해서 그러합니다. 크릭은 과학 전반에 걸쳐서 폭넓은 견식을 가지고 있었읍니다.」

─ 그는 최초의 이론 생물학자라고 할 만한 분이지요.

「네, 그렇습니다. 아마 유일한 이론 생물학자일 것입니다.」

─ 당신은 훌륭한 실험가이고, 크릭은 훌륭한 이론가입니다. 두 사람이 함께 일을 했다면 굉장한 일이 일어났을 것입니다.

「우리는 함께 일을 한 적은 없었지만…….」

─ 네, 알고 있읍니다. 그러나 과학에 대한 얘기는 하셨을 테니까요…

「네, 무척 자극적인 인물이었읍니다.」

─ 이를테면 어떤 얘기를 하셨읍니까?

「주로 핵산 얘기였던가요? 너무 많았으니까요(웃음).」

─ 당신의 단백질의 1차 구조의 해명을 비롯하여 페루츠, 켄드루(J. C. Kendrew)들에 의한 단백질의 입체구조, 윗슨, 크릭의 DNA 이중나선 구조 등, 모두 노벨상을 수상한 생물학상의 위대한 업적이 케임브리지 대학에서 잇달아 이루어졌읍니다. 어째서 이런 일들이 케임브리지에서 이루어졌는지 당신의 소감은요?

「케임브리지에는 많은 과학자가 있고 전통을 좇아 연구를 하고 있읍니다. 그 전통이란 자기 자신의 연구를 하고 실용적인 연구를 강요받지 않는다는 점입니다. 그것에 의해 연구에 흥미가 늘고 자신이 대결해 나가게 되는 것입니다. 게다가 다행한 일로 나는 교육을 전혀 맡지 않아도 되었읍니다. 나는 가르치는 건 딱 질색입니다. 물론 케임브리지는 본질적으로 교육하는 대학이지만 스탭이 많이 있기 때문에, 그렇게 지나친 강의나 지도를 맡지 않고 연구에 시간을 얻을 수가 있읍니다. 케임브리지는 연구에서 명성이 높기 때문에 우수한 학생이 모여 듭니다. 그것이 또 연구의 잠재적 능력을 높여가는 것이라고 생각합니다.」

— 당신은 연구에만 집중하고 싶으셨던 것이군요.

「그렇습니다. 나는 자기 손으로 실험을 하는 것을 좋아하니까요. 대학원 학생에게는 내가 하는 일을 중심으로 강의를 한 적이 있지만, 학부 학생에게 강의를 한 적은 한 번도 없읍니다.」

— 그런 일은 케임브리지에서는 흔한 일입니까, 아니면 매우 예외적인 것입니까?

「대학에서는 교수가 교육을 하는 게 당연하니까 예외이겠지요.」

— 만약, 연구에 복귀하신다면 무얼 하실 생각이십니까?

「DNA의 일을 계속했으면 하고 생각합니다. DNA는 큰 분자이며 정보가 가득 차 있읍니다. 해야 할 일이 아직도 얼마든지 있읍니다. 그러나 실제로 어떻게 할 것인지는 그 때가 아니면 알 수 없겠어요.」

— 당신이라면 여러 대학이나 연구소에서 서로 모셔가려 하겠지요.

「네, 하지만 나는 줄곧 케임브리지가 마음에 들었으니까 다른 데로 갈 생각은 없읍니다. 일을 하기에도 살기에도 매우 좋은 곳입니다.」

생거는 돌아왔을 때처럼 페루츠의 방에서 슬쩍 사라졌다. 기를 쓰거나 잘난 체 하는 일이라곤 조금도 없는 사람인 듯이 느껴졌다.

불가능에의 도전

1962년·X선 회절에 의한 구상 단백질의 입체구조의 해명

존 켄드루
John C. Kendrew

1917년　3월 24일 영국 Oxford에서 출생
1939년　Cambridge대학 Trinity 칼리지 졸업
1946～75년　MRC 분자생물학연구소 부장
1949년　박사 학위 취득
1965～72년　영국 과학정책 평의원
1974년　Knight의 작위 수여
1975～82년　유럽 분자생물학연구소 소장
1980년　Oxford대학 St. John's 칼리지 학장
1980년　국제 연합대학 평의원

막스 페루츠
Max F. Perutz

1914년　5월 19일 오스트리아의 Wien에서 출생
1932년　Wine 대학에 입학, 졸업 후
1936년　Cambridge대학 Cavendish연구소로
1940년　박사 학위 취득
1947년　MRC 분자생물학 연구반장
1962～79년　MRC 분자생물학연구소 소장
1979년　동 연구소 스탭

　단백질은 핵산과 더불어 중요한 생체고분자(生體高分子)이다. 생물체의 구조를 만들거나, 생체 내의 화학반응을 촉매하는 효소로서의 기능을 갖는 등 여러 가지 기능을 담당하고 있다.
　단백질의 중요성은 예로부터 알려져 있었고 생명의 본질이라고 생각되어 왔다. 금세기 초께는 젤라틴과 같은 것이 단백질의 전형으로 생각되어 왔다. 액체 속에서 입자가 분산되어 있는 콜로이드 상태에서 열을 가하거나 조건이 변화하면 굳어진다. 단백질이 일정한 크기와 형태를 가진 분자라고는 생각되지 않았다.

그런데 1925년, 스웨덴의 스베드베리(T. Svedberg : 1926년 화학상)가 한 가지 종류의 단백질은 일정한 분자량을 갖는다는 것을 밝혀냈다. 1928년에는 미국의 섬너(J. B. Sumner, 1946년 화학상)가 우레아제라는 효소를 결정화(結晶化)했다. 1930년대에 들어와서 키모트립신, 트립신, 펩신 등의 소화효소도 결정화되었다. 결정은 일정한 형태의 분자가 규칙적으로 배열하기 때문에 만들어진다. 단백질은 어떤 일정한 구조를 갖는 분자라는 것이 밝혀졌다.

이 당시, 핵산이 유전물질이라는 것은 아직 밝혀지지 않았었고, 단백질이 가장 중요한 분자라고 생각되고 있었다. 그러나 생거(F. Sanger) 가 인슐린의 1차 구조(아미노산 배열)를 결정한 것 조차도 훨씬 후의 일이었고, 단백질의 입체구조 따위는 구름을 잡는 것과 같은 이야기였다.

당시, 영국의 케임브리지 대학의 베르날(J. D. Bernal)은 단백질 결정의 X선 회절 사진을 많이 촬영하고 있었다. X선 회절이란 광물의 결정구조 등을 조사하는데 사용되고 있던 방법이다.

결정에서는 원자가 규칙적으로 배열되어 있다. 결정 속의 원자에 X선이 충돌하여 반사했을 때, X선의 파동으로서의 성질에 의해 서로를 보강하거나 약화하게 하는 곳이 생긴다. 이것을 사진건판에 촬영하면 일정한 규칙적인 패턴이 얻어진다. 이것에서부터 결정구조의 정보를 해독하여 구조를 결정하는 방법이 X선 회절법이다.

베르날 밑에서 헤모글로빈이라는 단백질의 X선 회절에 의한 입체구조의 연구에 착수한 것이 페루츠(M. F. Perutz)였다. 후에 켄드루(J. C. Kendrew)가 그룹에 참가하여 미오글로빈의 연구에 착수했다.

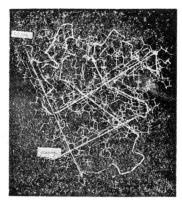

미오글로빈의 고분해능(2 Å)모형
(『 Nature 』지의 켄드루들의 논문에서)

헤모글로빈은 혈액 속에 있으며 산소를 운반하는 기능을 하고 있는 단백질이다. 미오글로빈은 조직 속에 있으며 역시 산소를 운반하는 기능을 가지고 있다. 헴(heme)이라는 판자 모양의 구조가 단백질 분자의 중심에 있고, 그 한가운데에 철원자가 있다. 이 철원자가 있는 곳에 산소가 결합하는 것이다.

단백질은 거대한 분자다. 켄드루가 세계에서 처음으로 단백질의 입체구조를 밝힌 미오글로빈은, 단백질로서는 작은 편이지만 135개의 아미노산으로써 구성되어 있고 분자량은 17000이다. 수소를 제외한 원자의 수가 1260개나 있다. X선 회절 사진에서는 25000의 반사가 나타난다. 켄드루가 1957년에 처음으로 만든 모형은 약 1000의 반사를 대상으로 하여 6 Å의 분해능이었다. 페루츠가 입체구조를 해석한 헤모글로빈은 미오글로빈을 네 개 모아놓은 형태를 한 더 큰 분자다.

미오글로빈은 1959년에 분해능 2 Å에서 원자의 레벨까지 밝힌 상세한 모형이 만들어졌다. 같은 해, 헤모글로빈의 분해능 5.5 Å의 모형이 완성되었다.

단백질의 입체구조를 X선 회절로 밝히기 위해서는, 수은 등의 무거운 금속원자를 단백질 분자에 결합시켜 결정화하는 방법(중원자 치환법)이 필요했다. 이것은 페루츠에 의해 응용되었는데 성공하기까지에는 오랜 시간이 걸렸다.

최초의 모형을 만들기까지에 켄드루는 11년을, 페루츠는 22년간을 소비한 것이다. 1962년에 두 사람은 노벨 화학상을 수상했다. 같은 해의 의학·생리학상 수상자는 DNA의 이중나선 모델의 윗슨, 크릭, 윌킨스(M. H. F. Wikins)였다. 켄드루, 페루츠, 윗슨, 크릭의 네 사람이 케임브리지 대학의 캐번디시 연구소에서의 연구로 수상하여, 한 연구소에서 네 사람의 수상자를 내어 화제가 되었다.

미오글로빈과 헤모글로빈의 모형은 저분해능의 것이라도 끈이 이랑처럼 구불구불 구부려져서 복잡하게 접혀져 있다. 눈에 보이지 않는 이런 복잡한 분자의 모습이 밝혀지리라고는 전혀 믿어지지 않는 일인데다 그 과정을 생각하면 정신이 아찔해질 정도이다.

켄드루와 페루츠가 미오글로빈과 헤모글로빈의 입체구조를 밝혀내기까지는 단백질이 전체적으로 규칙적인 구조인지, 또는 불규칙한 구조인지 아무도 짐작조차 할 수 없었다. 거대분자의 구조를 밝힌다는 것 자체가 매우 흥미로운 일이지만, 산소의 운반이나 효소의 촉매작용 등의 생리적 기능이 어떻게 이루어지고 있는가를 상세히 알기 위해서도, 단백질의 입체구조를 해명하는 일은 결정적으로 중요한 일이었다.

켄드루는 옥스퍼드 대학의 센트 존즈 칼리지의 학장이다. 유럽의 중
세 때로부터의 대학 도시인 옥스퍼드는 여기저기에 낡은 칼리지의 건물
이 이어져 있다. 센트 존즈 칼리지도 삼층 건물의 유서깊은 건물이다.
입구는 중세의 성체를 연상케 하는 탑처럼 생긴 구조물이고, 넓은 안
뜰에 원형 잔디밭이 있다. 전형적인 낡은 칼리지다. 학장인 켄드루의
방은 중간 뜰을 가로지른 곳의 이층에 있었다. 입구의 검은 문짝옆 벽
에 신발의 흙을 터는 쇠붙이가 보였다. 옛날에는 이것으로 흙이 묻은 신
발을 털고 실내로 들어갔다고 한다. 켄드루는 자기방에서 상냥하게 나
를 맞아 주었다.

회색 상의를 벗어놓고 흰 와이셔츠에 검정 넥타이 차림의 그는 백
발이 잘 손질되어 있었다. 근시인 안경은 꽤나 도수가 높은 듯했다.

켄드루는 벌써 20년 전부터 연구의 제1선에서 물러나, 국제적인 연
구·교육 조직의 정비 등에 힘써 왔다. 국제 연합대학의 일로 일본도
자주 방문하고 있어 일본의 사정에도 밝은 것 같았다.

— 버날과 폴링에게서 영향을 받았다고 하시는데 어떤 영향일까요?

「폴링은 금세기 최대의 화학자의 한 사람인데, 복잡한 분자구조에
흥미를 가져 차츰 생물학쪽으로 들어왔읍니다. 버날은 결정학자로
서 자랐지만 생물학에 깊은 흥미를 가지고 있었지요. 나도 화학자로서
자랐지만 뭔가 생물학쪽으로 옮겨 갔으면 하고 생각하고 있었읍니다.그
들과 얘기를 하면서 결정학(結晶學) 등에 흥미를 가졌던 것이지요. 두
사람 다 매우 자극적인 인물이기 때문에 영향을 받지 않았다고는 생각
할 수 없읍니다.」

켄드루는 제2차 세계대전 중 공군에서 레이다 관계의 연구를 하고 있
었는데, 이 사이에 버날은 폴링이 생물학을 지향하게 된 데에 흥미를
가졌었다. 종전 후인 1946년, 켄드루는 케임브리지 대학으로 되돌아
와서 캐번디시 연구소에서 연구를 시작했다.

— 캐번디시 연구소에 가셨을 때는 어떤 상황이었읍니까?

「버날은 전쟁 전에 케임브리지에 있다가 그 후 런던으로 옮겨 갔
읍니다. 그의 케임브리지에서의 제자 중의 한 사람이 페루츠였읍니다.
페루츠는 전쟁이 끝날 무렵에는 캐번디시 연구소에서 작은 연구 그룹
을 거느리고 있었읍니다. 캐번디시 연구소는 물리학의 연구소인데, 교
수인 로렌스 브래그(L. Bragg)가 단백질과 같은 복잡한 분자의 X선결

정학에 몹시 흥미를 가지고 있었읍니다. 나는 케임브리지에서 배웠기 때문에 전후에 케임브리지로 돌아온 것은 매우 자연스런 추세였읍니다. 그래서 나는 페루츠의 연구 그룹에 참가한 것입니다.」

— 왜 단백질의 입체구조를 연구하려고 생각하셨읍니까?

「그 당시에 알고 있었던 건 단백질이 효소로서의 기능을 한다는 정도였읍니다. 자동차의 운전은 할 줄 알아도 엔진의 구조는 전혀 몰랐던 거와 같았읍니다. 따라서 단백질의 구조를 안다는 건 중요한 일이라고 생각되고 있었지요. 버날, 페루츠, 호지킨(D. C. Hodgkin, 1964년 화학상)들은 그 일을 시작하고 있었읍니다. 1945년 경에는 구조를 알고 있었던 물질로는 20~40의 원자로써 구성되는 것이었읍니다. 가장 단순한 단백질만 해도 500원자입니다. 이 구조를 밝힌다는 건 매우 큰 비약이고 무척 보람있는 일이기도 했읍니다. 그러므로 나는 단백질의 구조연구를 시작한 것입니다.」

「나는 X선결정학에 관심이 있었던 것이 아니라, 단백질의 구조가 중요하다고 생각하여 그걸 풀 수 있는 방법은 X선결정학뿐이라고 생각했읍니다. 모두가 다 이렇게 생각한 건 아니고, 브래그는 X선결정학자였기 때문에 복잡한 분자로서 단백질에 흥미를 가졌던 것이지요.」

— 당신은 미오글로빈을 선택하셨읍니다. 왜지요?

「페루츠는 이미 헤모글로빈의 연구를 시작하고 있었읍니다. 그 당시에도 미오글로빈은 헤모글로빈과 마찬가지로 산소를 결합하는 기능이 있다는 걸 알고 있었읍니다. 또 미오글로빈은 헤모글로빈보다 작다는 것도 알고 있었읍니다. 그래서 나는 미오글로빈을 선택했던 것입니다.」

— 당시, 단백질의 구조는, 후에 밝혀졌듯이 불규칙하고 복잡한 것이 아니라, 훨씬 규칙적이고 단순한 것이라고 생각하고 계셨읍니까?

「물론 아무도 몰랐기 때문에 여러 가지 모델이 있었읍니다. 최초에 구조가 밝혀지고 보니까, 그건 매우 복잡해서, 일부에 폴링의 알파(α) 나선과 같은 규칙적인 구조가 있었읍니다. 그러나 α나선은 모든 단백질에 다 있는 건 아닙니다. 순수하게 우연히도 헤모글로빈과 미오글로빈은 α나선을 많이 함유하고 있었지만, 전체는 불규칙한 구조였읍니다.」

— 당신은 α나선이 많았기 때문에 구조를 결정하기 쉬웠다는 글을 쓰고 계시던데……

「그건 구조를 해명하고 나서 안 것으로 전적으로 행운이었읍니다. α나선이 적더라도 구조는 결정할 수 있었다고 생각합니다.」

— 1951년에 폴링이 α나선 모델을 발표했을 때, 어떻게 생각하셨나요?

「흥분했읍니다. 브래그, 페루츠, 나를 포함하여 많은 사람들이 나선 구조를 생각하고 있었고, 이론적인 연구도 하고 있었읍니다. 그런데 폴링의 모델에는 실험적인 근거도 있고 옳다는 것이 명확했읍니다. 그건 그렇다고 하고 폴링은 정말로 재미있는 사람입니다. α나선의 논문은 『아메리카 과학 아카데미 기요(紀要)』에 실렸는데, 같은 호에 그는 7편의 논문을 싣고 있읍니다. α나선의 논문은 훌륭한 것이지만 근육 단백질의 구조 등, 다른 테마의 논문은 모두 심한 오류입니다. 이게 그의 전형적인 스타일입니다. 틀린 것에 신경을 쓰지 않아요. 그 대신 정확한 것은 훌륭합니다. 물론 어느 것이 옳고, 어느 것이 틀린 것인지를 아는데는 시간이 걸립니다마는……」

— 당신들의 연구 스타일과는 꽤나 다르군요.

「그는 이론가입니다. 모델을 만듭니다. 확실히 우리와는 다른 인물입니다.」

— 연구를 시작했을 때, 구조를 밝힐 자신이 있었읍니까?

「아니요. 누구에게도 자신이 없었던 것으로 생각합니다. X선 결정학자는 단백질과 같은 큰 분자의 구조를 밝힐 수 있으리라고는 생각조차 하지 못했었고, 실제로 몇해 동안이나 못하고 있었읍니다. 위험이 큰 작업이었읍니다.」

— 거기에다 무척 참을성이 필요한 일이구요.

「그렇습니다. 나는 단백질의 연구를 15년이나 하고 있었읍니다. 처음 10년 가까이는 전혀 전망조차 서질 않다가 그 후에 갑자기 일이 진전됐읍니다.」

— 1950년에 당신은 미오글로빈의 구조가 판판한 원반 모양이라는 논문을 발표하셨지요.

「그렇습니다. 틀린 결과였읍니다.」

— 그때 크릭이 세미나에서 「형편없이 어리석은 연구」(What mad pursuit ⁄)라는 제목으로 얘길 했다는데, 크릭에게는 어떤 인상을 가졌었던가요?

「그는 지금까지 내가 만난 사람들 중에서 가장 지적이고 재기가 넘치는 사람입니다. 크릭은 전쟁 후에 페루츠와 나의 그룹에 참가했읍니다. 그는 단백질의 구조에 대해서 많은 일을 했지만, 자신이 단백질의 구조를 해석하는 일은 하지 않았읍니다. 핵산에 흥미를 갖기 시작했기 때문이지요. 그러나 크릭은 굉장히 우수한 수학자이며 이론가였으므로, 단백질의 모델을 비평하는 데는 아주 적임이었읍니다. 실제로 구조가 해명되기까지 모든 모델은 틀린 것들이었읍니다. 나도 페루츠도 다른 사람들도 모두가 틀렸던 것입니다.」

「크릭은 모델과 같은 형태라고 한다면, X선 회절 패턴은 얻어지고 있는 것과 같은 것으로는 되지 않는다는 걸 증명했읍니다. 우리의 모델뿐만 아니라, 다른 사람들의 모델에 대해서도 말입니다.」

── 그 후, 당신은 단백질의 입체구조를 해명하기 위해 어떤 방침을 세우셨읍니까?

「최초의 아이디어는 중원소 치환법이었읍니다. 이건 이미 전쟁 전부터 버날이 효과적인 방법일지도 모른다고 말하고 있었읍니다. 단백질에 대해서는 페루츠가 헤모글로빈에서 이 방법이 잘 들어맞는다는 걸 보여주었읍니다. 그래서 페루츠와 내가 이 방법으로 일을 진행시켜 갔던 것입니다.」

── 동형치환법(同型置換法)이란 것은 어렵다고 하던데요.

「네, 무척 어려운 방법입니다. 수은이나 납과 같은 무거운 금속으로 단백질이 한 두 군데에 특이적으로 결합하는 것을 찾아내야 합니다. 여러 가지 것을 실험하여 적당한 걸 찾아내어 결정화합니다. 이것에 몇 해나 걸렸읍니다.」

── 게다가 계산도 엄청난 양이 되구요.

「운이 좋게도 이 작업을 진행하기 시작했을 무렵, 최초의 전자계산기가 등장했읍니다. 이것이 없었더라면 작업은 불가능했을 것입니다.」

켄드루가 미오글로빈의 X선 회절 사진으로부터 입체구조를 해명하는 계산에 사용한 것은, 당시 케임브리지 대학에서 만들어진 가장 초기의 컴퓨터 「EDSAC」이다. 진공관을 사용한 EDSAC은 방 3개를 차지하는 큰 것이었다. 그러나 현재는 포켓에 들어가는 컴퓨터가 EDSAC보다 더 강력해졌다고 말하면서 그는 미소를 띄었다.

── 미오글로빈의 구조가 해명될 것이라는 자신을 가진 건 언제였읍니까?

「1957년입니다. 그 무렵, 몇 가지 동형치환체(同型置換體)가 얻어졌읍니다. 이것만 완성되면 나머지는 아주 빨리 진행됩니다. 그 해 안에 저분해능의 최초의 구조가 얻어졌고, 2년 후에는 고분해능의 구조가 얻어졌읍니다.」

── 당신은 세계에서 처음으로 단백질의 입체구조를 해명한 셈인데,

그 때의 소감은요?

「물론 흥분했읍니다. 입체구조는 아무도 본 적이 없었으니까요.」

— 다른 사람들의 반응은 어떠했읍니까?

「물론 흥분했었지요. 누구나가 다 흥분하고 있었읍니다. 숱한 모델이 여러 나라에서 만들어졌지만, 실제의 구조는 그 어느 것과도 달랐읍니다. 모두가 제일 놀란 건 실제의 구조가 불규칙했던 일이라고 생각합니다. 다음 해에 다른 단백질의 구조가 밝혀졌는데, 그것도 역시 불규칙했읍니다.」

— X선결정학에 관해서 위대한 업적이 영국에서 많이 태어났다는 건 어떤 까닭일까요?

「사실은, X선이 발견된 독일에서 많이 이루어졌어야 했을 터인데… 최초의 X선회절 연구도 역시 독일의 라우에(M. T. F. von Laue)에 의해서 이루어졌읍니다. 그러나 웬지 그 후의 연구가 계속되질 않았어요. 영국에서는 브래그 부자(W. H. Bragg 와 아들 Sir. L. Bragg. 1915년에 함께 물리학상)의 힘이 컸다고 생각합니다. 그들은 아주 초기에 연구를 시작했읍니다. 그들은 좋은 교사이기도 했고 급속히 연구의 학풍(學風)을 쌓아 올렸읍니다.」

— 당신은 아들인 로렌스 브래그경과 함께 일을 하셨는데, 그는 어떤 인물이었읍니까?

「그는 복잡한 퍼즐을 푸는 일에 능숙한 사람입니다. 생물학에는 특별한 흥미가 없었지만, 단백질은 복잡하기 때문에 해석하는 데는 퍽 재미있는 퍼즐이라고 생각하고 있었어요.」

— 브래그로부터는 자주 격려를 받으셨읍니까?

「네, 그는 우리 일에 매우 흥미를 가지고 있었는데다 많이 도와주었읍니다. 또 페루츠도 나도 물리학의 연구소에 있으면서도 물리학자는 아니었기 때문에 연구 자금을 얻기가 어려웠는데, 그걸 도와준 것은 브래그입니다. 이건 중요한 원조였읍니다. 10년 동안이나 연구를 계속할 수 있었던 것은 브래그의 직접, 간접의 도움을 받은 덕분입니다. 또 한 사람 킬린(D. Keillin)의 이름도 들어야 합니다. 캐번디시에서 일을 시작했을 때, 생화학적인 연구를 할 장소가 없었읍니다. 그때 킬린이 실험실을 제공해 주었읍니다. 우리가 MRC로부터 원조를 받을 수 있게 된 것도 브래그와 함께 킬린의 원조가 있었기 때문입니다.」

— 캐번디시에서는 당신과 페루츠가 단백질의 입체구조를 밝혔고, 윗슨과 크릭이 DNA의 구조를 밝혔읍니다. 캐번디시는 이런 연구에 가장

적합한 장소였다고 말할 수 있을까요?

「그건 일종의 우연입니다. 캐번디시는 톰슨(J. J. Thomson)과 러더
퍼드(E. Rutherford)가 있었듯이 핵물리학이 전통이었읍니다. 전쟁 말
기쯤에 브래그가 교수가 되었을 때에는 비판이 컸읍니다. 그는 핵물리
학자가 아니었으니까요. 브래그는 새로운 분야를 시작했읍니다. 그 하
나가 복잡한 분자의 X선결정학이고 또 하나는 전파천문학 (電波天文學)
입니다.」

── 당신은 유럽 분자생물학 기구(E MBO)를 창설하기도 하고, 국제
연합대학의 일도 하고, 현재는 말하자면 과학의 「경영자」라고나 할 지
위에 있는 것으로 압니다. 이런 일을 즐기고 계십니까?

「네, 무척이나요. 지금은 아무 것도 연구하고 있지 않습니다. 물론
내가 연구하고 있던 분야에서 무엇이 일어나고 있는가에 대해서는 흥미
를 가지고 있지만, 지금은 국제적인 활동에 힘을 쏟고 있습니다. 특히
발전 도상국의 문제는 중요합니다. 나는 전혀 다른 활동으로 옮겨 왔읍
니다. 페루츠처럼 줄곧 연구를 계속하는 사람도 있읍니다. 그는 100
살이 되어도 하루 8시간씩 실험실에서 일을 할 것입니다／ 내가 20
년 전에 단념해 버린 일입니다. 그러나 후회는 하고 있지 않습니다. 내
게 있어서 연구는 하고 싶은 일의 일부분에 지나지 않습니다.」

마지막 말에는 힘이 들어 있었다. 자기 자신을 납득시키기 위한 것이
라고 생각하는 것은 지나친 억측일지 모른다. 켄드루와 같은 길을 가는
대가도 확실히 적잖이 있으니까 말이다.

── 당신이 미오글로빈의 구조를 해명했을 때로부터 본다면 분자생물
학은 많이 발전해 왔읍니다. 다음에는 어떤 일이 일어나리리라고 생각하
십니까?

「예상은 도저히 말할 수 없지만, 현재는 박테리아나 바이러스와 같
은 단순한 생물에서 출발한 분자생물학적 방법이 인간을 포함한 생물
에게 응용되게 되었읍니다. 앞으로는 뇌의 기능, 발생 등의 문제가 보
람도 있고 발전이 기대되는 분야일 것입니다. 이런 문제들을 해결하기
에는 지나치게 복잡하다는 말들을 합니다. 그러나 우리가 단백질의 입
체구조를 X선결정학으로 해명하는 일을 시작했을 때도, 모두 너무 복
잡하다고 말하고 있었읍니다.」

「당신은 아주 좋을 때에 오셨읍니다. 오늘 오후에는 이스라엘로 떠
납니다.」라고 그는 마지막으로 말했다. 꽤나 부산한 출발이 될 것이다.
그는 그런 기미는 전혀 비치지도 않고서 선선히 나의 인터뷰에 응해 주

었던 것이다.

케임브리지의 MRC 분자생물학연구소는 대학에서 떨어져 있었다. MRC의 병원 등과 같은 부지 안에 있으며, 1960년대 초에 세워진 새로운 연구소이다. 페루츠는 연구소가 생겼을 때, 캐번디시 연구소로부터 이곳으로 옮겨와서 지금도 연구를 계속하고 있다.

접수에서 30분 가까이를 기다려야 했다. 이런 일은 여태까지 없었다. 페루츠의 인터뷰에는 1시간을 예정하고 있었다. 그것이 끝날 무렵쯤에 생거가 페루츠의 방으로 와서 인터뷰에 응해 주기로 되어 있었다. 어떻게 될까?

겨우 비서가 마중을 와 주었다. 페루츠의 방은 작으마하고 한쪽 벽에는 높다란 서가로 되어 있었다. 흰 와이셔츠에 줄무늬 넥타이, 회색 조끼에 회색 바지 차림의 그는 책상 곁에 서 있었다. 검은테 안경을 끼고 벗겨진 이마가 유난히 넓어 보였다. 그의 표정은 웬지 천진스럽게 보였다. 그의 책상에는 의자가 없었다. 1976년에 뜰일을 하다가 허리를 다쳤다고 한다. 그 이후 의자에 앉지 않고 선채로 생활을 하고 있다. 책상 가까이의 벽에 판자가 비스듬히 부착되어 있고, 그가 무엇을 써야 할 때는 이것을 쓴다는 것이다. 나중에 페루츠의 사진을 찍으려고 이동하다가 나는 세게 판자에 어깨를 부딪혔는데도 판자는 까딱도 하지 않았다.

인터뷰 도중에 실험실에 갔다올 시간만 잠깐 낼 수 있다면, 인터뷰가 늦어져도 상관이 없다고 한다. 시작이 늦어진 만큼의 시간은 생거의 인터뷰가 끝난 뒤에 다시 시간을 내 주기로 했다. 시간 따위에는 그다지 신경을 쓰지 않는 사람인 듯했다. 어쨌거나 실험이 최우선인 것 같았다.

페루츠는 지금도 하루 8시간, 연구실에서 실험을 하고 있다. 헤모글로빈과 사귄지는 벌써 47년이나 된다. 날마다 헤모글로빈과 얼굴을 맞대지 않으면 마음이 차지 않는다고 한다.

— 헤모글로빈의 입체구조를 해명하려고 결심한 것은 언제였읍니까?

「내가 헤모글로빈의 연구를 시작한 것은 1937년 가을이었읍니다. 그러나, 그 당시는 단백질의 입체구조를 해명하는 따위는 도저히 희망이 없을 듯이 생각되고 있었읍니다. 버날들이 단백질의 X선 회절 사진을 촬영하고부터 3년이 채 안되었던 때로, 단백질의 X선에 의한 구조연구는 전혀 새로운 분야였읍니다. 새로운 분야로 들어간다는 것은 신대륙을 찾으려는 탐험가와 같은 것이어서, 무엇이 발견될지 전혀 예측도 못하는 일입니다.」

―당신은 케임브리지 대학의 아대어(G. S. Adair)에게서 헤모글로빈의 얘기를 듣고, 프라하에 있던 호로비츠(F. Haurowitz)로부터 헤모글로빈의 결정을 얻으셨지요. 그 후에 헤모글로빈을 연구하려고 생각하셨읍니까?

「네. 그렇습니다. 그 결정으로 그때까지 아무도 찍지 못했던 깨끗한 X선 회절 사진을 찍었읍니다. 그걸 친구들에게 보였더니, 『그게 뭘 의미하는거냐?』는 질문을 받았읍니다. 그땐 나도 몰랐읍니다(웃음).」

― 왜 헤모글로빈에 끌렸었지요?

「헤모글로빈은 매우 재미있는 단백질입니다. 산소가 붙었다 떨어졌다하는 수수께끼가 있읍니다. 게다가 헴 사이의 상호작용이라는 기묘한 현상이 있읍니다. 그건 산소의 결합곡선의 S자형 커브로써 가리켜집니다. 산소의 친화성(親和性)은 처음에는 낮고 차츰 올라갑니다. 마치 헴 사이에 커뮤니케이션이 있는 것처럼 보입니다. 이건 정말로 불가사의한 현상입니다. 이 불가사의가 1970년에 해명되었읍니다.」

헤모글로빈은 미오글로빈과 비슷한 단백질(이 경우 sub unit라고 한다)이 네 개가 모여서 하나의 단백질을 만들고 있다. 각각이 헴을 가지며 그 철원자에 산소가 결합할 수 있다. 즉 헤모글로빈에는 4개의 산소가 결합한다. 산소 평형곡선의 S자형 커브는 산소가 결합하기 시작하면 보다 결합이 쉬워진다는 성질이 있다는 것을 가리킨다. 이것은 네 개의 서브 유니트 사이에서 상호작용이 있기 때문이라고 생각된다. 페루츠는 이 성질을 가져오는 헤모글로빈 분자의 구조변화에 관한 논문을 1970년에 발표했다.

― 연구의 맨 처음에 구조와 생리적인 기능, 즉 헴 사이의 상호작용과의 관계를 해명하려고 생각하고 계셨읍니까?

「그건 매우 재미있는 문제의 하나입니다. 그러나 당시의 관심은 단백질의 입체구조를 밝히는 것이었읍니다. 어떤 단백질이든 좋았읍니다. 헤모글로빈을 많이 끌어낼 수 있는데다 간단하게 결정화할 수가 있기 때문에 헤모글로빈을 선택한 것입니다.」

「생거의 동기도 비슷했을 것입니다. 단백질의 아미노산 배열을 알고 있지 못했기 때문에 그것과 대결한 것입니다. 아미노산 배열은 규칙적인 반복이라고 말하고 있었지만 사실은 아무도 몰랐읍니다. 그리고 누구도 실제로 배열을 알아낼 수 있으리라고는 상상하고 있지 않았고요. 우리의 경우도 마찬가지입니다. 아무도 단백질의 입체구조를 알게 되리라고는 상상도 하고 있지 않았읍니다.」

페루츠는 책상 위의 비커를 가져와 창가의 싱크대로 갔다. 수도꼭지를 틀고 물을 담아 책상으로 돌아와 비커의 물을 단숨에 들이켰다. 너무도 당연한 듯이 비커를 쓰기에 나는 어리벙벙하게 바라보고 있었다.

빈에서 태어나고 거기서 자란 페루츠는 1936년에 케임브리지를 방문한 일이 있었는데, 그 때에 퍽 좋은 인상을 가졌었다고 한다. 1939년에 록펠러재단의 장학금을 받아 케임브리지의 캐번디시 연구소의 로렌스 브래그(Sir L. Bragg)경 아래로 왔었다. 나는 캐번디시의 분위기에 대해서 물어보았다.

「죽은 카피차(P. L. Kapitsa)가 캐번디시 연구소에 대해서 쓴 것이 있읍니다.」

— 아니, 카피차가 돌아가셨읍니까?

나는 놀라며 반문했다. 카피차는 펜지아스(A. A. Penzias), 윌슨(R. W. Wilson)과 함께 1978년의 노벨 물리학상을 수상한 소련의 물리학자이다. 그가 죽은 것은 내가 이 취재여행에 나선 뒤의 일이어서 나는 그의 죽음을 모르고 있었다. 페루츠가 끄집어 낸 것은 『런던 레뷰 오브 북스』의 기사였다. 그 안에 카피차가 인용되어 있었다.

카피차는 물리학의 두드러진 업적이 영국에서 태어나는 것은 개성이 존중되고 있기 때문이라고 말한다. 캐번디시 연구소에서는 젊은 사람들이 믿어지지 않을 만한 사고방식에 바탕하여 일을 하고 있다. 그것은 젊은이들 자신의 아이디어 뿐만 아니라, 「크로코다일」(crocodile:나일산 악어, 카피차가 러더퍼드에게 붙인 별명)이 개성의 표현을 평가하는 데에 그치지 않고, 흔히 시시한 일이라고 생각될 만한 생각을 격려하고 발전시켜, 그것에다 의미를 부여해 나가기 때문이라고 카피차는 말하고 있다. 버날도 같았다고 페루츠는 말했다.

— 처음 일을 시작했을 때, 단백질의 입체구조를 해명할 자신이 있었읍니까?

「아니요(웃음).」

— 언제 자신이 생겼읍니까?

「1953년에 중원소 치환법(重元素置換法)을 쓰게 되고서 부터입니다. 1940년대에 한때, 구조가 해명되었다고 생각한 적이 있었읍니다. 최근에, 1949년에 장인어른께 보낸 편지를 아내와 함께 발견했는데, 그것에는 의기양양하게 헤모글로빈의 구조를 해명했읍니다 하고 자랑하고 있었읍니다(웃음). 그 2, 3개월 후에 크릭이 나의 오류를 증명했읍니다.」

— 크릭이 「형편없이 어리석은 연구」라는 제목으로 세미나에서 비평한 일이군요. 켄드루와 그 얘기를 했었읍니다. 그 당시 당신은 헤모글로빈의 구조로서 「모자 상자」라는 단순한 모델을 생각하고 계셨더군요.

「그렇습니다. 그 그림을 본 적이 있읍니까?」

내가 얘기로만 들었을 뿐 그림은 보지 못했다고 하자 그는 논문을 가지러 갔다.

「X선 회절의 사진 해석을 지나치게 단순화했던 것이지요.」

그는 논문을 찾아왔다. 「모자 상자」의 그림을 보고 우리는 함께 폭소를 터뜨렸다.

「평행으로 된 막대기 모양의 구조로써 되어 있다고 생각했던 것입니다. 크릭은 X선 회절의 사진을 패터슨(Patterson) 합성이라는 방법을 써서 해석한다면, 모자 상자의 구조라면, 실제로 얻어진 것보다 10배나 높은 피크가 생길 것이라고 말했읍니다. 9년 후에 구조를 알고 본 즉, 막대기 모양의 α나선 구조가 헤모글로빈의 일부를 구성하고 있었던 것입니다.」

여기서 생거와 만날 약속시간이 되었다. 나는 페루츠의 방에 남아서 찾아 올 생거와 인터뷰를 하기로 하고, 페루츠는 그동안 실험실에서 일을 하기로 했다. 매우 이상한 형태이기는 하지만, 어쨌든 두 사람의 노벨상 수상자의 호의로 한꺼번에 인터뷰를 할 수 있다는 것은 고마운 일이다. 페루츠는 흰 가운을 걸치고 나갔다.

페루츠의 방 벽에는 알프스의 사진이 여러 장 걸려 있다. 등산차림의 그의 모습이 찍힌 것도 있다. 그는 산을 좋아하고 빙하에도 흥미를 가졌다. 헤모글로빈을 연구하는 짬짬이 빙하의 얼음의 구조를 연구한 적도 있었다.

생거와의 인터뷰가 끝난 뒤 페루츠가 돌아왔다. 이제부터는 중단되었던 그와의 인터뷰가 재개된다.

— 1951년에 폴링이 α나선을 발표했읍니다. 그때는 어떻게 생각하셨읍니까?

「나는 폴링의 다섯 편의 논문을 토요일 오전 중에 캐번디시 연구소의 도서관에서 읽었읍니다. α나선의 구조가 옳다는 걸 금방 알았읍니다. 그리고 α케라틴 (머리카락이나 손톱 등의 단백질)과 같은 것에는 1.5Å 의 반복 구조가 있을 것이라고 생각했읍니다.」

α나선에서는 축방향의 아미노산 사이의 거리가 1.5Å이 된다.

「이 사실은 아직 보고되어 있지 않았읍니다. 애스트베리(W. T. Astbury . 영국)는 수천 장의 α케라틴의 X선 사직을 찍었는데도, 이런 종류의 반사에 대해서는 아무 말도 없었읍니다. 이건 이상한 일이었읍니다. 내가 알아 챈 것은 애스트베리가 X선을 쬐는 각도가 1.5Å의 반사를 얻는 데에는 적당하지 않았다는 것과, 사용한 건판이 너무 작아서 반사가 건판 바깥으로 삐져나간 것이 아닌가 하는 점이었읍니다.」

「점심을 먹은 뒤 실험실로 가서, 말꼬리털의 X선 사진을 찍어 두 시간 뒤에 현상해 보았더니 1.5Å의 반사가 찍혀져 있었읍니다. 폴링의 α나선 모델이 옳다는 것의 증거를 얻고 매우 흥분했읍니다. 월요일 오전 중에 브래그의 사무실로 가서 그것을 얘기했읍니다. 브래그는 내게 그걸 어떻게 발견했느냐고 물었읍니다. α나선을 발견하지 못한 자신에 화가 났었기 때문이라고 대답했더니, 그는 『자네를 좀 더 일찍 화나게 했어야 했을 걸.』하고 말하던군요.」

— 헤모글로빈의 구조를 해명했을 때의 기분은 어떠했읍니까?

「그건 정말 멋졌읍니다. 그 때의 모형을 아직도 갖고 있읍니다. 나중에 보여 드리지요. 20년 이상이나 씨름한 끝에 갑자기 밝혀졌으니까요. 이건 다른 방법에는 없는 X선결정학의 특징입니다. 수천 장의 X선의 반사를 측정하지만, 각각의 반사는 모든 원자의 산란이 기여하고 있읍니다. 그러므로 모든 것이 밝혀지거나, 아무 것도 얻지 못하거나의 둘 중의 하나입니다. 푸리에(Fourier) 해석(각각의 원자의 기여를 산출하는 계산방법)이 하루하루씩 진전되자, 네 개의 사슬 모양이 비슷해지며, 그 하나하나가 미오글로빈을 닮았다는 걸 알게 됩니다. 그건 매우 완만합니다. 그땐 줄곧 사랑을 하고 있는 것과 같습니다(웃음).」

— 사랑이란 말은 참 딱 들어맞는 표현입니다.

페루츠는 X선결정학의 성질에 대해 얘기를 계속하고, 윗슨과 크릭이 DNA의 X선 회절 사진을 바탕으로 생명의 비밀을 한 순간에 밝혀냈다고 말했다. 윗슨과 크릭은 1953년 당시, 페루츠의 옆방에서 DNA의 모형을 만들고 있었다.

「X선결정학은 오랫 동안 사람들이 생각하고 있었던 문제를 갑자기 밝혀내어 버립니다. 1965년에 필립스(D. C. Phillips, 영국)가 효소로서는 처음으로 리소짐의 구조를 해석했을 때 2, 3일 사이에 촉매작용의 기능이 밝혀졌읍니다.」

— 헤모글로빈의 경우, 산소의 결합에 의해서 입체구조가 바뀐다는 것이 이해되기까지에는 시간이 걸렸었지요.

「최초의 모델로는 아무 것도 알 수 없었읍니다. 그리고부터 11년이 걸렸읍니다. 산소가 결합한 헤모글로빈과 결합해 있지 않은 헤모글로빈에서, 모든 원자까지 밝혀낸 모델을 내가 만들고나서부터 이 메카니즘이 밝혀졌읍니다. 이것도 흥분할 사건이었읍니다.」

— 모노(J. L. Monod 프랑스. 1965년 의학·생리학상)는 헤모글로빈을 「명예효소(名譽酵素)」라고 불렀었지요.

「그렇습니다. 헤모글로빈은 유일하게 그 메카니즘을 알고 있는 알로스테릭(allosteric) 단백질입니다.」

모노들은 1961년, 어떤 종류의 효소에 대해 촉매작용을 하는 활성부위(活性部位)와는 다른 곳에 조절부위가 있고, 조절부위에 특정 분자가 결합함으로써 활성부위가 변화하여, 효소의 기능이 조절되는 것을 알로스테릭효과라고 명명했다. 알로스테릭효과를 나타내는 단백질을 알로스테릭단백질이라고 한다. 헤모글로빈은 한 개의 서브 유니트에 산소가 결합하면, 다른 서브 유니트의 산소에 대한 친화성이 변화하기 때문에 알로스테릭단백질이다.

— 당신이 헤모글로빈의 알로스테릭효과 메카니즘에 대한 논문을 발표했을 때, 모노가 무척 기뻐했었지요.

「논문의 프린트를 모노에게 보냈더니 이 메카니즘이 틀림없을 것이라는 멋진 편지를 받았읍니다.」

— 모노와 헤모글로빈의 알로스테릭효과에 대해 얘기한 적이 있었읍니까 ?

「그가 이론을 만들고 있을 무렵 자주 얘기를 했었읍니다. 그렇기 때문에 모노는 헤모글로빈의 다른 두 가지 구조(산소가 결합하고 있는 상태와 결합하고 있지 않는 상태)의 일을 잘 알고 있었으며 흥미를 가지고 있었읍니다. 모노는 알로스테릭효과를 『생명의 두 번째의 비밀』이라고 말했읍니다. 모든 조절이 알로스테릭효과에 관계되고 있기 때문입니다. 첫번째의 비밀은 DNA의 구조입니다.」

— 당신은 알로스테릭효과의 메카니즘을 실제로 밝힌 셈이군요.

「모노는 그걸 예측하고 있었기 때문에 나의 발견을 매우 기뻐해 주었읍니다. 모노, 크릭, 거기에다 브래그가 나의 주장을 금방 믿어주었던 건 재미있는 일입니다. 그러나 다른 대부분의 사람은 반대를 해서 굉장한 논쟁이 되었었읍니다. 실제로 지금도 결말이 나지 않아서 나는 아직도 계속해서 싸우고 있는 걸요.」

― 크릭은 뭐라고 말했읍니까?

「옳다고 말했어요. 그 뿐입니다. 크릭이 옳다고 하면 우리는 틀림없다고 생각합니다.」

― 당신은 아직도 헤모글로빈의 연구를 계속하고 계시는데, 도대체 언제가 되어야 완성할까요?

「모릅니다. 현단계의 얘기를 한다면, 우리는 최근에 헤모글로빈이 약물(藥物)을 운반한다는 새로운 현상을 발견했읍니다. 또 이상(異狀) 헤모글로빈이 이미 400 종류나 발견되었고, 유전적 이상과 헤모글로빈의 구조관계에 대해서도 많은 연구가 진행되고 있읍니다. 미국의 공동 연구자와는 낫세포 적혈구 빈혈증의 약을 연구하고 있읍니다.」

― 당신은 참을성이 강하고 지속력을 가지셨다고 생각하는데, 자신은 어떻게 생각하십니까?

「음……. 나는 기본적으로 결과를 얻는 데는 열심입니다. 실험이 잘 되어가면 얼마나 고생을 하건, 노력과 시간이 걸리건 상관이 없는 것입니다.」

― 위대한 발견을 하고 싶다고 생각한다면, 연구자에게 무엇이 필요할까요?

「상상력입니다. 과학을 해 나가는 데는, 그 밖에도 여러 가지가 필요하지만…….」

인터뷰 후, 페루츠와 구내 식당에서 점심을 먹었다. 그는 역시 선 채로 였다. 헤모글로빈의 얘기를 하는 것이 즐거워서 못 견디겠다는 표정이었다. 아마도 그는 헤모글로빈의 연구만 할 수 있다면, 다른 것은 아무 것도 욕심이 없을 것이다. 그를 괴짜로 보는 사람도 많을 것이다. 그러나 이렇게 행복하게 보이는 사람도 좀처럼 없다.

3. 醫學生理學賞(1)

F. 크릭(1962년) ······························ 153
F. 자콥(1965년) ······························ 164
M. 니른버그(1968년) ······················· 176
A. 콘버그(1959년) ·························· 186

〈노벨 의학·생리학상 금메달의 뒷면〉

시대를 금그은 통찰

1962년 · 핵산의 분자 구조와 생체에 있어서의
정보 전달에 대한 그 의의의 발견

프란시스 크릭
Francis H. C. Crick

1916년 6월 8일 영국 Northampton에서 출생
1937년   London 대학 졸업
1949 ~ 77년 MRC 분자생물연구소
1954년 박사 학위 취득, 미국의 대학, 연구소의 객원
          교수 등 다수 역임
1977년   Salk 연구소 교수

단 한가지 발견이 방대한 내용을 갖는 새로운 분야를 개척해 나간다는 것은 과학의 세계에서도 좀처럼 흔한 일이 아니다. 윗슨(J.D.Watson)과 크릭(F. H. C. Crick)에 의한 DNA의 이중나선 모델(1953년)은 그 전형적인 예로서, 과학의 역사 속에서 찬연하게 길이 빛날 것이다.

영국 케임브리지 대학의 캐번디시 연구소. 윗슨과 크릭의 바로 옆방에 있었던 페루츠(M. F. Perutz)는 이렇게 말했다.

「잊을 수 없는 건, 월요일에 윗슨과 크릭의 방에 들어갔을 때였읍니다. DNA의 이중나선 모형이 있었어요. 나는 그 모형을 본 순간, 그것이 옳다는 걸 금방 알았읍니다. 입체화학으로부터의 요구를 잘 만족시키고 있는 동시에, 유전정보의 복제 메카니즘도 설명하고 있었읍니다. 생명의 비밀이 한 순간에 밝혀진 것입니다. 전혀 믿을 수 없는 일이었읍니다.」

이 모형은 인산과 당(데옥시리보스)이 연결된 두 개의 끈이 나선을 형성하고, 각각의 당에 붙어있는 염기(아데닌 = A, 티민 = T, 구아닌 = G, 시토신 = C)가 A–T, G–C의 쌍을 만들고 있다. 염기쌍은 당과 인산의 골격인 나선 안쪽에 계단처럼 되어 있다. 나선의 지름은 20 Å. 염기쌍의 계단간격은 3.4 Å 이고, 염기쌍은 36 도씩 회전하여 10 염기쌍에서 꼭 1 회전한다. 즉 나선의 1 피치(pitch)는 34 Å 이다. 윗슨과 크릭은 당과 인산의 골격은 철사로, 염기는 양철판으로 만들어진 모형을 조립해 놓고 있었다. 사진으로 보면, 모형을 지탱하고 있는 금속막대와 부착용 쇠붙이가 눈에 거슬린다.

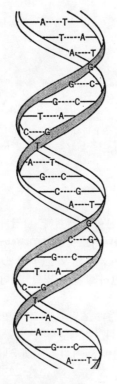

윗슨과 크릭이 해명한 DNA의 이중
나선 구조

페루츠가 모형을 본 것은 1953년 3월 9일이었다. DNA의 이중나선 구조에 대한 윗슨과 크릭의 최초의 논문은 4월 2일에 발송되어, 『네이처(Nature)』지의 4월 25일 호에 실렸다. 「우리는 데옥시리보핵산(DNA)의 염의 구조를 제안하고자 한다. 이 구조는 생물학적으로 매우 흥미 있는 새로운 특징을 가지고 있다.」로 시작하여 결론으로서 「여기서 가정한 특이적인 염기쌍은, 유전물질이 복제되는 메카니즘을 시사한다는 사실을 우리는 곧 알아차리지 않을 수 없었다.」라고 말하고 있다.

윗슨과 크릭의 모형은 DNA의 구조를 알아 맞혔다. 동시에 A－T, G－C의 특이적인 염기쌍은 유전물질의 복제 메카니즘을 시사하고, 유전정보가 염기의 배열방법으로서 존재한다는 것도 쉽사리 유추하게 하는 것이었다. 윗슨과 크릭에 의한 단 1페이지의 내용이 담긴 이 짧막한 논문에 의해 분자생물학의 레일이 깔려졌다고 말해도 된다.

DNA를 처음으로 생물에서 추출한 것은 스위스인 미셔(J. F. Miesher)로, 1870년경의 일이다. DNA의 화학적 조성도 금세기의 이른 시기부터 알려져 있었다. 그러나 생물학적으로는 그리 중요시되지 않고 있었다. 1930년대에는 「4련(連) 누클레오티드 가설」이 힘을 가졌었고, DNA는 네 종류의 누클레오티드가 반복되어 있는 단순한 구조라고 생각되고 있었다. 생명의 신비를 관장하는 것은 단백질이며, DNA쪽은 오히려 하찮은 물질로 간주되고 있었다.

그런데, 1944년에 미국 록펠러 연구소의 에이브리(O. T. Avery)가 폐렴 쌍구균에서의 「형질전환(形質轉換)」의 실험을 발표했다. 이 실험에서는 병원성(病原性)이 없는 R형 폐렴 쌍구균에, 병원성이 있는 S형의 균에서 추출한 DNA를 가하면, R형의 균이 S형의 균으로 바뀌어 병원성을 갖게 된다. S형으로 바뀐 균은 몇 세대를 배양해도 변화하지 않았다. 에이브리는 명확하게 단언하지는 않았지만, 그의 실험 결과는 DNA가 폐렴 쌍구균의 유전적인 성질을 바꾸는 물질, 즉 바로 유전물질 자체라는 것을 시사하고 있었다.

오스트리아 출신으로 미국의 컬럼비아 대학에서 연구를 하고 있던 샤르가프(E. Chargaff)는 여러 가지 생물의 DNA의 염기조성을 조사하여, 생물의 종에 따라서 염기의 조성이 다르다는 것을 발견했다. 이 사실은 4련 누클레오티드 가설이 예상 착오였다는 것을 의미했다. 또 샤르가프는 DNA의 염기 조성에 어떤 규칙성이 있는 것을 발견했다. 그것은 분자의 수의 비(mol 비)로 비교하면 푸린염기(A와 G)와 피리미딘염기(T와 C)가 같고, 또 A와 T, G와 C가 각각 같다는 것이었다. 샤르가프의 염기조성에 관한 규칙이 논문으로 된 것은 1950년의 일인데, 그때는 샤르가프의 규칙이 무엇을 의미하는 것인지 분명하지 않았다.

윗슨은 시카고 대학을 졸업한 뒤 인디아나 대학의 대학원에서 수학했다. 거기서 박테리오파지를 연구하고 있던 루리아(S. E. Luria)에게 사사(師事)했다. 루리아는 델브뤽(M. Delbruck)과 함께 당시의 「파지 그룹」의 중심적인 존재였다. 윗슨은 박테리오파지의 유전학을 연구하여 파지 그룹의 일원으로 자랐다. 박사 학위를 취득한 뒤 윗슨은 유럽으로 건너가 연구했다. 유전물질의 정체가 DNA라는 것을 감지했고, 런던 대학의 윌킨스(M. H. F. Wilkins) 로부터 DNA섬유의 X선 회절사진을 보고서는 강한 인상을 받았다. 케임브리지에 온 것은, 표면상으로는 켄드루(J. C. Kendrew) 아래서 단백질의 구조를 연구한다는 명목이었다. 월반으로 진급해 온 윗슨은 이때 겨우 스물 세 살의 청년이었다.

한편, 크릭은 런던 대학에서 물리학을 배웠으나, 박사 과정을 마칠 무렵 전쟁이 격화하여 해군에 들어갔다. 전후에 케임브리지의 캐번디시 연구소에 왔을 때는 설흔 두 살로 아직 박사 학위는 없었다. 크릭은 파동역학(波動力學)으로 유명한 오스트리아의 이론물리학자 슈뢰딩어 (E. Schrödinger)의 『생명이란 무엇인가?』를 읽고, 생물과 무생물의 경계 문제에 흥미를 가졌다. 크릭은 캐번디시 연구소에 와서, 단백질의 X선결정학(結晶學)에 대한 논문을 대충 읽고 나서는 금방 비판을 시작했는데 그 비판은 정곡을 찌른 것이었다. 크릭은 선배들의 연구에도 사정없이 비판을 가하고 있었다. 윗슨과의 만남은 1951년, 그가 설흔 다섯 살 때였다.

켄드루는 두 사람에게 대해서 이렇게 말했다.

「윗슨은 내 집에 살고 있었기 때문에 날마다 서로 얘기를 나누고 있었어요. 그는 케임브리지에 왔을 때 이미 DNA에 흥미를 갖고 있었읍니다. 그걸 금방 알았기 때문에 나는 그에게 하고 싶은 일을 하게 했읍니다. 그는 그다지 참을성이 강하지 않기 때문에, 우리와 같은 방향으로 나가지 않았던 건 정말 잘한 옳은 일이었어요.」

「크릭은 생화학의 실험을 하면, 물건을 떨어뜨리거나 부수거나 하여 구제할 길이 없었어요. 윗슨은 실험이 능란했지만……. 그러나 크릭은 내가 만난 사람들 중에서 가장 지적이며 재기가 넘치는 사람입니다. 매우 훌륭한 수학자이며 이론가입니다. 사람은 제각기 모두 다르니까 자기에게 맞는 곳에서 일을 하면 되는 것입니다.」

두 사람이 한 일은 그때까지 DNA에 대해 알고 있던 데이터를 사용하여 입체구조의 모형을 만드는 일이었다. X선 회절사진은 가장 중요한 데이터였다. 윌킨스 밑에 있던 프랭클린(R. Franklin)은 매우 선명한 X선회절 사진을 찍고 있었다. 그녀 자신도 DNA의 구조를 해명하려 하고 있었으나 해답을 얻지 못하고 있었다. 윗슨은 프랭클린이 찍은 X선회절 사진을 볼 기회가 있었고, 그것은 윗슨과 크릭에게 중요한 정보를 가져다 주었다.

윗슨과 크릭이 DNA의 모형과 씨름하고 있을 때, α 나선으로 멋진 승리를 거둔 폴링(L. C. Pauling)도 DNA와 대결하고 있었다. 두 사람은 늘 이 캘리포니아의 거인, 폴링에게서 무언의 압력을 통감하고 있었다. 1953년 2월, 폴링은 삼중나선의 모형을 발표했는데, 이 논문의 원고 사본을 보고 있던 크릭은, 폴링의 모형에 몇 가지 난점이 있다는 것을 알아차리고 있었다. α 나선에서는 폴링에게 완패를 당한 캐번디시 연구소였지만 DNA의 구조에서는 완전한 승리를 거두었다.

윗슨, 크릭, 윌킨스의 세 사람은 1962년, 노벨 의학·생리학상을 수상했다. 프랭클린은 그때 이미 세상을 하직하고 없었다.

이중나선을 둘러 싸고는 갖가지 인간의 양상이 묘사된다. 윗슨 자신의 저서인 『이중나선』(역자주;한국어 번역판으로는 하 두봉 역의 『이중나선』 전파과학사·현대과학신서 No. 8이 있다)은 그의 관점으로서 본 발견의 드라마이지만 매우 개성적인 책이다. 인물평이 사정없이 피력되고 있다. 이 것에 대해서는 크릭 조차도 항의를 했을 정도이다. 프랭클린의 입장에서 이중나선의 발견을 설명한 책도 나와 있다〔안 세이어(A. Sayer)『로잘린드 프랭클린과 DNA—도둑맞은 영광 』〕. 발견의 과정에 대해 이토록 여러 가지 일이 씌어진 예도 드물다.

크릭은 이중나선의 발견으로부터 분자생물학의 이론적 연구를 계속했다. 광범한 분야의 문헌을 잘 읽고 있는 점에서는 크릭을 따라 갈만한 사람이 없다고들 말할 정도이다. 그 넓은 지식으로부터 일반적인 「이론」을 수립한다. 생물학에서는 드물게 보는 연구 스타일이다.

유전정보는 DNA→RNA→단백질로 한 방향으로 흘러 간다고 하는 그의 중심명제(Central dogma)는, 그 생물학을 비끌어 매어 버렸다고 해도 될만 하다. 크릭은 늘 분자생물학의 중심에 있었다.

그 후 미국으로 건너간 크릭은 오글(L. E. Orgel)들과 생명의 기원에 대해 연구하고, 현재는 캘리포니아주 샌디에이고의 솔크 연구소에 있다. 인터뷰는 그의 의향에 따라 전화로써 하기로 했다. 이건 좀 유감스러운 일이었다.

얘기로는 듣고 있었지만 그의 목소리는 높고 날카로운데다 빠른 어조이다. 전화라서 더욱 그렇게 느껴지는지도 모른다.

— 염기쌍의 아이디어는 언제 생겼읍니까?

「염기가 쌍을 만들지도 모른다는 생각을 하고 있었지만, 어떻게 쌍을 만드는지는 몰랐읍니다. 수소결합이 늘 같은 위치에 온다는 것을 알고서, 웟슨이 염기쌍의 모형을 만들고나서야 아이디어가 진실이라고 생각되었읍니다. 그러므로 우리는 염기쌍이 정말로 옳다고 알기까지는, 그것이 의미하는 바에 대해서는 너무 생각하지 않기로 하고 있었어요. 물론 염기쌍의 아이디어는 DNA가 어떻게 하여 복제되는지를 말해 주고는 있지만, DNA가 어떻게 해서 단백질을 만드는가에 대해서는 아무것도 말하지 않습니다. 이건 실제로 두번째에 착상한 일입니다. 염기쌍의 아이디어가 생기게 되면 복제는 어떻게든지 되는 것입니다.」

— 복제 메카니즘에 대한 생각은 모형을 만든 뒤에 명확해졌군요.

「한층 더 확실해졌다는 것이지요. 우리는 G와 C, A와 T의 양이 같은 것에서부터 염기가 쌍을 만들지도 모른다고 생각했읍니다. 그것은 어떻게 해서 DNA가 복제를 하는가를 시사하고 있었읍니다. 발견하기까지는 단순한 아이디어였지만, 모형을 만들고 난 후 아이디어는 보다 튼튼해진 것입니다.」

— 당과 인산의 사슬에 대해서는 어떻게 생각하셨읍니까?

「우리는 구조가 나선이라는 걸 예상하고 있었읍니다. 두 개나 세 개의 사슬이 나선을 형성하고 있을 것이라고 말입니다. 염기쌍이라는 점에서 두 개가 옳을 것 같았읍니다. 또 하나 중요한 일은, 사슬이 서로 반대 방향으로 달려가고 있다는 것을 알아차린 것입니다. 한 개는 상향, 한 개는 하향으로 말입니다. 만약 사슬이 같은 방향으로 달려가고 있다고 한다면 모형은 다른 종류의 것으로 됩니다.」

— 두 개의 사슬이 반대로 달려가고 있다는 생각에는 어떻게 하여 도달하셨지요?

「프랭클린으로부터입니다. 그녀가 연구하고 있었던 DNA섬유의 X선회절 사진에서, 어떤 배열과 대칭이 있는 것은, 한 개의 사슬이 상향이고, 한 개의 사슬이 하향이라는 것을 가리키는 것이라고 나는 우연히 알았읍니다.」

약간 쑵쓰레한 듯한 웃음소리를 전화통에 흘려보내며 크릭이 계속했다.

「프랭클린은 실험 데이터를 가지고 있었는데도 그걸 발견하지 못했던 건 좀 아이러니컬합니다. 사슬이 반대로 달려 가고 있다는 것을 알면, 염기가 올바른 형태로 맞아 들어가고 어떤 종류의 나선이 만들어지며, 그렇게 되면 저절로 모형이 완성되어 가는 것입니다.」

프랭클린은 DNA의 X선회절 사진에 결정의 A형과, 젖은 섬유의 B형의 두 종류가 있는 것을 발견했다. 그녀는 처음에는 나선구조를 생

각하고 있었으나 나선에 대해서는 부정적으로 된다. 그리고, A형의 X
선회절 사진으로부터 직접적으로 구조를 밝혀내는 힘든 일을 시작했지
만 완성하지 못하고 있었다. 한편, 그녀가 찍은 B형의 선명한 사진에
는 나선을 시사하는 특징이 뚜렷이 나타나 있었다. 윌킨스로부터 이 사
진을 보게 된 윗슨은 나선을 시사하는 특징을 금방 알아차렸다. 또 크
릭은 프랭클린이 MRC에 제출한 보고 속의 데이터를 보고, 두 개의 사
슬이 반대 방향으로 달려가고 있다는 것을 직감했던 것이다. 프랭클
린은 B형이 나선일 것이라고 생각을 고쳐먹고 있었으나, 윗슨과 크릭
의 모형이 완성될 때까지 그녀는 결론을 얻지 못했었다.

— 당신은 되도록 적은 데이터를 사용하여 이론을 만들어야 한다고 쓰
고 계십니다. 그렇다면 가장 중요한 정보를 끌어내는 통찰력이 문제입
니다. 그 기준은 무엇입니까?

「일정한 규칙을 부여한다는 것은 매우 어렵습니다. 말할 수 있는 건
실험적인 증거로부터 좋은 것을 골라내도록 노력하는 일입니다. 실험적
인 사실의 하나 또는 그 이상은 틀렸을지도 모른다는 것을 인식해야 합
니다. 그러나, 진실을 알지 못하고 있을 경우는 늘 신중해야만 합니다.
그렇기 때문에 가능한 한, 확고한 사실을 선택하지 않으면 안됩니다. 이
중에서 몇 가지는 오류라는 걸 알게 됩니다. 올바른 사실을 모으면 모
델을 만드는 것이 한결 수월해집니다.」

— 서로 다른 데이터의 세트로부터 몇 개의 모델을 만드는 것입니까?

「우리가 1년 전에 만든 모델은 완전히 틀린 것이었어요. 구조 속의
물의 양에 대한 생각이 옳지 않았던 것입니다. 또 염기의 이성질체(異
性質體)에 대해서도 틀렸었고요. 그러나, 아이디어에 반하는 사소한 일
에는 신경을 쓸 필요가 없습니다. 그건 실험의 오류라고 판명될지 모릅
니다. 어떻게 하느냐는 건 어려운 일이며 정해진 규칙은 없습니다.」

1952년의 모델이란 것은, 당과 인산의 골격이 안쪽에 있고, 염기는
바깥쪽에 있는 나선형이었다. 그렇더라도 데이터의 취사 선택의   일반
원칙은 크릭 조차도 규정할 수가 없는 모양이었다.

— 이론에 맞지 않는 데이터를 버린다는 사고방식에 반발하는 과학자
도 있습니다마는…….

「그런 사람도 확실히 있습니다. 이론쪽도 반복실험으로 시험되어 오
류라고 아는 일도 있습니다. 그러나, 이론을 모든 실험사실에 다 맞추려
해서는 안됩니다. 실험 중의 몇 가지는 틀림없는 오류일 테니까 말입니
다.」

— 이중나선의 구조를 만들었을 때 본질적이었던 데이터란 무엇입니까?

「당시는 당, 인산, 염기에 대해, 결합해 있는 원자의 각도나 거리도 포함시킨 화학적인 데이터를 알고 있었읍니다. 또 하나는, DNA섬유의 X선 해석 데이터입니다. 최초는 염기조성의 규칙을 쓰지 않았읍니다. 그건 근거가 충분하다고는 생각되지 않았고 오도를 가져오게 될지도 모른다고 생각했기 때문입니다. 모형을 만들어 보았더니 G—C, A—T 사이에서 수소결합이 만들어져서, 그것들을 만족할 수 있었던 것입니다.」

염기의 비의 규칙을 발견하고 있었던 샤르가프도 DNA 구조의 해답에는 도달하지 못했다. 샤르가프는 1952년 5월에 윗슨과 크릭을 처음 만났을 때의 인상을 그의 저서 『헤라크레이토스의 불』에 적고 있다. 「지극히 강한 야심과 공격성에다가, 정밀과학 중에서도 가장 리얼한 것인 화학에 대한 거의 완전한 무지(無知)와 모멸(侮蔑)이 동거하고 있었다. 거기서 볼 수 있는 화학 멸시는, 나중에 『분자생물학』이라는 것의 발전에, 이치에도 닿지 않는 영향을 주게 된 것이었다.」라는 기술에서, 유럽의 전통적인 과학 속에서 자라온 샤르가프의 눈에, 윗슨과 크릭의 연구 스타일이 어떻게 비쳐지고 있었는지가 잘 나타나 있다.

DNA의 이중나선 모델은 윗슨과 크릭의 상이한 배경이 하나로 뭉쳐진 소산이기도 하다. 윗슨은 유전물질로서 DNA에 요구되는 기능이 무엇인가를 잘 알고 있었고, 크릭은 X선회절의 데이터로부터 어떤 구조를 추정해야 할 것인가를 잘 알고 있었다. 두 사람은 차츰 서로의 배경을 공유하게 되어 가고 있었다. 공동연구에서는 때로 1+1이 3 이상의 결과를 낳는 수가 있다.

크릭은 윗슨과의 공동연구 후, 브레너(S. Brenner)와 DNA로부터 단백질로의 정보의 흐름 등에 대해 연구했다.

— 당신은 윗슨과 브레너와 공동으로 위대한 일을 하셨는데, 공동연구는 당신에게는 불가결한 일입니까?

「매우 어렵고 복잡한 일을 생각할 때, 누군가 아이디어를 설명할 상대가 필요합니다. 공통적인 기반이 있고, 다른 아이디어를 가진 사람말입니다. 그렇게 하면 사고의 잘못을 발견하는 것이 수월해집니다. 그렇기 때문에 나는 아이디어를 얘기할 상대가 있는 편이 낫습니다. 혼자서 많은 가정을 겹쳐 나가면 틀리기 쉬운 것입니다. 그러나, 아이디어를 얻기 위해서 사람과 얘기한다는 건 본질적이 아닙니다. 아이디어는 흔히 침대에 누워 있을 때라든가 혼자 있을 때에 착상하게 됩니다.」

— 윗슨과 브레너와의 공동연구에서는 무엇이 서로를 보완하는 것이었을까요?

「가장 큰 차이는, 브레너는 나보다도 많은 실험을 하고 있었다는 점일 것입니다. 나도 실험은 하고 있었지만, 대개는 하루 한 시간쯤 얘기를 나누고, 그 밖의 시간은 그는 실험을 하고 나는 논문 등을 읽고 있었읍니다. 윗슨과의 차이는, 나는 물리학자였기에 X선회절에 대해서 잘 알고 있었읍니다. 그는 생화학을 잘 알고 있었읍니다. 이건 그러나 작은 차이입니다.」

— 윗슨과는 함께 이론을 만들었다는 것입니까?

「우리는 모형을 만들었읍니다. 복잡한 분자의 구조를 추정하여 데이터와 대조할 수 있는 것이 X선회절의 특징입니다. 그러므로 좋은 모형은 금방 X선의 데이터를 설명해 줍니다. 이것이 실험과학자들이 도달할 수 없었던 점입니다. 그들은 느릿하게 전진할 수밖에 없었읍니다.」

— 캐번디시 연구소는 생물학의 이론적인 연구를 하는 데는 좋은 환경이었읍니까?

「네, 좋았던 것에는 두 가지 이유가 있다고 생각합니다. 케임브리지에 있다는 점에서, 많은 훌륭한 사람들이 있었고 모험적인 일도 가능했읍니다. 중요한 일은 MRC로부터 자금이 제공된 일이라고 생각합니다. 캐번디시 연구소는 장소를 제공해 주었읍니다. 10년간 결과가 얻어지지 않더라도 원조를 해 줄 사람들이 있었읍니다. 6개월에 한번 논문을 발표해야 한다는 걱정을 하지 않아도 되었읍니다.」

— 브래그(W. L. Bragg)경에 대해서는 어떻게 생각하고 계셨지요?

「그는 우리보다 훨씬 연장자였읍니다. 하기는 지금의 나보다는 젊었었지만(웃음). 그는 노벨상도 수상한데다 연장자이었기 때문에 매우 위대한 사람이라고 생각하고 있었읍니다. 그가 훌륭했던 건 우리를 격려해 준 일이었읍니다. 또 실제로 연구를 하고 있었기 때문에, 그가 어떻게 문제와 대결하는가를 보고 있으면 그 방법을 배울 수가 있었지요. 문제를 단순화하여 해결해 나가는 방법은 모든 초보자가 배워야 할 일이었읍니다.」

— 페루츠로부터는 어떤 영향을 받으셨읍니까?

「그는 사물을 널리 보고 작은 일에 구애받지 않습니다. 역시 문제를 **단순화하여** 실험 속에는 **틀리는 것도 있다는 것을** 찾아냅니다.」

— 이중나선을 발견했을 때, 분자생물학이 이만큼이나 급속하게 훌륭한 분야로 발전하리라는 것을 예측하고 계셨읍니까?

「유전암호가 발견된 1966년에는, 나는 예상 외로 일찌감치 알게 된 것에 매우 놀랐읍니다. 20년쯤은 걸릴 것이라고 생각하고 있었거든요. 우리는 DNA의 복제 메카니즘과 유전암호의 발견은 미리 예측하고 있었읍니다. 그런 것들 중에는 예상보다 늦은 것도 있고 빨랐던 것도 있읍니다. 최근에 일어난 일, DNA의 염기배열의 해독이나 재조합DNA와 같은 것은 모두 예측하지 못했던 일입니다.」

— 당신은 분자생물학의 기본적 이론은 이미 완성되었다고 생각하십니까?

「아니오. 박테리아와 같은 단순한 생물에 대해 중요한 점은 대충은 알고 있지만, 세세한 점에서는 모르는 일이 많습니다. 이를테면, 메신저 RNA (m— RNA)가 어떻게 하여 리보솜까지 이동해 가는가, 리보솜의 메카니즘이라든가 말입니다. 또 모르고 있는 일로서 중요한 건 고등생물에서의 유전자의 제어입니다.」

— 고등생물의 분자생물학에서 이중나선과 같은 근본적인 것이 가까운 장래에 등장하리라고 생각하십니까?

「그와 같은 일이 일어나리라고는 생각하지 않습니다. 그것에 가까운 것은 인트론(intron : 개재배열)의 발견일 것입니다. 실험의 테크닉이 발전했는데다 많은 정보가 얻어지게 되었읍니다. 그러므로 실험적인 연구가 중심으로 되어 진보하고, 이론적인 연구가 있더라도 이중나선과 같은 일은 일어나기 힘들 것으로 생각합니다. 이중나선은 '과학의 괴물'입니다. 하나의 모델이 매우 많은 것을 시사했읍니다. 전적으로 비정상적인 일입니다. α 나선은 매우 흥미로운 모델이지만 단백질이 어떻게 작용하는가에 대해서는 많은 것을 시사하지 않습니다. 우리는 운이 좋았읍니다. 그건 DNA가 간결한 것이었기 때문이며, 생명의 기원도 간결하게 생각해 나가야만 합니다.」

— 최근의 저서 『생명 — 이 우주인 것』에서는 최초의 생명은 우주로부터 보내어진 것이라는 주장을 전개하고 계시는데, 이건 어떤 생각에 바탕을 둔 것입니까?

「이같은 책으로 쓴 것은 일반 사람들의 흥미를 끌기 위한 것입니다. 실제로 생명이 우주에서 왔는지 어떤지는 나도 모릅니다(웃음). 틀림없이 지구에서 시작될 수 있었을 것이라고 생각합니다. 그러므로 다른 설을 제시하면 독자는 문제의 곤란성을 알게 될 것이라고 생각한 것이지요. 과학자가 아닌 사람에게 생명의 기원에 관심을 가져주기를 바란 것입니다.」

— 현재 흥미를 갖고 계시는 건 어떤 일입니까?

「지금은 뇌를 연구하고 있습니다. 전부터 뇌에는 흥미를 가지고 있었기 때문에, 7년 전에 캘리포니아로 와서 공부를 시작하여, 뇌의 실험적인 연구를 하고 있는 사람들과 얘기를 했습니다. 시각(視覺)의 메카니즘에도 흥미가 있습니다. 색깔이나 깊이, 움직이는 것을 어떻게 보고 있느냐는 등의 일입니다.」

— 역시 이론이군요.

「그렇습니다. 여러 가지 이론으로부터 전체적인 이론을 만들려 하고 있습니다. 우리는 빠른 눈의 움직임에 대한 하나의 이론을 제출했읍니다. 또 짧은 시간 동안에 사물을 주시하는 메카니즘에 대한 논문을 썼는데 아직 발표되지는 않았어요. 분자생물학이나 생명의 기원에 대해서는 좀 거리를 두고 관찰하고 있는 형편입니다. 신경생물학에서는 실험적인 정보가 많이 나와 있읍니다. 이것을 읽고 소화한다는 것은 큰 일입니다.」

— 신경생물학에서는 앞으로 어떤 발전이 예상됩니까?

「신경생물학은 분자생물학에 비하면 매우 뒤진 분야입니다. 앞으로 해야 할 일이 많습니다. 분자생물학적인 방법은 신경생물학에서도 중요하지만 그것만이 아닙니다. 본래 나는 물리학자이기 때문에, 생물에서도 정보가 어떻게 전달되고 있는가에 흥미를 가져 왔읍니다. 그렇기 때문에, 분자생물학에 구애될 필요는 없다고 생각하고 있읍니다. 심리학이나 신경생리학도 공부하고 있읍니다.」

20세기 후반의 생물학에서 늘 선두에 서 온 크릭은, 신경생물학에서도 혁명을 가져 올 수 있을 것인지? 그것은 현재의 시점에서는 뭐라고 말할 수가 없다. 그건 그렇다고 하더라도, 또 한 쪽의 윗슨이 때마침 영국에 체재 중이어서 연락을 받지 못한 것이 매우 유감이었다.

직관을 뒷받침하는 논리

1965년 · 효소와 바이러스 합성의 유전적 제어의 연구

프랑소와 자콥
François Jacob

1920년　6월 17일 프랑스의 Nancy에서 출생
1938년　Paris대학 입학. 전쟁으로 학업을 중단 후
1947년　Paris대학에서 의학박사 학위 취득
1950년　Pasteur연구소 연구원
1954년　이학박사 학위 취득
1956년　연구실장
1960년　미생물 유전학 부장
1965년　College de France 교수
1977년　과학 아카데미 회원
1982년　Pasteur연구소 소장

　　파리에서 묵었던 호텔은 트윌리공원 곁이었다. 콘코르드 광장과 루브르 미술관이 바로 가까이에 있었다. 바깥으로 나가면 번화한 거리에 관광객의 모습이 눈에 두드러진다. 트윌리 역에서 지하철을 탔다. 입구의 문을 여는 데에 손잡이를 움직여야 하는 것과, 입구 가까이에 있는 뒤집어서 앉게 된 보조의자가 특징적이다. 두 번을 갈아타고 파스퇴르 역에서 내렸다. 몽파르나스에 가까운 파리 시내이다.

　　이 근처에서도 유리창문이 거리로 삐쩌 나온 카페가 금방 눈에 들어온다. 점심시간이 끝날 무렵이라 그런지 꽤나 흥청대고 있었다. 하늘에는 낮으막히 구름이 깔리고 비가 내리고 있었다. 센 비는 아니나 우산이 필요했다. 지하철 출구 바로 가까이에 파스퇴르 연구소의 방향을 가리키는 안내판이 있었다. 2～3분을 걸어가자 철책너머로 차분한 갈색 석조의 이층 또는 삼층 건물이 보이기 시작했다. 맨 윗층은 검은 지붕에 창틀이 달린 지붕밑 골방같은 구조로 보였다. 도로를 사이에 끼고 비슷한 모양의 건물이 여러 개 있고, 그 중에는 꽤 높은 근대적인 빌딩도 섞여 있었다. 거기가 파스퇴르 연구소였다.

　　미생물학의 아버지라고도 할 파스퇴르(L. Pasteur)는 1822년에 태

어났다. 19세기 중엽까지 생명은 여러 곳에서 저절로 발생한다는 자연발생설(自然發生說)이 유력했었는데, 그는 멸균기술(滅菌技術)을 발전시켜 자연발생설을 부정했다. 발효(發酵)와 면역(免疫)의 연구로 큰 업적을 올린 파스퇴르는 1888년에 연구소를 창설했다. 이 연구소는 정부나 대학과는 독립된 재단 조직이다. 기초연구의 터전인 동시에, 여러 가지 질병의 왁찐으로부터 요구르트를 만들기 위한 균까지 생산하는 공장으로서의 역할도 담당하여 수익을 올려 왔다. 대학 등으로부터 많은 연구자가 모여들고 그 수준이 매우 높다고 한다. 프랑스의 세균학의 중심이다.

르보프(A. M. Lwoff)는 제2차 세계대전 전부터 이 연구소에서 미생물을 연구하고 있었다. 1945년 가을에 모노(J. L. Monod)가 들어왔다. 그는 제2차대전 중 나치스에 대한 레지스탕스 운동에 가담하고 있었다. 그리고 1950년에 자콥(F. Jacob)이 르보프의 연구실로 들어왔다.

르보프가 1949년에 시작한 연구는 파지(phage : 세균에 붙는 바이러스)의 용원성(溶原性)에 관한 문제였다. 어떤 종류의 파지는, 특정한 균에 감염시키면 어디론가 자취를 감춰 버리고 균은 증식을 계속하지만, 일정한 시간이 경과하지 않으면 파지가 검출되지 않는다. 이것을 파지의 용원성이라고 부른다.

그때까지 파지가 균 속에서 증식하여, 균이 파괴되어 많은 파지가 나오는 현상은 잘 알려져 있었다. 그러나 용원성은 당시로는 기묘한 현상이어서, 용원성을 숫제 믿지 않는 연구자가 있는가 하면, 용원성의 설명으로도 여러 가지 설이 있었다. 르보프는 용원성 파지의 유전자가, 숙주인 균의 유전자 속에 흡수되어 있는 것이라는 아이디어를 내어놓고 그것을 증명했다.

한편, 모노는 대장균으로 효소의 유도라는 현상을 연구했다. 젖당(乳糖)은 갈락토스와 포도당이 베타-갈락토시드 결합이라는 것에 의해 결합되어 있다. β-갈락토시다제라는 효소는 이와 같은 형태의 당을 분해하는 작용을 한다. 균의 배지(培地)에 젖당이나 그것과 비슷한 구조를 가진 물질을 주면, 균이 β-갈락토시다제를 만들기 시작한다는 것을 알았다. 이것이 효소의 유도현상(誘導現象)이다. 또 물질에 따라서는 이 효소의 생산이 방해된다는 사실도 밝혀졌다.

자콥은 이들 두 현상을 결부하는 아이디어를 내놓았다. 용원성 파지는 숙주인 균의 유전자에 짜넣어져 그 발현이 억제되어 있다. 젖당의 대사계(代謝系)에서 β—갈락토시다제가 유도되는 것도, 유전자의 발현이 억제되고 있는 것과 관계되는 것이 아닐까 하는 아이디어이다.

모노와의 정력적인 연구로, 유전자의 발현을 억제하는 것이 「리프레서」(repressor)라고 하는 착상이 생겼고, 그 리프레서는 몇 개의 유전자가 뭉뚱그려진 단위 「오페론(operon)」을 조절한다는 「오페론설」이 태어났다. 오페론설이 정리되는 과정에서, 단백질 합성 때에 생기는 불안정한 RNA는, DNA로부터의 정보를 전달하는 RNA, 즉 메신저 RNA (전령 RNA=mRNA) 라는 생각이 태어나 그것이 실증되었다.

mRNA의 아이디어의 탄생에는 1960년 4월, 케임브리지 대학의 브레너(S. Brenner)의 방에서 있은 자콥, 브레너, 크릭(F. H. C. Crick) 들의 회합이 극적인 역할을 했다.

자콥과 모노들에 의한 파지, 효소의 유전적 조절의 연구와 크릭, 브레너의 유전정보의 흐름(central dogma)의 연구라는 두 개의 흐름이 하나로 되어서 비약이 생겼다. 과학에 있어서의 집단적 발상으로서 역사에 남을 만한 일이다.

자콥, 모노, 르보프의 세 사람은 효소와 바이러스 합성의 유전적 제어의 연구로 1965년에 의학·생리학상을 수상했다. 프랑스에는 1935년에 퀴리(J. Curie)부부의 화학상 수상 이래, 자연과학 분야에서는 30년만의 수상이라 하여 온 국민을 기쁨에 들끓게 했다.

자콥은 파스퇴르 연구소의 소장으로 있다. 정문을 들어가서 오른편, 고색창연한 건물 속에 섞여 있는 8층 건물의 새 빌딩이 보였다. 「J. 모노관」이라는 간판이 있다. 엘리베이터로 올라가 자콥의 방으로 가자 그는 실험용 가운을 걸친 모습으로 나타났다. 가슴에 파스퇴르 연구소의 이니셜인 「PI」라는 빨간 글씨의 작은 수가 놓여 있다. 큰 키에 딱 벌어진 체격, 선이 뚜렷한 얼굴 모습이다. 비서가 있는 방을 통과하여 그의 사무실로 맞아 들인다. 우천인 탓인지 방안이 꽤 어두컴컴하다. 「죄송하지만 제가 프랑스어를 못해서……」하며 영어로 말하자, 그는 「나도 일본말을 못하는 걸요.」하며 응했다. 낮은 목소리로 말하는 영어에는 약간 프랑스어식 사투리를 느끼게 하지만, 그는 영어를 매우 유창하게 자유자재로 구사하는 듯이 여겨졌다.

인터뷰를 시작하기 전에, 모노와의 공동연구 등에 대해서 얘기를 듣고 싶다고 말하자, 그는 그것을 쓴 에세이가 있다면서 비서에게 카피를 가져오라고 일렀다. 「그게 피차간에 효율적일 테니까요……」하고 그는 말했다.

　— 어렸을 적에는 외과 의사가 되고 싶어 하셨다던데요……．

　「복잡한 애기지만, 나는 외과 의사는 사람들을 돕기도 하고, 투쟁하는 스포츠와도 같은 일이므로 멋진 직업이라고 생각했읍니다. 전쟁에서 프랑스가 붕괴됐을 때, 나는 프랑스를 떠나 영국에서 드골(C. de Gaull)의 군대에 참가했읍니다. 4～5년간 싸우다가 큰 부상을 입어 이젠 외과 의사가 될 수 없게 되어버렸지요.」

　— 폭탄의 파편이 아직도 몸 속에 박혀 있다던데요.

　「네, 그렇습니다. 지금은 별다른 일이 없지만 신체의 여기저기에 부상을 입었읍니다.」

　비서가 자콥이 지시한 에세이의 카피를 가져 왔다.

　「이건 모노가 죽은 2년 뒤에 출판된, 모노를 추도하는 책에 썼던 것입니다. 우리가 5년 이상을 함께 연구했을 때의 일을 썼읍니다. 이걸 보시면 많은 일을 알게 될 것입니다.」

　— 외과 의사를 단념하고 생화학을 공부하게 되셨읍니까?

　「아닙니다. 그렇게 단순하질 않습니다. 전쟁의 부상으로 오랫 동안 입원생활을 하고, 보통 생활로 돌아오는 데는 오랜 시간이 필요했어요. 공장에서 일도 했고, 신문기자도 했고, 영화배우가 되어 보기도 하고 여러 가지 일을 했읍니다. 마지막에 아무 것도 할 수 없게 되어 과학을 하게 된 겁니다.」

　— 출연하신 영화가 있읍니까?

　「네, 있읍니다. 대단한 건 아니지만……． 결국 연구를 하게 되었는데 그때는 벌써 설흔 살이었어요. 생물학을 한 경험은 전혀 없었고요.」

　— 연구를 시작하는데, 나이가 들었다는 것에서 곤란이나 문제 같은 건 느끼시지 않았을까요?

　「아닙니다. 그렇게는 생각하지 않았읍니다. 그러나, 생물학을 공부하기 위해 대학으로 되돌아가야 했읍니다. 나는 설흔 살이고, 다른 학생들은 열 여덟 살 정도였읍니다. 그리 좋은 심정은 못됩니다. 그러나 달리 방법이 없었어요. 곤란은 딱 한 가지가 있었읍니다. 연구를 시작할 장소를 얻는 일입니다. 연구경험이 전혀 없었던 나를 아무도 과학자로 신용할 턱이 없었기 때문이지요. 좋은 연구실을 찾다가 르보프의 연구실이 좋다는 걸 알았읍니다. 거기로 들어갔으면 하고 몇 번이나 걸음을 했지만 늘 안된다는 대답이었읍니다. 1년 동안을 찾아 다니고야 결국 좋다는 말을 들었읍니다. 르보프를 처음 만났을 때, 그가 나를 받아들여 줄 이유라고는 아무 것도 없을텐데 하고 생각했지만, 내가 여 남은 번이나 찾아갔기 때문에, 르보프는 진절머리가 나서 그만 좋다고 말했을 것입니다.」

— 르보프의 연구실을 방문했을 때, 그의 연구에 대해서는 통 모르셨다고 하던데요.

「아무 것도 몰랐읍니다. 1950년의 일인데, 당시 그는 "파지에서의 유도를 막 발견했는데 그 연구를 해 보겠느냐?"고 물었읍니다. "그야 물론" 하고 나는 대답을 했지만, 파지가 무엇인지, 유도란 무엇인지도 전혀 몰랐읍니다. 그래서 책방에 가서 사전을 찾았읍니다.」

— 책방에서 파지의 의미를 아셨던가요?

「아니오. 아무도 파지의 의미 따위는 몰랐읍니다. 르보프의 연구실에 들어가기 까지 몰랐읍니다.」

— 그렇지만 당신의 선택은 전적으로 옳았읍니다.

「확실히 올바른 선택이었읍니다. 내가 한 유일한 올바른 선택입니다 (웃음). 잘은 몰랐지만 내게는 미생물학과 유전학이 딱 하나로 될 것 같다는 예감이 있었읍니다. 그 연구를 위해서는 매우 좋은 연구실이었읍니다.」

— 당신에게는 직관적으로 정답을 찾아내는 능력이 있는 것처럼 생각됩니다.

그는 내가 한 말뜻을 잘 이해하지 못하겠다고 말하며, 직관적이란 어떤 의미냐고 반문했다. 상세한 지식을 갖지 않았더라도 본질적인 것을 발견할 수 있는 능력이라는 따위로 설명하는 도중에, 자콥이 얼른 말을 받았다.

「그래요. 그건 연구에 필요합니다.」

모노는, 자콥이 자기보다 직관적이고, 모노 자신은 이론적으로 엄밀하려 했었다고 말했다. 자콥은 에세이 가운데서, 모노는 가설을 세우고 실험을 진행시켜 나가는 대가(大家)였다고 말한 뒤, 나(자콥)는 생각을 바꾸어 버리면, 설사 자기가 공헌한 아이디어라도 버리고 마는데, 모노는 자신의 모델에 고집하는 데가 있었다고 말하고 있다.

— 파스퇴르 연구소에 대해 여쭙고 싶은데, 당신과 함께 일한 올만 (E. L. Wollman)은 젇슨(H. F. Judson)의 『창조의 제8일 (*THE EIGHTH DAY OF CREATION*—The Makers of the Revolution in Biology)』(역자주 ; 이 책은 하 두몽 역으로 범양사에서 동명의 번역판이 나와 있다) 에서 「파스퇴르 연구소는 연구의 아이디어나 테마에도 어떤 종류의 일

관성이 있고, 일종의 정신이 깃들어 있다.」고 말하고 있읍니다만.

「그대로라고 생각합니다. 이 연구소는 파스퇴르가 여러 가지 질병으로부터 병원 (病原) 이 되는 미생물을 추출해 내는 훌륭한 발견을 했을 무렵에 설립되었읍니다. 그는 온세계로부터 자금을 모아 연구소와 공장이 함께 있는 특수한 시설을 완성했읍니다. 오늘날 누구나가 생물공학(生物工學)에 흥분하고 있지만, 최초의 생물공학은 파스퇴르에 의해서, 또 이 연구소에 의해서 이루어졌다고 나는 생각합니다.」

— 파스퇴르 연구소에는 보통의 대학과는 다른 점이 있군요.

「그렇습니다. 보다 유연성이 있읍니다. 대학에서는 외국으로부터 연구자를 불러오기 어렵다는 점이 있지만, 여기서는 가능합니다.」

— 연구의 방법에서 차이가 있는 것이 아닙니까？

「연구방법은 어디서나 다 같습니다. 그러나 대학 등 보다는 하기 쉬운 분위기가 있을 것입니다. 이를테면, 외부로부터 사람을 불러올 수 있는 것은 새로운 타입의 연구에는 매우 편리합니다. 대학, 적어도 유럽의 대학에서는 엄격히 분야가 구분되어 있어서, 새 분야가 태어날 때도 아무도 모릅니다. 분자생물학이 등장했을 때, 대학에서는 10년이나 뒤 늦게 시작되었읍니다. 파리 대학에서 유전학을 가르치게 된 것은 1938년부터였읍니다. 전혀 믿어지지 않는 일입니다.」

— 1957년에 당신은 대장균의 염색체가 환상 (環狀)이라는 설을 제출하셨읍니다. 혁명적인 아이디어였읍니다. 어떻게 착상하신 것입니까？

「그건 간단합니다. 염색체의 지도를 만들고 있다가 이런 구조를 발견한 것입니다.」

자콥은 흑판을 향해 그림을 그리기 시작했다. 어떤 계통의 균에서는 맨 처음과 맨 마지막에 나타나는 두 개의 유전자가, 다른 계통에서는 도중에 연속해서 나타나는 것을 가리키는 그림이었다.

「이것에 대한 간단한 설명은, 염색체는 환상 (環狀)이라는 것입니다.」

— 하지만 그 당시, 많은 사람들이 그 아이디어에 반대했읍니다.

「그렇습니다. 그러나 수년 후에 케언즈(J. Cairns) 가 물리적으로 증명했읍니다.」

미국의 케언즈는, 대장균의 염색체 DNA의 전자현미경 사진을 찍어, 염색체가 환상이라는 것을 누가 보아도 명백하게 제시했다.

— 어째서 다른 과학자는 반대했었지요？

「누구라도 남이 발견한 것에는 반대하는 것입니다(웃음). 단순한 애기지요.」

그렇게 말해 버리면 더 물어볼 수가 없다.

— 1958년에는 용원성 파지에 대한 균의 면역성이, 젖당계에서의 효소의 유도 가능성과 완전히 대응한다는 걸 알아채셨읍니다. 어떤 과정으로 착상한 것일까요?

「그건 바로 당신에게 드린 에세이에 자세히 적혀 있읍니다. 보시면 알 것입니다.」

확실히 수고는 덜 수 있지만, 자콥의 대답은 좀 무뚝뚝하다는 느낌이 들었다. 만사를 그렇듯이 대처하는 사람인 것 같다. 나중에 읽어 보았더니, 그의 에세이는 매우 세련된 문장이었다. 구성도 능란했다. 타이틀은 『스위치』로 되어 있다. 얘기는 1958년 9월, 자콥이 뉴욕에서의 강연을 마치고 파리로 돌아와, 피곤에 지쳐 있기는 했지만 매우 흥분하여 모노의 방을 찾아간 데서 시작된다.

자콥은 강연을 준비하고 있는 사이에 중대한 아이디어를 착상했다. 파지의 용원성과 젖당계의 효소의 유도 가능성 사이에는, 공통의 구조가 있는 것이 아닌가고 깨달은 것이다. 이 아이디어를 신바람이 나서 모노에게 말하자, 모노가 큰소리로 껄껄 웃었다. 모노의 웃음소리는 온 건물안에 울려 퍼지기 때문에, 웃음소리로 그가 있다는 것을 알 수 있을 만큼 유명했다. 자콥은 다음날에 다시 토론하기로 하고 18시간이나 깊은 잠에 빠졌다.

자콥은 올만과 함께 대장균에서의 접합(接合)을 연구하여, 염색체의 지도를 만드는 효과적인 방법을 개발하고 있었다. 이 방법은 대장균의 유전자가 환상이라는 것을 밝혀냈다. 용원성 파지가 균에 감염했을 때, 곧 파지가 증식하여 모습을 나타내는 일은 없다. 이것을 용원성 파지에 대한 균의 면역성이라고 한다. 자콥과 올만은 용원성 파지가 접합한 결과로 모습을 나타내는, 즉 유도된다는 것을 발견했다. 이것은 프로파지(파지의 유전자가 숙주인 유전자에 짜넣어진 것)를 가진 유전자가, 프로파지를 갖지 않는 균에 들어갔을 때에만 일어나고, 반대의 접합에서는 일어나지 않았다.

접합을 사용하는 방법은, 효소의 유도연구에도 응용되어, 역시 어떤 유전자가 접합에 의해 균 속으로 들어가면 효소가 유도된다는 것을 알았다.

자콥의 아이디어는, 이 두 가지 현상은 모두 유전자의 발현을 억제하

는 것이, 유전자의 바깥 세포질에 있기 때문에 일어난다고 생각했다. 그
것은 몇 개의 유전자의 발현을 일괄해서 제어하고 있고, 유전자를 발
현케 하거나, 억제하거나 하는 스위치와 같은 작용을 한다. 이 물질에
리프레서 라는 이름이 붙여졌다.

이튿날, 모노는 토론의 마지막에 " 이 아이디어에는 긍정적인 증거
도 부정할 증거도 없지만, 잊어버리지 않게 하자 "고 결론지었다. 이
아이디어는 후에 오페론설로 결실되었다.

모노는 DNA에 직접적으로 작용하는 물질이 있다는 생각에는 반대하
지 않았지만, 자콥이 생각한 스위치의 아이디어로는, 효소의 유도가 원
활하게 변화하는 것을 설명할 수는 없다고 생각했다. 그러나 자콥은 어
느날, 아이들이 모형 전기기관차를 가지고 놀면서 스위치를 번질나게
넣었다 껐다 하여, 기관차가 서서히 움직이게 하고 있는 것을 보고, 스
위치의 아이디어로도 설명할 수 있다는 착상을 가졌다고 적고 있다.

— 대장균의 염색체가 환상이라는 것의 발견과, 리프레서의 아이디어
의 어느 경우에 있어서도 당신의 직관력이 크게 작용하고 있은 듯이 생
각됩니다만…….

「아닙니다. 환상 염색체의 경우는 아까도 설명했듯이 전적으로 실험
으로부터의 논리적인 귀결입니다. 올만과 실험을 했었지만, 그도 처음
에는 반대 했읍니다.」

— 후자의 경우는 처음에 모노가 반대했었지요.

「네, 그렇습니다. 모노와의 싸움은 에세이에 자세히 적혀 있읍니다
(웃음).」

— DNA에 직접 작용하는 것이라는 것은, 당시로는 도저히 믿을 수
없을 만한 아이디어였읍니다. 어째서 당신은 그와 같은 것을 생각하실
수 있었읍니까?

「그것도 논리적인 것입니다. 몇 가지 이유가 있었지요. 파지는 30
～ 50개의 유전자로써 구성되는 큰 DNA를 가집니다. 용원성인 균 속
에서는 이들 유전자가 모조리 침묵을 지킵니다. 당시, 분명했던 아이디
어는 크릭의 DNA−RNA−단백질이라는 정보의 흐름이었읍니다. 여기
서 생각하고 있었던 RNA는 리보솜 RNA였읍니다. 다른 리보솜이 다른
단백질을 만든다고 하면, 50개의 유전자에는 50개의 리보솜이 있을
것입니다. 50종류의 리보솜을 모조리 잡자코 있게 한다는 건 생각하기
어려운 일입니다. 모조리 함께 잠자게 할 수 있는 것은 DNA 뿐이었읍
니다. 그렇기 때문에 파지와 젖당계에 관한 실험결과를 설명하는 단순

한 가설은, 유전자 그룹의 활성(活性) 자체를 억제하는 것이라고 내게
는 생각되었읍니다.」

— 당신과 모노는 매일 두 시간씩이나 얘기를 나누고 있었다고 젊슨
이 쓰고 있읍니다. 어떤 식으로 얘기하고 계셨읍니까?

「여기에 한 사람이 앉고, 또 한 사람은 흑판이 있는 곳에 앉습니다.
실험한 걸 가져와서 모델을 만들거나, 다음에는 어떤 실험을 할 것인가
를 얘기합니다. 그리고는 맹렬히 실험하고는 다시 돌아와서, 이 결과는
모델과 일치한다. 저 결과는 일치하지 않는다는 등등을 토론하는 것입
니다. 모노와 함께 일을 하고 있던 때의 토론은 실험과 모델, 가설에 대
한 것이었읍니다.」

— 당신들은 모델을 만들고, 실험을 하는 형태로 작업을 진행하고 계
셨군요.

「그렇습니다. 철학자가 말하는 가설연역법(假說演繹法)입니다.」

— 모노와의 관계, 역할의 분담같은 것은 어떻게 되어 있었을까요?

「그건 매우 중요합니다. 한 사람, 한 사람이 장기를 가지고 있는 두,
세 사람의 그룹일 경우, 지적으로 서로 얘기하고 토론할 수 있으므로
써 자기의 생각이 진짜로 활동하는 것입니다. 그것이 믿기 어려울 만
큼 큰 플러스가 됩니다. 1958년부터 64년까지, 모노와 일을 하고 있
었던 때는 바로 그러했읍니다. 정말로 플러스가 되었읍니다.」

— 그런 일은 분자생물학에서는 자주 있더군요. 윗슨과 크릭, 크릭과
브레너……

「그렇습니다. 좋은 방법이지요. 한편, 가설연역법도 아이디어를 뒤
집는 데는 좋은 방법입니다.」

자콥은 자신의 논리성을 강조하지만, 자콥은 매우 대담한 아이디어
를 내고, 모노는 엄밀한 논리로 확인해 간다는 성격의 차이가 있은 듯
이 생각된다. 이러한 차이가 두 사람의 공동연구를 잘 회전시키고 있
었던 것이 아닐는지.

자콥은 1960년 4월, 집단적인 발상으로 m—RNA의 착상을 낳게
한 케임브리지에서의 유명한 회합의 주역의 한 사람이었다.

당시, 크릭과 브레너의 케임브리지 대학 그룹은, 센트럴 도그마에 대
해 생각하고 있었고, 파지의 감염 때에 발견되고 있던 불안정한 RNA
의 일[미국의 볼킨(E. Volkin)과 아스트라칸(L. Astrachan)의 실험]이 머
리 한 구석에 박혀 있었다. 한편, 자콥은 효소의 유도나 조절의 연구
로 모노, 파디(A. B. Pardee)와 함께 실시한 통칭「파자모(PaJaMo)」

실험이 머리에 있었다. 「파자모」란 파디, 자콥, 모노 세 사람의 이름의 머리글자를 따서 접속한 말이다. 이 실험은 유전자와 단백질 사이를 불안정한 중간체가 매개하고 있는 것 같다는 것을 가리키고 있었다.

볼킨과 아스트라칸의 RNA와, 파자모 실험에서의 불안정한 중간체가 같은 것이라고 생각하면, 유전자 DNA로부터 단백질로 정보를 전달하는 메신저의 수수께끼가 풀려질 것이라는 점에, 모여 있던 사람들은 금방 생각이 미쳤다. 상이한 흐름이 하나로 합쳐지는 순간에 비약이 생겼다.

— 케임브리지의 회합에서는 정말로 멋진 일이 일어났었지요.

「크릭도 그 자리에 있었고, 나는 세미나를 하고 있었는데, 나는 같은 얘기를 같은 사람들에게 6개월 전에 말하고 있었읍니다. 그때는 아무도 관심을 기울이지 않았어요.」

— 그건 또 어쩐 일이었읍니까?

「사물을 받아들이는 데는, 준비가 갖추어진 상태가 되어 있지 않으면 안되는 것입니다. 1959년의 9월인가 10월에 코펜하겐에서 학회가 있었어요. 리보솜이 관여하고 있다는 건 매우 생각하기 어렵고, 무언가 RNA의 중간체와 같은 것이 있을 터이라고, 꼭 같은 결론을 얘기했던 것입니다. 어느 누구도 아무 말도 하지 않았읍니다. 데이터는 훨씬 많았을지 모르지만, 같은 얘기를 브레너의 방에서 했을 때는, 브레너도 크릭도 의자에서 껑충 뛰어 올랐읍니다. 조금 전까지만 해도 졸고 있었던 모양인데 말에요 (웃음). 의식이 어느 방향을 향하고 있지 않을 때는 전혀 마음에도 두지 않게 되는 것입니다.」

— 그 당시, 크릭과 브레너는 센트럴 도그마를 생각하고 있었고, 당신과 모노는 효소의 조절과 유도에 대해 집중하고 계셨지요. 두 개의 흐름이 하나로 되어서 본질적인 것이 모습을 나타낸 것이군요.

「그렇습니다. 나와 모노의 아이디어는 불안정한 중간체가 있다는 것이었읍니다. 크릭과 브레너는 파지가 감염하는 사이에 발견된 불안정한 RNA의 일을 생각하고 있었읍니다. 이것이다./라고 나와 브레너는 곧장 캘리포니아로 실험을 하러 갔읍니다.」

— 노벨상을 수상하고 무엇이 달라지셨읍니까?

「나는 리보프의 연구실에 있었는데, 수상 후 연구실을 따로 얻어 독립했읍니다. 게다가 매우 큰 압박이 있었읍니다. 일단 노벨상을 받게 되자, 무엇이 좋고 무엇이 나쁘다는 걸 너는 알고 있을 것이라고 사람들이 보게 되었기 때문입니다. 정말로 기묘한 일입니다. 그렇기 때문

에 일을 계속하려고 생각한다면, 단호한 태도를 보여주는 걸 배워야만
합니다. 단호히 노우./라고 말할 수 있어야 합니다. 나는 그렇게 하려
고 노력했읍니다.」

― 프랑스 사람들은 당신들의 수상을 무척 기뻐했었지요.

「네, 1935년의 퀴리부부의 화학상 수상 이후 30년만의 일이었읍니
다.」

― 지금은 어떤 일에 흥미를 가지고 계십니까?

「우리는 오랫 동안 세균에서의 유전적 조절을 연구해 왔읍니다. 지
금 나는 고등동물에서의 조절을 밝혔으면 하고 생각하고 있읍니다. 그
시초로 포유류의 배(胚)발생을 연구하고 있고, 그것에 쥐를 쓰고 있읍
니다.」

― 아신 건요?

「아직은 갓 시작했으니까……. 현재의 생물학은 1차원의 생물학
입니다. 배열의 결정입니다. 2차원에 대해서는 모르고, 3차원의 생물
학에 이르러서는 전혀 아무 것도 없읍니다. 이를테면 세포의 위치와 유
전자의 발현 사이에는 특별한 관계가 있으므로, 세포가 자기 위치를 알
고 있는 것은 확실합니다. 이것이 우리가 이해하고 싶은 일인데, 현재
로는 그다지 많은 모델이 없읍니다. 우선은 4일째까지의 마우스의 배
(胚)를 연구하고 있읍니다. 4일 이상이 지난 배는 최초에 손대기에는
너무 복잡합니다. 한 개의 세포가 어떻게 해서 64개의 세포로 되는가
를 밝히고 싶습니다. 내가 살아있는 동안에 밝혀진다면 기쁜 일이겠지
만, 그건 불가능할 것이 분명합니다.」

― 3차원의 생물학이 완성되기 위해서는 무척 시간이 걸릴 것 같군
요.

「그렇습니다. DNA의 배열의 메시지는 정보이론이 등장한 뒤에야
이해할 수 있게 되었읍니다. 유전학에는 정보이론이 필요했읍니다. 나
의 느낌으로는 현재도 상황은 마찬가지이며 2차원, 3차원의 현상을
이해하기 위한 이론이 필요합니다.」

분자생물학이라는 말은 무엇을 정의하고 있는지 난해한 데도 있지만,
DNA의 유전정보로부터 단백질이 만들어지는 과정의 개략이 이해된 데
서 일단락되는 것이라고 생각했더니, 최근에는 다시 눈부신 전개를 보
이고 있다. 그것은 DNA의 재조합 테크닉과 생거(F. Sanger)들의 D
NA 염기배열 해독의 테크닉의 혜택이다. 자콥이 현재 씨름하고 있는
발생분야에서도 조절유전자의 관계 등이 밝혀져 가고 있다. DNA의 염

기배열로서 직선적으로 배열되어 있는 정보를 해독하는 것이 1차원의
생물학이라고 할 수 있을 것이다.

— 그러나 현재의 1차원 생물학에서도 매우 많은 것을 알게 되었
읍니다.

「네, 그래요. 그러나 전부는 아닙니다. 1차원의 정보를 세포의 평
면으로 전개하여 다시 차곡차곡 접어야만 합니다. 행동을 하게 된다면
4차원, 5차원이라는 따위의 것으로 되겠지요.」

— 길은 아직도 멀군요.

「네.」

— 위대한 연구를 하고 싶다고 생각하고 있는 젊은 사람들에게 필요
한 건 무엇일까요?

「좋은 연구실입니다. 서로 얘기하고 도와줄 따뜻한 사람들이 있는
연구실 말입니다. 그런 환경에 있으면 무엇이 좋고, 무엇이 나쁘고, 강
한 연구와 약한 연구가 무엇인가 등등을 알게 되기 때문입니다.」

자콥은 생물학의 먼 미래를 표정도 바꾸지 않고 담담하게 말했다.

설흔 살을 넘어 생물학을 시작하여, 파지가 무엇인지 조차도 몰랐던
자콥이 노벨상을 수상하고, 지금도 커다란 영향력을 가지고 연구의 최
전선에 서 있다. 모노는 벌써 고인이 되었다. 자콥이 연구를 계속하는
「 J・모노관 」을 나서면서 다시 한번 건물을 되돌아 보았다. 아직도
비가 내리고 있었다.

방대한 메모로부터

1968년 · 유전암호의 해독과 그 단백질 합성에의 역할의 연구

마샬 니른버그
Marshall W. Nirenberg

1927년 4월 10일 미국 New York에서 출생
1948년 Florida 대학 졸업
1957년 Michigan 대학에서 박사 학위 취득. 박사 연구
      자로서 미국 국립 보건원 (NIH)에 입소
1960년 NIH연구원
1962년 생화학 유전학 부장

윗슨(J. D. Watson)과 크릭(F. H. C. Crick)에 의한 1953년의 DNA 이중나선 모델의 출현 이후, DNA에 축적되어 있는 유전정보가 어떻게 하여 단백질의 1차구조, 즉 아미노산의 배열을 결정하고 있느냐는 것이 큰 문제였다. DNA의 네 종류의 염기배열 방법이 어떤 기호(記號)를 형성하여 아미노산의 배열을 결정하고 있을 터이었다. DNA와 단백질을 결합하고 있는 유전암호가 숨겨져 있을 것이 틀림 없었다.

물리학자인 가모브(G. Gamow)도 이중나선이 발견된 직후, 나선 측면의 홈구멍에 특정 아미노산이 들어가는 형태의 기호를 제안했듯이 광범위한 관심을 모은 문제였다. 크릭은 물론 이 문제와 일찍부터 씨름하고 있었으나 괄목할 만한 진전은 없었다.

DNA의 염기는 네 종류인데 대해, 단백질에 포함되는 아미노산은 20종류이다. 만약 DNA사슬의 염기배열 방법이 암호를 형성하고 있다면, 네 종류의 염기 네 개로는 $4 \times 4 = 16$종류의 기호가 만들어진다. 세 개라면 $4 \times 4 \times 4 = 64$종류의 기호가 형성된다. 따라서 20종류의 아미노산이 있으므로 한 개의 아미노산을 지정하는 데는 적어도 세 개의 염기가 필요한 것으로 생각된다.

크릭과 브레너(S. Brenner)는 기호의 문제를 여러 가지로 검토했다. 또 그들은 짧은 핵산에 의해 특성 아미노산이 운반된다고 하는 「어댑터(adaptor) 가설」을 제출했다. 여기서 생각된 어댑터 분자는 가용성(可溶性)의 RNA로서 발견되었다. 그러나, 유전정보의 흐름은 DNA → RNA → 단백질이라고 하는 크릭들의 센트럴 도그마의 메카니즘은 여전히 해명되지 못했다.

그런데, 1960년대에 들어와서 문제는 급속한 전개를 보였다. 하나는 크릭, 브레너, 자콥(F. Jacob)들에 의한 케임브리지의 회합에서, 뚜렷이 보이기 시작한 메신저 RNA(m—RNA)의 존재가 확실해진 일이다. 센트럴 도그마에서 말하는 RNA의 정체는 명확하지 않았지만 특정지어진 것이다.

리보솜 RNA는 유전암호의 전달과는 무관하고, 리보솜은 m RNA가 DNA로부터 전사(轉寫)해 온 정보를 해독하여, 각종 단백질을 만드는 해독장치(解讀裝置)라고 하게 되었다. RNA에는 메신저 RNA, 리보솜을 만들고 있는 RNA, 그리고 가용성의 작은 RNA의 세 종류가 있다는 것이 밝혀졌다.

또 하나는 기호의 문제에 커다란 돌파구가 트인 일이다. 최초에 해독된 한 유전암호는 1961년 8월, 모스코바의 국제 생화학회에서 발표되었다. 발표자는 니른버그(M. W. Nirenberg)였다. 그는 당시 설흔네 살인 미국 국립 보건원(NIH)의 연구원으로, 전혀 알려지지 않은 무명의 인물이었다.

니른버그의 강연은 「대장균의 무세포 단백질 합성계의 천연 또는 합성 RNA에의 의존성」이라는 제목이었는데, 이 제목으로부터는 그가 유전암호를 최초로 해명했으리라고는 아무도 상상할 수가 없었다. 니른버그가 유전암호를 해명했다는 소식이 전해지자, 심포지움에서 다시 한번 강연을 하도록 의뢰가 왔다. 강연의 앵콜이었다.

니른버그들이 최초의 유전암호를 해독한 무렵에는, 메신저의 아이디어는 아직 널리 알려져 있지 않았다. 크릭, 브레너들의 케임브리지 대학, 자콥과 모노들의 파스퇴르 연구소, 윗슨들의 하버드 대학 등의 그룹— 당시, 분자 생물학의 중심에 있었던 사람들과는 아무 관련도 없는 곳에서 니른버그들의 대 발견은 조용히 진행되고 있었다.

니른버그와 서독에서 와 있던 공동연구자인 마타이(J. H. Matthaei)가 실험하고 있었던 것은, 대장균으로부터 단백질 합성에 필요한 효소 등을 추출하여 시험관 속에서 단백질을 합성하는 계(系)를 만들고, 각종

핵산을 넣어서 실제로 단백질 합성을 일으키게 하는 일이었다. 이 무세
포 단백질 합성계는 성공적으로 기능하여, 주형이 될 적절한 핵산을 넣
으면 단백질을 합성했다.

그들은 합성 폴리누클레오티드도 주형으로 사용했다. 이것은 인공 핵
산이다. 그 중에서 폴리U, 즉 우라실(U)을 길게 결합한 합성 RNA
분자가, 주형으로서 매우 효과적이라는 것을 발견했다. 폴리U가 만들
어 낸 것은, 아미노산인 페닐알라닌이 결합된 분자, 폴리페닐알라닌이
었다. 이것은 유전암호가 핵산염기 세 개가 한 세트로 된 것이라고 하
면 「UUU」가 페닐알라닌을 지령하는 유전암호라는 것을 가리킨다.
이것은 후에 가서야 확인되었다. 최초의 유전암호의 발견은 참으로 스
마트한 실험이었다.

UUU UUC	페닐알라닌	UCU UCC	세린	UAU UAC	티로신	UGU UGC	시스테인
UUA UUG	루이신	UCA UCG		UAA UAG	종지점	UGA UGG	종지점 트립토판
CUU CUC CUA CUG	루이신	CCU CCC CCA CCG	프롤린	CAU CAC	히스티딘	CGU CGC CGA CGG	아르기닌
				CAA CAG	글루타민		
AUU AUC	이소루이신	ACU ACC	트레오닌	AAU AAC	아스파라긴	AGU AGC	세린
AUA		ACA		AAA	리딘	AGA	알기닌
AUG	메티오닌	ACG		AAG		AGG	
GUU GUC	개시점 발린	GCU GCC	알라닌	GAU GAC	아스파라긴산	GGU GGC	글리신
GUA GUG		GCA GCG		GAA GAG	글루탐산	GGA GGG	

유전암호. mRNA의 4종류의 염기로써 표현하고 있다.

유전암호의 연구에는 뉴욕 대학의 오초아(S. Ochoa)와 매사추세츠 공
과대학(MIT)의 코라나(H. G. Khorana)도 나섰다. 정력적으로 작업을
계속한 니른버그와 코라나에 의해 64종류의 유전암호가 거의 다 결정
되었다.

특정 아미노산을 리보솜으로 운반하는 가용성이 작은 RNA는, 유전
암호를 좇아서 mRNA에 결합한다. 거기서 아미노산이 순서대로 결합
되어 단백질의 폴리펩티드 사슬이 만들어진다. 이 가용성 RNA는, 트

랜스퍼 RNA (이전 RNA = t - RNA) 라 불리게 되었다. 미국 코넬 대학
의 홀리 (R . W . Holley) 는 77 개의 누클레오티드가 결합된 t - RNA
의 1 차 구조를 결정하는데 7 년을 소비하였다.

니른버그, 코라나, 홀리의 세 사람은, 유전암호의 해독과 그 단백질
합성에의 역할의 연구로 1968 년도 의학 • 생리학상을 수상했다.

NIH는 미국의 수도 워싱턴에서 자동차로 30 분 가까운 메릴랜드주
베데스다에 있다. 널찍한 부지에 빌딩이 띄엄띄엄 흩어져 있어, 찾아갈
때는 빌딩의 번호를 물어두는 것을 잊지 말아야 한다고 한다.

워싱턴의 택시 운전사라면 NIH가 있는 곳을 잘 알고 있을 것이라고
들었는데 내가 잡은 택시 운전자는 공교롭게도 NIH를 몰랐다. 그러
나 지도를 보여주자 금방 짐작이 간 듯했다. 니른버그의 사무실은 빌
딩 36 호에 있다. NIH에 도착하여 다시 안내판의 지도를 살펴보고 36
호 빌딩에 당도했다.

그는 유전암호를 결정하는 일을 마친 뒤, 신경생물학 분야로 옮겨가
는 대전환을 하여 주목을 끌었다. 유전암호의 모든 결정은, 센트럴 도
그마의 메카니즘을 일단 설명한 것으로써 일단락 지어졌다는 인상을 주었
다. 니른버그의 방향전환은 그것의 상징으로서 받아들여졌다.

1 층에 있는 그의 사무실을 찾아가자 백발의 초로의 신사가 나왔다.
검은 테의 큰 안경을 끼고 있다. 수상 당시의 사진으로는 새까만 머리
카락에 굵은 눈썹, 크게 뜬 눈의 정력적인 느낌의 인물이었다. 사진과
는 너무나 달라졌기 때문에 잠시 어리둥절했다. 장신의 니른버그는 겨
우 들릴까 말까한 작은 목소리로 얘기했다.

— 1961 년 8 월, 모스크바의 국제 생화학학회에서 발표하셨을 때,
청중의 반응은 어떠했습니까?

「그건 아주 굉장했읍니다. 처음에는 작은 방에서 소수의 청중에게 대
해 강연을 했었지요. 그러나, 같은 내용을 큰 심포지움에서 다시 한번
강연하게 되었읍니다. 매우 반응이 커서 많은 사람들을 만나게 되는 첫
번째 기회가 되었었다고 생각합니다.」

— 누가 가장 인상에 남아 있읍니까?

「많은 사람들이 있었는데, 크릭은 심포지움의 좌장이어서, 내게 한
번 더 강연을 시켜주었읍니다.」

— 폴리 U를 사용한 실험에 이르기까지에는 어떤 경과가 있었읍니
까?

「NIH에서 박사 연구자로서의 기간이 끝난 1959년에, 어느 분야에서 연구할 것인가를 결정해야 했읍니다. 당시, 세균의 유전학이 눈부시게 발전하고 있었고, 다음 문제는 단백질의 합성기구, 유전자의 발현 메카니즘일 것이라고 생각했읍니다. 그래서 나는 무세포 단백질 합성계를 확립하려고 생각했읍니다.」

「2년간 그것을 위한 테크닉을 쌓았읍니다. 그 동안에 마타이가 함께 연구하게 되었읍니다. 메신저 RNA(m-RNA)는, 당시는 가설에 지나지 않았지만, 나는 m-RNA의 존재를 믿고 있었고, 무세포계에서 단백질을 합성시키기 위해 핵산을 주형으로 넣고 있었읍니다. 이를테면, 리보솜의 RNA가 주형으로서 작용하는 것이 아닐까 하고 생각하여 사용해 보았읍니다.」

실험은 아미노산에 방사성 물질을 표지하여, 무세포 단백질 합성계에서 방사성의 아미노산이 단백질에 흡수되는지의 여부를 관찰했다.

「최초의 실험에서는 백그라운드에 대해 50카운트의 흡수가 있었읍니다. 굉장한 결과여서 매우 흥분했었지요. 그러나, 각종 RNA를 주형으로 하여 실험을 해 갔더니, 우리가 쓰고 있던 RNA에는 많은 불순물이 함유되어 있는 게 아닌가 생각되었읍니다. 그래서, 우리는 바이러스의 RNA 등을 비롯하여 RNA를 되도록 정제(精製)하기로 한 것입니다.」

— 캘리포니아 대학 버클리 분교의 프랭클콘라트(H. Fraenkel—Conrat)로부터 담배모자이크 바이러스의 RNA를 얻었었다고 하던데요.

「담배모자이크 바이러스의 RNA에서 막대한 주형활성(鑄型活性)을 발견했기 때문에, 이 바이러스를 연구한 프랭클콘라트에게 전화한 것입니다. 수 주간을 그의 연구실에 머물었어요. 담배모자이크 바이러스의 RNA는 매우 강한 주형활성을 보였고, 그 결과로 만들어지는 단백질은, 담배모자이크 바이러스의 외피(外被)단백질일 것이라고 생각되었읍니다. 그러나 지금은, 그것은 외피단백질이 아니었다는 걸 알고 있읍니다. 하지만 강한 주형활성은 굉장한 것이었읍니다.」

「우리는 바이러스의 RNA와 동시에, 합성 폴리누클레오티드도 손에 넣고 있었어요. 합성 폴리누클레오티드는 믿어지지 않을 만큼 강한 주형활성을 나타내어, 코돈(codon : 1개의 유전암호) 당 염기를 조사할 수 있었읍니다. 염기가 한 종류인 것에서는 UUU가 페닐알라닌을 가리킨다는 식으로 알았지만, 다른 염기가 섞여진 폴리누클레오티드에서는, 염기배열과 아미노산의 대응을 알 수가 없었읍니다.」

— 합성 폴리누클레오티드를 주형으로 사용하면, 유전암호를 알 수 있다고 생각하고 계셨군요.

「당연 하지요. 명백한 일이었읍니다. 또, 무세포인 단백질 합성계가 만들어져 있으면, 당시에는 알지 못하고 있었던 단백질의 합성 메카니즘에 대해서도 여러 가지 일을 알 수 있을 터이었읍니다.」

— 유전암호는 염기 세 개가 한 세트라는 것은 당시에도 명백했을까요?

「확실 하지는 않았지만, 20개의 아미노산을 지정하는 데에 두 개가 한 세트라면 부족한 건 명백 합니다. 적어도 세 개가 한 세트이어야 됩니다.」

— 당신들의 실험이 분자생물학에 있어서의 역사적인 실험이라는 인식은 갖고 계셨던가요?

「그건 전적으로 명백한 일로서 우리는 몹시 흥분하고 있었읍니다. 실험은 재빠르게 끝났고 굉장히 기뻤읍니다.」

— 어째서 다른 연구자는 그 당시, 그런 종류의 실험을 하지 않았을까요?

「음……. 그건 대답하기 매우 어렵군요. 잘은 모르지만 어떤 사람이, 전에 같은 실험을 했었지만 잘 안되었다는 얘기를 들은 적이 있읍니다. 이 실험을 하기 위해서는 무세포의 단백질 합성계를 확립하고 있어야만 합니다. 당시, 대장균의 무세포 단백질 합성계에 대해서는 몇 편의 논문이 나와 있었기 때문에, 내가 아닌 다른 사람이라도 할 수 있었을는지 모릅니다.」

— 당신들은 단백질 합성계를 아주 신중하게 만드셨지요.

「우리는, 당시 올바른 방향으로 진행시키고 있었읍니다. 주형활성을 갖는 RNA와 DNA를 찾고 있었읍니다. 우리가 발견하지 않았더라도 다른 사람이 발견했으리라고 생각합니다.」

— 그렇기는 하지만 매우 스마트한 실험이었읍니다. 많은 실험을 하여 혼란된 적은 없었읍니까?

「실험을 잘 진행시켜 가는데는 매우 신중해야 합니다. 최초에는 흔히 잘 되지를 않는 것입니다. 실험결과가 좋지 않다고 생각될 때는, 의문을 해결하기 위해 하루에 두 번 또는 세 번의 실험을 했읍니다. 실험을 하고, 의문을 설정하고, 또 해답이 얻어지지 않고……, 실험적 연구란 그런 것입니다.」

— 잘 작용하는 무세포 단백질 합성계를 확립했다는 것이 중요한 점이군요.

「그렇습니다. 발표된 많은 논문을 이용했읍니다. 그건 과거에 다른 사람이 많은 노력을 쏟았던 것입니다. 우리는 그것에다 약간 첨가했을 뿐이지만, 그 과정에는 수 백의 작은 단계가 있읍니다.」

— 당신들은 우연히도 적절한 실험조건을 선택했기 때문에 성공했다고 말하는 사람들이 있읍니다마는……

「어떤 부분에서는, 실험의 방향을 그릇 잡더라도 바로 잡을 수가 있읍니다. 나는 의문을 잔뜩 적어넣은 노트를 가지고 있읍니다. 실험이 가능한 건 한정되어 있읍니다. 그래서 대답이 가능한 의문을 선택하게 됩니다. 동시에 전에 하고 있었던 일로부터 방향을 바꾸게 됩니다. 노트를 보면, 유전암호를 결정하는 일에 관해서 했던 일의 데이터가 적혀 있읍니다. 같은 일을 전에도 적어 놓고 있었던 것이 발견되었읍니다. 잊어먹고 있었던 것이 몇 달 후에 다른 형태로 나타난 것입니다. 언제나 글자 그대로 수 천의 의문을 품고, 그 중의 몇 가지에 보다 접근할 수 있게 되는 것입니다.」

— 하루에 어느 정도의 의문을 노트에 기록하십니까?

「많아요. 주말에는 시간이 있어서 가장 좋은 때입니다. 하룻밤에 20페이지나 적는 일도 있읍니다. 『잠자고 있는 동안에 일하는 사람』이라는 제목의 책이 있는데, 잠자고 있는 동안의 직관도 조금은 있을상 싶습니다.」

— 당신은 그 당시, 분자생물학을 추진하고 있던 중심 멤버들과는 직접적인 관계를 맺지 않고 일을 추진하고 계셨읍니다. 새로운 실험의 정보가 흘러오지 않는다는 점에서는 문제가 없었읍니까?

「없었읍니다. 가장 흥분해야 할 일은 우리가 하고 있었던 것에서 생겼으니까요. NIH는 훌륭한 연구소며, 나의 상사였던 톰프킨(G. Tompkin)은 우수한 연구자였읍니다. 이 분야에서 일어나는 일을 죄다 알고 있었고 토론도 하고 있었어요. 정보의 부족 따위는 느껴 본 적이 없읍니다. 톰프킨은 매우 복잡한 현상을 아주 간단한 에센스로 설명하는 능력을 가지고 있었읍니다. 그는 지극히 우수한 교사입니다. 농담을 많이 섞어가면서 그런 방법으로 얘기하기 때문에 무척 즐거웠읍니다.」

— 마타이와 당신의 역할 분담은 어떻게 되어 있었읍니까?

「마타이는 훌륭한 실험가이고 굉장한 활동가였읍니다. 그는 내게는

최초의 박사 **연구자로 들어왔읍니다.** 우리는 매우 밀접하게 일을 하고
있었지요. 처음에는 실험할 장소가 좁았기 때문에, 한 사람이 낮에 실
험을 하면, 다른 한 사람은 밤에 실험을 하는 일도 있었읍니다.   그는
실험기술이 탁월할 뿐만 아니라 지적이었읍니다. 그의 도움이 없었더라
면 저런 일은 못했을 것입니다.」

최초로 밝혀진 유전암호, 페닐알라닌의 UUU를 발견한 후, 니른버
그는 유전암호 해독의 일로 오초아와 코라나 들과 치열한 경합을 벌였
다. 그때, 니른버그들은 매우 교묘한 실험방법을 고안했다. 그것은 다
음과 같은 방법이었다.

세 개의 누클레오티드를 결합하여, 배열을 알고 있는 세 개로 된 짝
을 만든다. 이것을 무세포 단백질 합성계에다 넣어주면, 이 세 개로 짝
진 누클레오티드(트리누클레오티드)가 유전암호로 되어서 지시하는 아미
노산을 붙인 t-RNA가 리보솜에 결합한다. 리보솜에 붙은 t-RNA
와, 붙어있지 않는 t-RNA는, 1000 분의 1 mm 이하의 지극히 미세
한 질산 셀룰로스의 여과지를 사용하여 분리할 수 있다. 특정 아미노산
을 방사성으로 표지해 두면, 이 세 개가 짝을 지은 누클레오티드가 어
느 아미노산의 암호에 대응하는가를 조사할 수 있다.

— 세 개가 짝을 지은 누클레오티드를 사용한 실험도 매우 아름답다
고 생각합니다. 이 실험은 어떻게 착상하신 것입니까?

「우리는 여러 가지 일을 시도해 봅니다. 그러나, 이 방법을 착상했
을 때는 기뻤읍니다. 그때까지 해본 방법 중에서는 제일 좋은 방법이었
기 때문입니다. 처음부터 잘 되었으니까 정말로 이상한 일입니다. 그러
나, 그 전에는 숱한 것을 시험했읍니다. 이를테면, 한쪽 끝의 배열을
알고 있는 합성 폴리누클레오티드를 사용했지요. DNA, RNA를 다
말입니다. 이것들은 이론적으로는 같은 결론에 도달할 터이지만, 요컨
대는 용이성의 문제입니다. 트리누클레오티드를 사용하는 방법은 매우
간단했읍니다.」

세 개로 짝지은 누클레오티드를 사용하는 방법은 1964년에 발표되
었다. 한편, 코라나의 그룹은 반복구조가 긴 RNA를 합성하는 방법을
개발하여 유전암호를 결정해 나갔다. 1966년까지에 니른버그, 코라
나의 두 그룹에 의해, 64개의 유전암호가 거의 다 결정되었다. 그리
고 니른버그는 신경계통의 연구로 전향했다.

— 연구 테마를 바꾼 건 어째서입니까?

「나는 늘 신경계에 대해서, 특히 신경세포가 어떻게 하여 집합하는

가에 흥미를 가지고 있었읍니다. 20여년 전부터, 이 분야에서는 스페리(R. W. Sperry)의 가설이 지배적이었읍니다. 뉴론(neuron)세포는 표면에 분자가 있고, 그것이 감각작용을 하고 있다는 것입니다. 나는 거기에 유전암호와는 다른 종류의 암호가 있을지도 모른다고 생각했지요. 뉴론이 어떻게 하여 서로를 인식하고 있는가는 아직도 모르고 있읍니다. 또 하나의 다른 생각은, 뉴론에서는 분화(分化)의 최종 단계가, 서로의 영향에 의해 조절되고 있을지도 모른다는 것입니다. 우리는 이 문제를 줄곧 연구하고 있읍니다.」

— 테마를 바꾸었을 때, 유전자의 발현으로 정의(定義)되는 분자생물학은 끝이 났다고 이해하고 계셨읍니까?

「아니오. 아닙니다. 아무 것도 끝나 버리는 일은 없읍니다. 내가 테마를 바꾼 건 도전을 위한 것입니다. 분자생물학의 테크닉이 신경생물학의 분야에서 이용될 수 있을 거라고 생각했기 때문입니다. 낡은 분야가 지금도 계속되고 있는 건 분명합니다. 그런데, 다른 분야를 보면 웬만한 데서 전망이 서기도 하고, 의문이 있기도 하고, 가능성이 있는 대답을 만들 수도 있읍니다. 그렇지만 어떤 부분은 블랙 박스여서 아무 것도 모릅니다. 그것에 도전한다는 건 즐거운 일입니다. 그것이 내가 연구 분야를 바꾼 이유입니다. "흥미"가 열쇠인 것입니다. 나는 여러 가지 일에 흥미를 가지고는 있지만 아주 소수로 집약할 필요가 있읍니다.」

— 생화학자 또는 분자생물학자에게 있어서 가장 중요한 건 흥미입니까?

「당연하지요. 그러나, 무엇에 흥미를 갖더라도 다른 것이 없으면 연구는 되질 않습니다. 설비가 없으면 불가능합니다.」

「분자생물학이 가져다 준 훌륭한 일들을 살펴보면, 현재는 DNA의 재조합입니다. 내가 이 분야를 떠났을 무렵, 세균이 DNA의 특정부분을 제한하고 있는 메카니즘이 있다는 건 알고 있었읍니다. 그러나, 최초의 제한효소(制限酵素)가 발견되기까지는, 그 상세한 내용을 아무도 몰랐읍니다. 그 당시는 제한효소를 쓸 수 있게 되어서 폭발적인 진전을 가져 오게 되리라고는 예상하지 못했읍니다. 이런 시기에 분자생물학의 분야로 되돌아 갈 수 있다는 건 기쁜 일입니다.」

니른버그의 신경계통의 연구는, 세포로부터 무세포계를 대상으로 하게 되었고, 유전자 재조합 기술을 사용하고 있다. 아직은 눈부신 진전이 없는 것 같지만 착착 연구가 진행되고 있는 듯하다. 「과거의 일보다는 현재의 일을 얘기하고 싶다.」고 그는 말했다.

　「신경계의 연구에서 두번째의 노벨상에 도전하고 계시는 것입니까.」라는 질문에, 그는 단호하게 부정하면서 연구의 동기는 오직 흥미 때문이라고 강조했다.

때로는 전략 전환을

1959년 · DNA의 합성

아더 콘버그
Arthur Kornberg

1918 년	3월 3일 미국 New York에서 출생
1937 년	New York 시립대학 화학과 졸업
1941 년	Rochester 대학에서 의학박사 학위 취득
1942 년	미국 국립 보건원 (NIH)연구원
1946 년	New York 의과대학 객원연구원
1953 년	Washington 대학 교수
1959 년	Stanford 대학 의학부 교수

DNA는 아데닌 (A), 티민 (T), 구아닌 (G), 시토신 (C) 이라는 네 개의 누클레오티드가 이어져서 사슬이 되고, A—T, G—C의 염기 사이에 특이적으로 수소결합이 만들어져서, 두 개의 사슬이 꼬여진 이중나선 구조를 형성하고 있다. 이것이 윗슨(J. D. Watson)과 크릭(F. H. C. Crick)의 이중나선 모델이다.

유전자 공학의 전성시대인 현재, 연구자는 일상적으로 유전자DNA를 시험관 속에서 합성하여 재조합하고 있다. DNA를 시험관 속에서 처음으로 합성한 것은 콘버그(A. Kornberg)로서, 이중나선 모델이 나온지 2년 후인 1955년의 일이다.

DNA가 복제될 때는 이중나선이 풀려지고, 각각의 사슬의 염기배열에 상보적(相補的)인 쌍을 만들도록 새로운 사슬이 합성될 터이었다. 그러나, 당시는 그것에 대한 상세한 내용을 전혀 알지 못하고 있었다.

콘버그는 방사성인 탄소 14 , 인 32 로 표지한 누클레오티드를 사용했다. 방사성 누클레오티드와 대장균의 추출물을 시험관에 넣고, 중성인 pH에서 일정한 온도로 유지하여 반응시킨다. 이것에 트리클로로아세트산과 같은 산을 가하면, 누클레오티드와 같은 작은 분자는 침전하지 않지만, 단백질이나 핵산과 같은 큰 분자는 침전한다. 이 침전에 방사성이 있으면, 누클레오티드가 핵산의 큰 분자에 흡수되었다는 것을 의미한다.

당시, 콘버그의 스승이던 오초아(S. Ochoa)는 아조토백터균 ($Azo-$ $tobacter$ 균) 으로 누클레오티드 2인산을 큰 중합체 (重合體) 로 전환하는 효소를 발견했다. 오초아들은 이것으로 실험관 안에서의 RNA합성을 발견한 것이라고 생각했었다. 그들은 산화적 인산화에 흥미를 가져, ATP합성효소의 발견을 노리고 있었으므로 이것은 우연한 발견이었다.

그것을 안 콘버그는 처음에, 오초아가 아조토백터균에서 발견한 RNA합성을 대장균에서 확인했다. 다음에는 DNA합성계를 연구하여 DNA합성효소, DNA폴리머라제를 발견했던 것이다. 오초아는 RNA의 합성으로, 콘버그는 DNA의 합성으로 1959년도의 의학·생리학상을 수상했다.

그런데, 이 수상에는 후일담이 있다. 오초아가 발견한 효소는 폴리누클레오티드—인산화효소라고 하는 생체 내의 조건에서는 RNA를 분해하는 효소라는 것을 알았다. 콘버그의 DNA폴리머라제에 대해서도 1969년에, 이 효소를 갖지 않는 변이주 (變異株) 가 발견되었다. 이 변이주는 콘버그의 DNA폴리머라제가 없더라도 훌륭히 DNA를 복제하여 증식한다. 콘버그의 효소는 DNA합성에는 본질적인 것이 아니라고 생각되기 시작했다.

그래서, DNA합성에는 이 밖에도 달리 효소가 있는 것이 아닌가 하고 효소탐색이 시작되었는데, 그 효소를 발견한 것은 콘버그의 둘째 아들 토머스(Thomas B. Kornberg)였다. 아버지가 발견한 DNA합성효소는 DNA폴리머라제 Ⅰ로, 아들이 발견한 효소는 DNA 폴리머라제 Ⅱ, DNA폴리머라제Ⅲ으로 불리게 되었다. 아버지의 연구를 아들이 완전한 것으로 만들었다고 할 것이다.

아버지 아더 콘버그는 줄곧 DNA합성 연구를 계속하였고, 그가 쓴 교과서 『DNA복제』는 이 분야에서의 결정판이라고 일컬어지고 있다.

콘버그는 스탠포드 대학 의학센터의 생화학 부문에 있다. 캠퍼스가 넓기 때문이라고 하며, 그의 비서가 친절하게도 지도를 보내 주었었다. 그의 사무실은 밀끔하게 정돈되어 있었고, 베이지색 소파와 아름다운 나무결의 세간들이 깔끔한 인상을 주었다. 콘버그는 타원형 테이블 끝에 가서 앉았다. 블루의 깃이 트인 셔츠라는 편한 차림이었다. 그는 천천히, 아주 명쾌한 영어로 질문에 대답해 주었다. 「실험 벌레」라는 평을 받고 있는 그는 조용하고 온화하면서도, 하나하나의 대답을 확실하게 단언하는 어떤 종류의 위엄이 감돌기 조차 한다.

그의 연구실에서는, 오카자키 단편(Okazaki fragment : DNA는 단편으로 합성되고 그것이 이어져 간다)의 발견으로 유명한 오카자키(岡崎令治, 1930～1975)를 비롯하여 많은 일본인 연구자가 경험을 쌓고 있다. 그는 일본인 연구자를 높이 평가하고 있다고 한다.

— 당신은 핵산의 대사를 연구하고 있었기 때문에 자연히 DNA폴리머라제에 흥미를 가지게 되셨읍니까?

「그렇습니다. 나는 핵산을 만들고 있는 블록인 누클레오티드를 연구하고 있었지요. 그리고는 누클레오티드의 작은 쌍인 보조효소(補助酵素)의 합성으로 옮겨 갔읍니다. 그리고 누클레오티드의 큰 집합체로 흥미가 끌려 갔읍니다.」

— 최초에 DNA폴리머라제를 발견했을 때는 어떤 일이 일어났읍니까?

「실제로 나는 맨 처음 RNA합성을 발견하고, 그 직후에 DNA 합성을 발견했읍니다. 우리는 아데닐산(아데노신1인산＝AMP)이 RNA와 같은 것으로 전환된 것을 발견했어요. 티미딘은 DNA와 비슷한 걸로 전환되었고요. RNA쪽이 반응이 활발했기 때문에 재미있다고 생각했읍니다. 오초아의 그룹이 누클레오티드 2인산을 커다란 폴리머로 전환하는 효소가 있다는 걸 우연히 발견했다고 듣고나서, 오초아가 아조토 백터에서 얻은 결과를 대장균으로 확인할 수 있었읍니다. 이건 오초아의 연구를 다른 생물로 추적한 것으로 중요한 발견은 아니었읍니다.」

「나는 티미딘의 흡수를 좀 더 자세히 조사해 보려고 생각했읍니다. 방사활성(放射活性)은 매우 낮았지만 분명히 흡수가 있었어요. 그래서 우리는 티미딘을 티미딘1인산, 2인산, 3인산으로 전환하는 효소를 정제하기로 했읍니다. 대장균의 추출물은, 티미딘을 DNA로 합성하므로 몇 가지 효소가 있을 터이었읍니다. 하나는 누클레아제로서 우리가 한 추출물의 DNA를 네 종류의 누클레오티드로 분해하는 것입니다. 그리고 1인산을 2인산으로 전환하는 키나제입니다. DNA폴리머라제 I 외에, 이들 효소를 모조리 발견할 필요가 있었읍니다.」

— 주형으로는 무엇을 쓰셨읍니까?

「흉선(胸腺)의 DNA입니다. 우리는 만들어진 모든 핵산을 보호하기 위해 DNA를 보탠 것입니다. 이들 추출물에서는 합성보다도 분해쪽이 훨씬 강했읍니다. 따라서, DNA는 세 가지 기능을 수행하고 있었읍니다. 하나는 생성된 소량의 핵산을 보호하기 위한 저장소로서 작용합니다. 다음에는 누클레오티드 3 인산의 공급원으로서 작용합니다. 그리고 주형과 프리머(primer : 합성 개시점) 로서의 역할입니다. 그러나 당시는 이와 같은 일을 전혀 몰랐읍니다.」

「 우리의 실험이 있은 것은 1955 년인데, DNA가 복제의 주형으로서 어떻게 작용하느냐는 것은 윗슨, 크릭의 가설이 이미 나와 있었어요. 그러나, 기질(基質) 또는 주형으로부터 지령을 받는 따위의 효소계가 실제로 얻어지리라고는 믿어지지 않는 일이었읍니다. 그때까지 발견되어 있던 효소계에서는 그와 같은 것은 하나도 없었으니까요. 실제로 알려져 있던 효소는 모조리, 매우 특이적으로 작용하게 디자인되어 있었으므로, 대부분의 생화학자는 (우리의 실험결과를) 믿질 않았읍니다. 윗슨, 크릭의 논문에서도 효소의 존재를 예기하고 있지 않았읍니다. 주형으로 될 DNA의 사슬과 건축 블록 (누클레오티드) 을 배열해 주면 자연히 지퍼가 닫혀지는 걸로 생각하고 있었읍니다.」

— 윗슨, 크릭의 논문이 나왔을 때, 직관적으로 옳다고 생각하셨읍니까?

「 그건 매우 재미있는 질문이지만, 나의 일과는 그리 관계가 없는 듯이 생각됩니다. 누클레오티드가 어떻게 집합해 가느냐는 문제에 나는 흥미를 가지고 있었어요. 나는 DNA를 주형으로서 이용하는 효소, 무세포계를 발견할 수 있었던 것은 행운이었다고는 생각하지 않습니다. 일종의 누클레오티드를 DNA사슬에 보태 주면, 어떠한 반응을 발견할 수 있었던 것이 아닐까고 생각합니다. 우리는 네 종류의 누클레오티드가 흡수되는 반응을 발견했을 때 매우 놀랐읍니다. 이 시점에서, 우리는 누클레오티드 3 인산이 기질이라는 걸 몰랐어요. 주형이 분해된 것이 기질로 되어 있었던 것입니다.」

「 나중에, DNA로부터 열에 안정한 뭔가가 만들어지고 있다는 걸, 우리 그룹의 박사 연구자였던 레만(I. R. Lehman) 이 밝혔읍니다. 거칠게 추출한 계는, 이미 누클레아제와 키나제의 활성을 가지고 있었읍니다. 그리고 열에 안정한 분획(分劃)에는, 티미딘 3 인산 (TTP) 외에 세 개의 누클레오티드 3 인산(ATP, GTP, CTP) 이 있다는 걸 알았지요. 중요한 일은, 우리가 이들 연구를 고전적인 스타일의 고리타분한 생화학으로써 하고 있었다는 것입니다. 세포를 절개하여 추출물을 분획합니다. 좋은 애세이(assay : 검정, 정량) 법이 있으면, 세포가 하고 있는 일을 어떤 일이라도 재구성할 수 있을 것이라는 게 당시의 확신이 있고, 그건 지금도 변함이 없읍니다.」

「이들 DNA의 합성에 대한 일을 할 수 있었던 것은, 센트루이스의 워싱턴 대학의 동료였던 프리드킨(M. Friedkin)으로부터, 탄소 14 티미딘을 얻었었기 때문입니다. 그는 염기의 티민과 당의 데옥시리보스를 결합시키는 효소를 발견하여 방사성 티미딘을 처음으로 만들었어요. 나는 그에게 티미딘을 사용하여 효소학(酵素學)의 실험을 해 주었으면 싶었는데, 그는 동물과 조직을 사용한 실험을 하고 있었읍니다. 최초의 실험에서, 산에 불용성(不溶性) 분획으로 얻어진 카운트는, 백그라운드에 대해 25 ~ 30으로 대단한 건 아니었읍니다. 반년쯤 후에 DNA 의 연구로 되돌아 왔을 때, 그는 5배쯤이나 방사성이 높은 티미딘을 주었어요. 그걸 사용하자 150 카운트 정도가 되어 좋을 듯이 생각되었어요. 그래서 나는 생성물을 DNA분해효소로 처리하여, 방사성 티미딘이 DNA에 특이적으로 흡수되고 있는 걸 확인했읍니다.」

— DNA폴리머라제 I 의 발견 후, DNA의 복제연구에만 외곬으로 계속해 오신 건 어떤 이유입니까?

「아직 끝나지 않았기 때문입니다.」

— 얼마나 걸릴 것으로 생각하십니까?

「영원합니다.」

콘버그는 표정도 바꾸지 않고 대답했다.

— DNA폴리머라제 I 의 결실 변이주(缺失變異株)가 분리되었다는 뉴스를 들으셨을 때, 어떤 기분이었읍니까?

「DNA폴리머라제 I 이 정말로 없다고는 생각되지 않았어요. 폴리머라제 I 은 지금도 중요한 복제효소라고 생각하고 있읍니다. 그러나, 지금은 폴리머라제 I 은 복제에 있어서 어떤 역할을 하고는 있지만, 주요한 게 아니라는 걸 알고 있읍니다. 실제로 내 아들이 폴리머라제 I 을 갖지 않는 변이주로 다른 폴리머라제, 즉 폴리머라제 II, 폴리머라제 III 을 발견했읍니다.」

— 다른 사람이 아니고, 아들이 그걸 발견했다는 것에 대해서는 어떻게 생각하셨읍니까?

「그건 매우 행복했읍니다. 다른 사람이 발견하기보다야 자식이 한 게 기쁘지요(웃음). 그 때 케언즈(J. Cairns)를 비롯한 많은 사람들은, 내가 기술(記述)한 DNA폴리머라제는 중요한 것이 아니라는 걸 밝히려고 열성이었읍니다. 『네이처(Nature)』지는 논설로써 복제에는 전혀 관계가 없다고까지 말하고 있었읍니다. 이건 아주 극단적이었지만요.」

— 아들에게 생화학을 하라고 시사하셨던가요?

「아니요. 톰은 그 때, 쥴리어드 음악원에 있었는데 프로의 첼로 연주자였읍니다. 동시에 그는 컬럼비아 대학엘 다니고 있었지만, 나와 함께 실험실에서 일한 적은 없었읍니다. 그런데, 손가락에 작은 종양이 생겨서 첼로를 결 수 없게 되었어요. 그래서 그는, 실험일을 하려고 결심했읍니다. 그는 교수로부터 내가 공격을 당하고 있다는 말을 들었어요. 그렇다면 DNA폴리머라제가 이들 변이주에 있는지 없는지를 자기가 조사해 보려고 한 것입니다.」

— 그는 혼자서 일을 시작했었군요.

「그렇습니다. 하지만 그 전에 내가 영국에 있을 때 그로부터 전화가 있었기에, 하버드의 리차드슨(C. C. Richardson)이 변이주의 DNA폴리머라제 활성을 발견하려다가 성공하지 못했다는 걸 알려 주었어요. 그런데도 그는 도전을 하여 성공했읍니다.」

콘버그는 젊은 시절에, 1946년부터 뉴욕 대학 의학부에서, 후에 동시에 노벨상을 수상하게 된 오초아 밑에서의 연구를 경험하고 있었다.

— 오초아한테서 일을 하면서 무엇을 배우셨읍니까?

「그는 효소의 연구를 어떻게 하는가를 가르쳐 주었읍니다. 내게는 가장 중요한 선생님입니다. 그는 또 낙관주의가 중요하다는 것도 가르쳐 주셨어요. 실험을 하고 있을 때는 잘 될거라고 믿는 게 중요합니다. 그러나 잘 되었으면 비판적으로 관찰하지 않으면 안됩니다. 나는 티미딘과 추출물을 반응시키고 있을 때 잘 되리라고 믿고 있었읍니다. 그러나, 잘 되지 않았기 때문에 다시 한번 해 보았지요. 처음에는 간에서, 다음에는 골수종(骨髓腫)에서, 그리고 결국은 대장균에서 성공했읍니다. 몇 번이나 잘 되지 않았기 때문에, 나는 성공한 것이 정말로 DNA이냐, DNA의 성질을 가지고 있는 것이냐고 거듭 반문했어요. DNA 분해효소를 사용하기도 하고 다른 여러 가지 일을 했읍니다. 만약에 DNA라면 누클레오티드는 어디서 온 것인가? 나는 넣지 않았으니까 어디에선가 온 것입니다. 이렇게 계속하여 의문을 제기합니다.」

「어째서 내가 큰 발견을 하는 행운을 가질 수 있었느냐? (웃음). 뭔가 재미있는 발견을 하거든 가장 엄밀하게 비판해 보아야 합니다. 정말로 진실인가 하고 말입니다. 그리고 반복해서 확인합니다. 오초아의 이런 성격은 인상적이었읍니다. 오초아와 일을 하며 그를 관찰하고 있으면, 나도 발견을 할 수 있는 게 아닐까 하고 느껴졌읍니다. 중요한 공헌을 하고 싶다고 생각한다면, 천재가 되거나, 또는 다른 사람과는 다르게 되어야 합니다. 그렇게 생각하면 맥이 풀리고 실망하게 될지도 모릅니다. 그러나 오초아와 같이 매우 지적이고, 인간적으로도 재미 있는 사람과 일을 하면서 그것이 성공하는 걸 보고 있느라면, 나도 성 공할 수 있는 게 아닌가 하고 느껴집니다(웃음).」

— 분자생물학 또는 생화학에서 큰 일을 하기 위해서 가장 중요한 일 은 무엇입니까?

「그건 욕구(欲求)이며 동기(動機)라고 생각합니다. 그리고 상식 을 들고 싶군요. 모든 인간에게는 지성(知性)이 있다고 합니다. 상식 이란 무엇이 중요하고, 무엇이 중요하지 않는가를 판단하는 감각입니 다. 이를테면, 방사활성이 1 m*l* 당 150 단위가 있었다고 합시다. 거기 에는 1.26 mg 의 양이 있으면 컴퓨터로 계산하여(콘버그는 내가 선사한 전 산기를 조작했다), 1 mg 당 119.0476 단위로 나옵니다. 그래서 답을 119.0476 단위로 냈다면, 그건 상식이 있는 사람에게는 실없는 일입니 다. 그러나 학술잡지를 보면, 분석(as say)을 하여 119.04 라는 결과를 내놓고 있는 것에 부딪힙니다. 그들은 정말로 행운이지요. 실제는 119. 04 ± 10 %이니까요.」

— 그런 사람들이 상식이 없는 사람인 셈이군요.

「나는 그렇게 생각해요.」

— 대부분의 사람은, 위대한 과학자는 상식적이 아니라고 생각하고 있는 듯 합니다만…….

「이를테면, 1953 년이나 54 년에는, DNA는 매우 복잡하기 때문에 추출물을 끄집어 내어 DNA를 만드는 계(系)를 만들어 낼 수 있으리 라고는 생각하고 있지 않았어요. 상식으로 말하면, 그런 일을 시도해 본다는 건 어리석은 일이었겠지요. 그런 의미에서는 나도 어리석다는 말을 들을지 모르고, 다른 사람들과는 달랐었다고 말할 수 있을 것입 니다.」

「그러나, 나는 그렇지가 않지만, 선천적으로 수학에 뛰어난 사람이 라든가, 본질을 추출하는 것이 장기인 과학자는 예술가와 닮은 데가 있읍니다. 또 생거(F. Sanger)처럼 실험기술에 선천적으로 뛰어난 사 람들도 있읍니다. 과학은 예술과 아주 흡사하다고 생각합니다. 그건, 기술(記述)된 일련의 조작(操作)을 좇는 엔지니어링과는 달라서 일정 한 형식이 없읍니다.」

「이를테면, 내가 가장 자랑으로 생각하고 있는 업적은 DNA의 합성이 아니라 보조효소 NAD (니코틴아미드·아데닌·디누클레오티드) 의 합성입니다. 그게 내가 한 중요한 발견이라고 생각합니다. 처음에 효소를 정제하여 그것이 NAD를 둘로 분해한다는 걸 밝혔읍니다. 휴가에서 돌아온 어느날, 이 효소를 정제하는 일에 지쳐 있었어요. 그래서 NAD 는 아데닐산 (AMP) 과 니코틴아미드·리보스·인산이므로, ATP와 니코틴아미드·리보스·인산과 효모 (**酵母**) 라든가 간 (**肝**) 의 추출물을 한데 섞어보았지요. 그랬더니 반응이 일어난 겁니다. 현재 알려져 있는 일련의 반응이 일어나서, 무기 (**無機**) 피롤린산이 유리되었읍니다. 매우 흥분했던 순간이었읍니다 (웃음).」

― 당신은 실험에 집중해 있을 때보다, 지쳤을 때에 아이디어가 잘 나옵니까?

「 아닙니다. 그때는 지쳤다기 보다는 심심하고 따분해 하고 있었다고 해야 하겠는데, 나는 무언가 다른 일을 해 보려고 생각했었지요. 중요한 일이라고 생각하거든 줄곧 계속해 나가야 합니다. 그러나 더 재미있을 듯이 생각되는 일도 해 보지만, 대개는 아무 일도 일어나질 않습니다. 그런데 이때는 흥분할 일이 일어났고, 일련의 실험으로의 길이 트여진 것입니다.」

「학생을 지도하고 있으면, 그들이 얼마만큼이나 참을성이 강한지가 늘 마음에 걸립니다. 나는 내 자신은 그다지 참을성이 없는 편이라고 생각해요. 그건 좋을 수도 나쁠 수도 있읍니다. 인내는 매우 중요합니다. 그러나, 때로는 참지 않는 것도 필요합니다. 무언가 보통과는 다른 일을 해 봅니다. 창조적인 과학을 할 경우 선택은 예술과 아주 비슷합니다.」

― 그렇다면, 과학자도 예술가처럼 선천적인 재능이 문제라고 하게 되겠읍니까?

「 질이나 소재 (**素材**) 등이 다릅니다. 어떻게 연구해야 할 것이라는 형식도 없는데다, 그것을 가르쳐 줄 컴퓨터도 없다는 걸 말하고 싶은 겁니다. 어떤 일에 싫증이 나서 다른 일을 하고 싶다고 생각했을 때, 그 선택은 예술과 닮은 것입니다.」

「 12년 전, DNA합성에 관해서는, 어떻게 하여 새로운 사슬을 출발시키는지를 몰랐읍니다. 우리가 하고 있던 대장균과 고초균 (**枯草菌**)으로는 전혀 실마리가 잡히지 않았읍니다. 나는 작은 염색체를 정력적으로 연구하기 시작했었지요. 처음에는 M 13 파지로, 나중에는 φ X 174 파지입니다.」

— 차원이 다른 일을 시작하는 게 중요하다고 생각하셔서…….

「그렇습니다. 모두가 며칠 사이에 M 13 의 작업을 시작했읍니다. 몇해 동안이나 몰랐던 것이, 금방 중요한 일을 발견할 수 있었읍니다.」

— 앞으로의 분자생물학은 어떻게 전개되어 가리라고 생각하십니까?

「우리는 생명의, 보다 복잡한 과정의 분자적인 상세한 걸 밝혀 내려고 계속해 나가겠지요. 발생·분화, 중추신경계의 이해라는 따위의 일반적인 과제까지 포함해서 말입니다. 뇌의 생화학이나 기능은 거의 알지 못하고 있읍니다. 그러나 신경계에서는, 소화기나 근육에서 알게 된 것처럼은 알지 못할 것이라는 이유는 없으리라고 생각합니다.」

— 최근의 DNA 합성에 대한 얘기에서는, 성장인자와 암의 관계가 주목되고 있는데 어떻게 생각하십니까?

「모르겠어요. 암은 매우 복잡합니다. 사람은 물론, 동물은 복잡해서 우리는 그것의 생화학을 이해하지 못하고 있읍니다. 지금은 암유전자 등의 연구가 막 시작되었을 뿐입니다. 이를테면, 왜 암세포에서 DNA 합성이 시작되고, 어른의 정상세포에서는 멎는 것인지 모르고 있읍니다. 지금, 대장균에서 알고 있는 것과 같은 방대한 정보가 얻어지기까지는 알 수 없는 게 아닐까요? 우리는 아직 대장균도 이해하고 있지 못해요. 그러나 대장균의 이해에는 접근하고 있다고 생각합니다.」

콘버그의 교과서 『DNA 복제』(*DNA Replication* 1980 년판)는 724 페이지나 되는 방대한 것이며, 인용한 문헌과 저자의 색인에는 2789 명의 이름이 실려 있다. 인용문헌의 저자 색인을 살펴보면, 아들의 이름은 있지만 콘버그 자신의 이름은 없다. 각 페이지의 각주 (脚註)를 살펴보면 곳곳에 콘버그 자신의 논문이 인용되어 있다. 교과서의 저자는 인용문헌의 저자 색인에는 싣지 않는다는 관습이라도 있는 것일까? 곁에 있는 커다란 교과서를 펼쳐 보았더니, 저자의 이름과 수많은 논문이 실려 있었다.

자신의 논문을 인용한 페이지를 열거하게 되면, 너무도 방대해지기 때문에 굳이 들지 않았던 것일까? 이 대저야말로 바로 그 자신이 걸어 온 발자취라고 해도 될만한 것이라고 생각되기 때문에…….

4. 醫學生理學賞 (2)

J. 레더버그 (1958년) ······················ *197*
D. 볼티모어 (1975년) ····················· *205*
J. 액셀로드 (1970년) ····················· *214*
D. 후벨과 T. 비젤 (1981년) ············· *222*
A. 코맥 (1976년) ························· *241*

〈노벨 의학 · 생리학상 금메달의 뒷면〉

강력한 수단을 확립

1958년 · 미생물에 의한 유전생화학의 발전

1925년 5월 23일 미국 New Jersey주 Montclair
에서 출생

1944년 Columbia 대학 졸업

1947년 박사 학위 취득, Wisconsin 대학 조교수

1954년 교수

1959년 Stanford 대학 교수

1978년 Rockefeller 대학장

조슈아 레더버그
Joshua Lederberg

　　레더버그(J. Lederberg)가 노벨상 수상 연구로 된 박테리아의 접합 실험의 아이디어를 착상한 것은 1945년, 그가 스무 살 때였다. 이듬해에는 테이텀(E. L. Tatum, 미국) 아래서 실험을 하여 성공했다. 발표는 이듬해인 47년, 스물 두 살 때이고 이것이 그의 박사 학위 논문이었다. 노벨상 수상자 중에서도 매우 조숙한 연구자였다고 할 수 있다.

　　당시, 박테리아는 단순히 분열을 계속하여 증식만 하는 것인지, 아니면 접합(接合)을 하여 유전자를 교환하는 일이 있는지는 분명하지 않았다. 레더버그는 어떤 종류의 아미노산이나 비타민을 합성할 수 없는 대장균의 변이주(變異株)를 사용하여 접합의 유무를 조사했다. 이와 같은 균은, 그것이 합성할 수 없는 아미노산이나 비타민을 함유하고 있는 배지(培地)가 아니면 생육(生育)하지 못한다. 이런 성질을 「유전적 마커(marker)」로 하여, 배지의 조건을 선택해서 생육하는지 어떤지를 확인하여, 균주(菌株)를 분리하거나 유전적 변화를 관찰할 수 있는 것이다.

　　레더버그는 비오틴(메티오닌과 비타민 B의 복합체)을 합성할 수 없는 변이주와, 프롤린과 트레오닌을 합성할 수 없는 변이주를 혼합하여, 필요한 영양을 모두 함유하는 배지에서 배양했다. 그런 뒤에 이들 영양을 아무 것도 함유하지 않는 배지에다 옮겼다. 두 종류의 세균에 변화가 없으면 아무 것도 자라지 않을 터이었다. 그런데 자라는 것이 생겼다. 그것은 이들 세균의 결함이 수복(修復)되었다는 것을 의미한다.

돌연변이에 의하여 결함이 수복될 가능성도 있지만, 접합시킬 두 종류는 모두, 두 가지 결함을 지니는 변이주를 사용하고 있었다. 동시에 두 유전자에 돌연변이가 일어날 확률은 매우 낮다. 따라서 두 변이주 사이에는 유전자의 교환이 일어나서 결함이 해소된 균이 등장한 것이라고 생각된다. 계획했던 대로의 결과였다.

이 발견은 박테리아도 유전자를 주고 받는, 즉 고등동물의 성(性)에 대응하는 것이 있다는 것을 의미한다. 현재는 인공적인 유전자 재조합이 가능해져서 크게 주목을 끌고 있지만, 레더버그가 발견한 것은 자연상태에서 박테리아에 유전자 재조합이 일어난다는 것이었다. 이 후에, 접합을 이용하여 대장균의 유전자 지도(遺傳子地圖)를 만드는 연구 등이 레더버그를 비롯한 사람들에 의해 이루어졌다. 접합의 이용은 유전학적 해석의 강력한 기본적인 수단으로 되었다. 현재 대장균은 유전적인 성질이 가장 잘 알려져 있는 생물이다.

레더버그와 함께 수상한 테이텀과 비들(G. W. Beadle, 미국)은 유전학과 생화학을 결부시키는 연구를 했다. 레더버그가 접합실험에 사용한 결함 변이주를 이용하여 유전자를 해석하는 방법을 개발한 것이 비들과 테이텀이다. 박테리아가 영양을 이용하는 위에서의 결함은 효소의 결실(缺失)과 관계되고 있다. 비들과 테이텀은 이것으로부터 「1유전자 1효소설」을 내 세웠다. 또 이 두 사람은 붉은 곰팡이를 재료로 사용하여, 종래는 초파리가 중심이었던 유전학으로부터 미생물의 유전학을 개척했다. 비들, 테이텀, 레더버그 세 사람은 미생물에 의한 유전 생화학(遺傳生化學)의 발전으로 1958년의 의학·생리학상을 수상했다.

수상한지 이미 26년이 흘러 갔고, 레더버그는 뉴욕 맨해턴에 있는 록펠러 대학의 학장이 되어 있었다. 학장실이 있는 건물은 정문을 들어서면 바로 왼쪽에 있다. 여기는 대학원생이 100명쯤인 대학원 대학으로, 그밖에는 박사 연구자와 교수진 뿐이며 의학·생물학을 중심으로 연구하고 있다. 정문에는 「록펠러 의학 연구소로서 1901년에 창설」이라고 적혀 있다. 대학으로 되기 전의 연구소 시절의 낡은 건물은, 부지 구석에 있는 이스트 강변에 늘어 서 있다. 일본의 노구찌(野口英世)가 황열병(黃熱病) 등의 각종 전염병을 연구한 곳이다. 에이브리(O.

T. Avery)가 유전물질이 DNA라는 것을 규명한 폐렴 쌍구균의 형질(形質) 전환의 실험을 한 것도 이 연구소이다.

학장실은 널찍한 방으로 벽면에는 천장까지 닿는 서가가 이어져서 주위를 위압하듯 했다. 레더버그는 흰 반소매 와이셔츠에 감색 넥타이, 감색 바지 차림이었다. 젊었을 적의 사진보다는 상당히 여윈 듯하지만 그래도 상당한 거한이다. 머리숱이 적어진데다 뺨에서 턱에 걸친 구레나룻이 새하얗다. 레더버그가 큰 몸집을 담을 때는 의자가 삐걱거렸다.

— 최초의 연구는 어떤 테마였읍니까?

「나는 컬럼비아 대학 동물학의 젊은 강사이던 라이안(F. J. Ryan)과 일을 했읍니다. 열 여섯 살에 컬럼비아 대학에 입학했을 때, 라이안은 박사 연구자로서 스탠포드의 테이텀에게 가 있었읍니다. 내가 열 일곱 살이 된 1942년에 라이안은 컬럼비아로 돌아와서 강사가 되고, 조교수가 되었읍니다. 나는 곧 그를 만나러 가서 사사(師事)하고 싶은 인물이라고 생각했읍니다. 그는 테이텀으로부터 생화학적 유전학과 붉은 곰팡이를 가지고 왔고, 많은 신선한 아이디어를 가지고 있었읍니다. 그로부터 붉은 곰팡이에 대해 많은 걸 배웠읍니다. 나는 실험실의 일을 거들면서 기구를 씻거나 하고 있었어요. 당시는 배양에 쓰는 한천이 손에 잘 들어오지 않았기 때문에, 한번 썼던 한천을 깨끗이 하는데 무척 오랜 시간을 소비한 기억이 있읍니다. 한번 사용한 것을 버리지 않고 다시 삶아서 썼읍니다. 그렇기 때문에 내가 한 첫번째 일은 한천의 재생입니다(웃음). 시중에서 팔고 있는 한천보다 깨끗한 걸로 재생했는데 이건 중요한 일이었읍니다.」

「당시, 또 하나의 흐름이 에이브리의 연구에서 이끌어졌읍니다. 그 일은 1944년 2월 1일에 최초로 발표되었읍니다. 나는 학부 학생이었지만 대학원의 세미나에 참가하고 있었기 때문에 그걸 알았어요. 그건 우리가 지금, 분자 유전학이라고 부르고 있는 것의 효시였읍니다. 화학물질이 세포의 성질을 바꾸는 건 근본적인 과정이며, 생물학에 있어서도 가장 중요한 사건이라고 나는 생각했읍니다. 나는 에이브리가 폐렴 쌍구균에서 제시한 노선을 좇아, 붉은 곰팡이를 쓰는 실험을 하자고 라이안에게 부탁했읍니다.」

「내가 에이브리의 논문을 손에 넣은 건 1945년 1월이었어요. 그 해 봄까지 붉은 곰팡이의 한 계통으로부터 DNA를 추출해서, 다른 계통의 붉은 곰팡이를 전환시킬 수 있는가의 여부를 실험했읍니다. 그 실험을 한 이유는, 그때까지 박테리아에서의 유전자라고 하는 개념을 아무도 갖고 있지 않았기 때문입니다. 에이브리의 실험이 있은 뒤, 박테리아의 유전자를 더 명확히 하는데는, 화학물질이 제일 좋은 단서였기 때문입니다. 붉은 곰팡이의 유전학은 매우 잘 알고 있었기 때문에, 이 실험을 하는 데는 좋은 생물이라고 나는 생각했었지요.」

「이 실험들은 잘 되질 않았읍니다. 매우 특수한 테크닉이 필요하여 3년 후가 되기까지 아무도 성공하지 못했읍니다. DNA를 세포 속에 넣는데는 특수한 환경조건이 필요합니다. DNA분자가 들어갈 수 있을 만하게 세포를 벌인다. DNA가 절단되지 않게 한다. DNA를 주의깊게 조제(調製)한다. 당시는 그런 조건 중 어느 한 가지도 알려져 있지 않았어요. 너댓 가지 일을 동시에 알고 있지 못할 때에, 일을 잘 진행시킨다는 건 매우 곤란합니다.」

「그러나 붉은 곰팡이에서의 연구는, 유전자의 재조합을 어떻게 관찰할 것이냐는 기본적인 방법론을 확립했읍니다. 붉은 곰팡이에서는, 특수한 성장인자를 함유한 배지가 아니면 성장하지 못하는 변이주를 쓸 수가 있읍니다. 그 계통에는 대사의 유전적인 결함이 있기 때문입니다. 어떤 계통에서는 대사의 한 단계가 차단되고, 다른 한 계통에서는 다른 단계가 차단되어 있읍니다. 이것들을 접합하면 보통의 배지에서 자라는 야생주(野生株)를 얻을 수가 있어요. 이것이 기본적인 방법론입니다.」

「우리가 한 것은, 아미노산인 루이신을 합성하지 못하는 계통을, 루이신이 함유되어 있지 않은 배지에다 심고, 루이신을 만들 수 있는 야생형으로부터 DNA를 추출하여 보태는 방법이었읍니다. DNA가 흡수되면 루이신이 없는 배지에서도 성장합니다. 우리가 DNA가 들어간다는 증거를 얻지 못한 이유의 일부는, 루이신 의존성의 변이주는, 때로 자연적으로 야생형으로 돌연변이를 해 버리기 때문입니다.」

「DNA로 형질을 전환시키는 실험이 잘 안되기는 했지만, 우리는 우연히도 그때까지 알려지지 않았던 자연복귀 돌연변이를 발견한 것입니다. 우리의 방법은 매우 강력했기 때문에 좀처럼 일어나지 않는 일이 일어났을 때, 그 즉석에서 밝힐 수가 있었던 겁니다. 그렇기 때문에 나와 라이안과의 최초의 과학논문은, 붉은 곰팡이의 자연복귀 돌연변이에 관한 것입니다. 이런 종류의 실험에서는 어느 것이든 대조(對照)에 신중하지 않으면 안됩니다.」

「또 한 가지 다른 면으로부터는, 박테리아의 유전자에 대해 **명확한** 아이디어를 갖는 일이 **중요했읍니다.** 박테리아가 접합하는지 어떤지를 꼭 확인해야만 했읍니다. 문헌을 조사해서 그 누구도 설득력을 지닌 실례를 발견하지 못했다는 걸 알았읍니다. 누구도 박테리아에 성(性)이 있는지 없는지를 검출하는 강력한 방법을 쓰고 있지 않았읍니다. **붉은** 곰팡이의 연구로 나는 강력한 방법이 있다는 걸 알고 있었읍니다. 변이주를 사용하여 접합을 시켜서 마커(marker)의 분리를 조사하는 것입니다. 그걸 9월에 테이텀에게 편지로 알렸읍니다.」

— 테이텀과 최초로 만난 건 어떤 시기였읍니까?

「테이텀에게 박테리아의 접합실험을 제안한 편지를 쓴 뒤, 라이안이 테이텀이 있는 곳에서, 어느 기간 일을 하면 어떻겠느냐고 권해 주었어요. 그의 소개로 예일로 갔읍니다. 1946년 3월이었어요. 6월에는 대장균의 K 12주(株)로 최초의 실험이 성공했읍니다. 7월에는 콜드 스프링 하버의 심포지움에서 발표했읍니다.」

— 처음 테이텀을 만났을 때의 인상은…….

「그는 매우 친절하고 온화한 사람이었어요. 나는 아직 스무 살이었는데, 그는 연구실에다 장소를 제공해 주었기에 매우 고맙게 생각했읍니다.」

— 박테리아의 접합실험을 계획했을 때는 어떤 점에 주의하셨읍니까?

「확실한 결과를 얻기 위해, 대조를 어떻게 하느냐는 것입니다. 실험에는 한 달이 걸렸지만, 대조를 확립하는 데는 두 달 반을 소비했읍니다. 두 개의 배지를 실제로 섞기 전에 무엇이 일어나는가를 확실히 해 두기 위해서지요. 테크닉이 엄격하고 대조가 확실하게 되어 있으면, 혼동하기 쉬운 결과에 현혹되는 일은 없읍니다. 나는 비판적인 반응이 있으리라는 건 예측하고 있었읍니다. 이건 놀라운 발견이며, 박테리아의 성질에 대한 종래의 전통에 전적으로 상반되고 있었기 때문입니다.」

「그때까지 박테리아의 생활사(生活史)에 대한 연구 등이 있었지만, 그것들은 좋지 못한 연구였으므로 전혀 주의를 기울이지 않았읍니다. 나는 전체적인 연구를 매우 비판적으로 보고 있었읍니다. 자신의 연구도 물론 비판적으로 다루고 있었지만, 남이 한 것과 같은 과오는 범하지 않았읍니다.」

「콜드 스프링 하버에서 발표했을 때의 반응은, 저 젊은 녀석은 뭘 말하려는 거야 — 라는 것이었어요. 그러나, 나는 연구를 매우 신중하게 준비하고 있었읍니다. 강력한 대조를 갖추고, 아무도 의심할 수 없는 **증거**를 가지고, 결과가 절대로 진실하다는 것의 확신을 가질 때까지는 **주의**를 끌고 싶지 않다고 생각하고 있었**읍니다.**」

「돌이켜 생각해 보면 무척 행운이었읍니다. 그 학회는 제 2 차 세계 대전이 끝난 이듬해인 1946년 7월로, 과학이 부흥하고 국제적인 교류가 재개되기 시작한 해였읍니다. 이 학회는 유전학과 미생물학 분야에서 전후(戰後) 최초의 대규모이고 중요한 회의였읍니다. 이들 분야의 중요한 인물들이 모였었지요. 르보프(A.M. Lwoff), 모노(J. L. Monod), 델브뤽(M. Delbruck), 루리아(S. E. Luria)들에게 발표할 수 있었던 건 매우 귀중한 일이었읍니다.」

「발표에 대한 그들의 비판은, 과학에서의 토론의 원칙에 입각하여 행해질 것이기 때문이었읍니다. 토론에 귀를 기울이고 비판을 들어야 하며 나의 대답도 들어야만 합니다. 공개된 비판적인 토론으로, 논리에 바탕한 의견을 형성해야만 합니다. 이런 기회가 없으면 많은 사람들은 씌어진 것을 읽고는, 정말인지 어떤지 모르겠는 걸 하고선, 비판이 훨씬 뒤로 미루어지고 몇 해가 걸렸을지 모릅니다. 이 분야의 중요한 인물들이 모조리 출석해 있어서, 몇 시간 사이에 논의를 다 할 수 있었다는 건 정말로 행운이었어요. 나는 그걸 예측하고 있었기 때문에 완전히 대항할 수 있는 결과가 불가결하다고 생각하여, 신중히 준비해 놓고 있었읍니다.」

「최초의 논문은, 새로운 현상을 알리는 데에 필요한 논리적인 단계를 모조리 포함하고 있었읍니다. 다만 세부적인 건 그 시점에서도 아직 남아 있었고, 해결에는 몇 해나 걸렸읍니다. 박테리아가 어떻게 하여 유전물질을 교환하는가? 배양액을 매개해서 하는가? 세포로부터 세포로 가는 것인가 등등입니다. 근본적인 현상은 여러 가지 유전적인 표지를 가진 박테리아를 한데 하면, 유전적 마커의 교환이 일어난다는 것입니다. 이것이 그 학회에서 결정적으로 정착된 것입니다.」

— 당신보다 전에 박테리아의 접합을 생각한 사람은 없었던군요.

「정확하게 말하면 그건 진실이 아닙니다. 상상하고 있던 사람들은 있었읍니다. 그러나 그들의 실험은 전혀 설득력이 없었읍니다.」

— 당신에게는 훌륭한 테크닉이 있으셨기 때문에…….

「테크닉이 아닙니다. 전혀 새로운 접근을 한 것입니다. 변이주를 사용하고, 대조를 만들고, 강력한 결과를 얻었고, 해석에는 애매한 점이 없었읍니다. 이전 사람들은 현미경으로 박테리아를 관찰하고 있었기 때문에, 매우 구구한 관찰에 바탕하여 생활사가 기술되고 있었고, 전혀 설득력이 없었읍니다. 내게 있어서는 그 해 여름에 나온 듀보스(R. J. Dubos)의 책이 큰 도움이 되었어요. 나는 스무 살인가 스물 한살인 무렵까지, 다른 사람이 대학원의 6년간에서 하는 일과 같을 만큼 문헌을 읽거나 실험을 했읍니다. 이 나이인 무렵, 적어도 과학에 관한한 나는 순진하지는 않았읍니다.」

— 당신은 설흔 세 살이라는 젊은 때에 노벨상을 수상하셨어요.

「하지만 그 연구를 시작한 때부터 12년이나 지나고 있었읍니다 (웃음). 1950년대와 60년대에는 노벨상에 대해서, 지금처럼 크게 떠들어 대지는 않았었읍니다. 나는 연구에 바빴을 뿐입니다.」

— 노벨상을 타리라고는 예상하지 않으셨읍니까?

「그렇지요. 상을 타리라고는 생각하고 있지 않았기 때문에 무척 놀랐읍니다. 그 당시, 생물학에서 근본적인 발견에 상이 주어졌다는 건 모간(T. H. Morgan)과 멀러(H. J. Muller)로, 그들은 한 분야를 구축했다고 간주되고 있었고 훨씬 옛날 사람들이었읍니다.」

모간은 염색체의 유전기능의 발견으로 1933년에, 멀러는 X선에 의한 인공 돌연변이의 발견으로 1946년에 각각 의학·생리학상을 수상했다. 현대 유전학의 시조라고 해도 될 만한 대가들이다.

— 노벨상을 받고서 인생이 바뀌어지셨읍니까?

「사람들이 내게 코멘트를 요구하게 되었읍니다. 유명해지면 아마 과학의 일에는 방해가 될 것이라고 생각했어요. 그러나 나는 이미 중요한 스탭이 되어 있었는데다, 위스콘신 대학에서 유전학과 의학을 결부하는 중요한 일을 시작하고 있었읍니다. 수상 전에 스탠포드 대학으로 오라는 권유를 받고 있었는데, 수상이 발표되었을 때는 마침 짐을 꾸리고 있을 때였읍니다. 내가 스탠포드에서 새로운 부문을 시작한다는 건 이미 결정되어 있었어요. 나의 수상은 유전학에 대한 일반의 관심을 불러 일으켰읍니다. 이 기회를 살려야 할 중대한 책임이 있다고 생각하고 있었기 때문에, 일반 사람을 대상으로 과학이 확실하다는 걸 얘기하도록 힘썼읍니다.」

— 유전학자나 생화학자에게 있어서, 가장 필요한 건 무엇일까요?

「자신을 창조적으로 발달시키는 상황이 필요합니다. 나는 라이안과 같은 사람이 있어서, 창조적인 환경의 연구실에 있었기 때문에 매우 행운이었읍니다. 올바른 사람을 선택하여, 바보같은 짓을 할 수 있는 자유를 줄 필요가 있읍니다. 박테리아를 접합한다는 건, 당시로서는 턱없는 아이디어였읍니다. 나는 그러한 분위기를 여기(록펠러 대학)서 길러 나가려고 힘쓰고 있읍니다. 창조적인 사람들에게 가장 좋은 환경을 제공하는 것입니다. 창조적인 연구가 행해지기 위해서는, 얼마 만큼이나 진행되고 있는가 하며 연구자를 늘 관리할 것이 아니라, 혼자서 일을 하게 해 두는 게 중요합니다.」

— 지금은 무얼 연구하고 계십니까?

「나는 자신의 연구실이 없읍니다. 이 캠퍼스에서 다른 교수들이 하고 있는 연구를 이해하고, 상호접촉을 꾀하도록 하고 있읍니다. 창조성의 하나의 요소는 독창성이지만, 또 하나의 요소는 우호적인 비판입니다. 그러므로 나는 동료들 사이에서의 비판적인 토론을 활발하게 하려고 힘쓰고 있읍니다. 아이디어를 검증하거나, 새로운 실험의 가능성을 탐색하거나 합니다. 나는 이것들의 조화를 꾀하려 하고 있어요. 외부의 잡음으로부터 보호하고, 조용히 자신의 연구를 할 수 있게 말입니다」

레더버그는 연구의 제일선에서는 이미 멀어져 있다. 학장으로서 학내의 여러 가지 문제, 대외적인 활동 등으로 매우 분망한 것 같았다. 1984년 말에는, 록펠러 대학에 연구비를 기부하는 일본 기업과의 세미나에 참가하기 위해, 대학의 스탭들과 함께 일본에 왔었다.

레더버그는 역사적인 문헌을 발굴하여, 도서관에 보존하는 일에도 힘을 쏟고 있다고 말했다. 조숙한 천재는, 젊어서 연구의 정점까지 올라가 버렸고, 이제 그에게는 그 역사만이 남아 있는 것일까.

편견이 없는 유연한 사고

1975년 · 종양 바이러스의 연구

데이비드 볼티모어
David Baltimore

1938년   3월 7일   New York에서 출생
1960년   Swarthmore 칼리지 졸업
1964년   Rockfeller 대학에서 박사 학위 취득
1965년   Salk연구소 연구원
1968년   Massachusetts공과대학(MIT) 부교수
1972년   교수

암은 어떻게 하여 일어나는가? 많은 사람들에게 있어서 가장 흥미로운 문제의 하나이다. 암을 일으키게 하는 것의 하나로서 바이러스가 있다는 것은 꽤나 오래 전부터 알고 있었다.

라우스(Rous)육종, 후지나미(藤浪)육종으로 명명된 닭의 암이 그런 예이다. 미국의 라우스(F.P. Rous)와 일본의 교토(京都) 제국대학의 후지나미(藤浪鑑)들이 각각 독립적으로 닭의 육종(肉腫)을 발견하여, 그것이 바이러스에 의해 일어난다는 것을 밝혔다. 1910년대 초의 일이다. 후에 이 두 가지 육종은 다르다는 것을 알았다.

라우스는, 이 발견으로부터 반 세기 이상이나 지난 1966년에야 발암성 바이러스의 발견으로 의학·생리학상을 수상했다. 이때 일본의 후지나미는 이미 세상을 하직하고 없었다. 이것은 노벨상의 암에 얽힌 불행한 역사의 에피소드이다. 1926년의 의학·생리학상이 암의 원인에 관한 연구에 대해 주어졌는데, 이 연구가 오류라는 것이 판명되었었다. 그 이후, 노벨 위원회는 암의 연구에 대한 수상에는 신중해져서, 라우스에게 대한 수상이 이렇게도 늦어진 것이라고 주커만(H. Zukerman)은 말하고 있다(『과학 엘리트』).

암을 일으키는 바이러스(종양 바이러스)는 어떻게 작용하는가? 그 연구는 1950년대에 들어와서 활발해졌다. 바이러스는 단백질의 옷을 덮어 쓴 유전자라고나 할 것이다. 스스로 유전자를 복제하는 능력도, 겉껍질(外被)인 단백질을 만드는 능력도 없다. 다른 세포에 기생하여 그 생화학적 장치를 빌어서 증식하는 것이다.

바이러스에는 유전자로서 DNA를 가지는 것과 RNA를 갖는 것이 있다. 이탈리아 출생의 미국인 달베코(R. Dulbecco)는 DNA를 유전자로서 갖는 DNA종양 바이러스가, 숙주인 세포의 유전자DNA에 이식되는 것을 발견했다. 바이러스가 숙주인 유전자에 이식된 결과로 정상세포가 암세포로 되는 것을 알았다.

한편, RNA 종양 바이러스쪽은 어떻게 작용하는 것일까? 미국의 테민(H.M. Temin)은 1960년대부터 바이러스의 RNA의 정보가 DNA에 전사되고, 그 DNA가 숙주인 유전자DNA에 짜넣어진다는 가설을 내놓고 있었다. 그러나 유전정보의 흐름은 DNA→RNA→단백질의 한 방향이라고 하는 센트럴 도그마가 견고하게 존재했던 탓인지, 테민의 가설은 받아들여지지 않았다.

볼티모어(D. Baltimore)는 오랫 동안 폴리오(소아마비) 바이러스 등의 RNA바이러스를 연구하고 있었다. 1970년, RNA 종양 바이러스를 감염시킨 세포에서, RNA를 합성하는 효소(RNA 폴리머라제)의 유무를 조사하는 동시에, DNA를 합성하는 효소(DNA폴리머라제)도 조사해 보았다. 그 결과, 바이러스의 RNA를 주형(鑄型)으로 하는 DNA 폴리머라제를 발견했다. 같은 무렵, 테민과 일본의 미즈타니(水谷哲)도 각각 독립적으로 같은 결과를 얻고 있었다. RNA 종양 바이러스의 경우, 바이러스의 RNA를 복사한 DNA가 숙주인 유전자DNA에 짜넣어진다. 테민의 가설이 실증되었던 것이다.

볼티모어와 테민이 발견한 DNA폴리머라제는, RNA의 정보를 DNA로 전사하는 효소이다. 이것은 역전사(逆轉寫)효소라고 불리게 되었다. 일부이기는 하지만 센트럴 도그마가 깨뜨려진 부분이 있었던 것이다.

역전사 효소를 갖는 RNA 종양 바이러스를 레트로바이러스라고 부르는데, 레트로바이러스의 연구에 의해 발암기구의 이해가 크게 진전되었다. 레트로바이러스의 유전자의 전사 일부가 정상 세포 속에도 있다는 것을 알았다. 이것이 암유전자(oncogene)이다.

십수 종류가 발견되고 있는 암유전자가 어떻게 변화하면, 세포가 암화(癌化)하느냐는 것에 관해서 상세한 점이 조사되고 있다. 인류는 암의 원인에 급속히 다가 서고 있다는 인상이 짙다.

한편 테민, 볼티모어들이 발견한 역전사 효소는, 유전자 공학에서는 매우 자주 쓰여지는 도구로 되어, 연구자들에게는 불가결한 것으로 되어 있다.

볼티모어, 테민, 달베코의 세 사람은 종양 바이러스의 연구로 1975 년의 의학·생리학상을 수상했다. 종양 바이러스의 유전자가 숙주인 유전자에 짜 넣어짐으로써 암이 일어나는 것을 밝힌 것이 그 핵심이다.

시간은 20분. 이것은 볼티모어의 조건이었다. 그는 인터뷰 시간은 늘 20분으로 정해 놓고 있는 듯했다. 20분으로 무엇을 들을 수가 있을까? 그래도 만나주지 않는 것보다는 낫다. 곤란한 인터뷰가 되리라고 단단히 각오하고 있었다. 사진으로 본 수염을 기른 풍모는 마치 그리스도와 같다. 꽤나 성미가 까다로운 사람이 아닐까 그런 선입감을 품게 한다.

매사추세츠 공과대학(MIT)의 연구실을 찾아가자 그런 걱정은 전혀 할 필요가 없었다. 애기도 친절하게 해 주었고, 이따금은 웃는 얼굴도 된다. 다만 시간은 없는 모양이어서 되도록 서두르기로 했다. 그래도 사진촬영 등을 포함하여 약속한 20분을 훨씬 초과하여 갑절이나 되는 시간을 내 주었다.

시작하기 전에 인터뷰를 기획한 취지를 설명하자, 그가 먼저 애기를 꺼내기 시작했다.

「나는 1961년에, 록펠러 대학의 대학원생으로서 연구를 시작했는데, 동물 바이러스에 흥미를 가지고 있었어요. 동물 바이러스는 고등동물 세계의 일부를 연구할 수 있는 가장 작은 생물이라고 생각되었기 때문입니다. 1960년 당시를 돌이켜 보면, 대부분의 일이 박테리아나 박테리아의 바이러스에서 이루어졌고, 동물 바이러스의 생화학이나 분자생물학은 사실상 없었읍니다. 나는 자원해서 거의 존재하지 않는 분야에 관계하게 되었어요.」

「우선 실험방법을 개발해야 했읍니다. 그리고 폴리오바이러스에 대한 초기의 발견을 했읍니다. 폴리오는 질병으로서는 해결되어 있었지만, 분자생물학자의 관점으로는 흥미로운 바이러스였기에 나는 폴리오바이러스에 집중하기로 했읍니다. 생물계에서 RNA가 유전물질인 유일한 장(場)으로서, RNA 바이러스는 생물학적인 소우주를 만들고 있었기 때문이지요. 그래서 나는 동물 바이러스, RNA 바이러스, 생화학으로 들어갔던 것입니다. 이건 모두 대학원생일 때였읍니다.」

「그리고는 박사 연구자로서 여기(MIT)와 뉴욕, 캘리포니아 등 여러 곳을 돌면서, 자신의 테크닉과 폴리오바이러스 계통을 연마했읍니다. 1966년에 박사 연구자로 일하고 싶다는, 한 여성으로부터의 편지를 받았읍니다. 그녀는 당시 수포성 구내염(水泡性口內炎) 바이러스(VSV)를 연구하고 있었어요. 내가 폴리오바이러스에서 쓰고 있는 방법이 VSV에서도 쓸 수 있으므로, 그녀는 나의 연구실로 오려 했던 것입니다. 그래서 캘리포니아에서 함께 일하게 되었읍니다.」

── 그녀의 이름은요?

「엘리스 환(Alice S. Huang)으로 지금은 나의 아내입니다(웃음). 그녀는 폴리오바이러스로 연구를 계속하여, 1968년에 여기로 함께 와서 아마 1년 후에 결혼했읍니다. 우리는 VSV를 연구하기로 하고 대학원생과 여러 가지 실험을 했읍니다. 그녀는 VSV와 폴리오바이러스에는 근본적인 차이가 있다는 걸 발견했읍니다. 그 차이는 바이러스 안의 RNA사슬이, 폴리오바이러스에서는 단백질을 지령하고 있는데 대해, VSV에서는 지령하고 있지 않다는, 말하자면 넌센스한 것이었읍니다. 다른 사슬에 전사되었을 때에만 의미를 갖는 것입니다. 그런 바이러스가 감염될 수 있다는 건 정말로 당황할 난처한 문제였읍니다. 세포로 온다고 한들 단백질을 지령할 수가 없으니까 말입니다.」

「그녀는 전사를 하는 효소가 바이러스 속에 있는 게 아닐까 하고 말했읍니다. 1970년 초에 우리는 그 효소를 찾았읍니다. 곧 그걸 발견하여 논문을 냈읍니다. 그리고 나는 다른 바이러스에도 같은 메카니즘이 있는 게 아닐까 하고 생각했지요. 그리고는 같은 메카니즘을 발견했읍니다. 그 중에서 가장 흥미로운 건 RNA종양 바이러스였읍니다. 두 가지 이유가 있읍니다. 하나는 그것들이 암을 일으키기 때문입니다. 두 번째는 테민을 비롯하여 문헌 속에서, 바이러스의 증식과정에서의 DNA중간체의 존재 가능성을 논의하고 있었던 것입니다. 그래서 지금은 레트로바이러스라고 불리고 있는 바이러스 속에, RNA로부터 DNA를 전사하는 효소가 있는지의 여부를 조사해 보려고 생각했지요.」

「일단 그런 아이디어를 착상하게 되면 실험을 하는 건 매우 간단합니다. 나는 다행하게도 NIH(미국 국립 보건원)로부터 바이러스를 얻을 수가 있어서 그걸 생화학적으로 조사했읍니다. 1970년 5월까지에 나는 그 효소가 있다는 걸 발견하고 6월에 논문이 나왔읍니다. 같은 무렵, 테민도 독립적으로 같은 발견을 하여, 우리는 동시에 논문을 발표했읍니다. 그리고는 노벨상을 받았읍니다.」

「내게 있어서 재미있었던 것은, 그게 암바이러스로서 한 최초의 실험이었다는 점입니다. 그 이전에 했던 것은 모두 폴리오나 VSV 이고, 세포를 죽이는 바이러스이지 세포를 전환시키는 바이러스가 아니었어요. 암의 문제에 관계한 적도 전혀 없었고, 레트로바이러스도 처음이었읍니다. 정말로 좋은 줄발이었읍니다. 그때 나는 설흔 두 살이었읍니다.」

— 선입감이 없었다는 것이 행운을 가져다 주었군요.

「네, 정말 그렇습니다. DNA 가 관여하고 있다고 실제로 믿고 있었던 건 테민뿐입니다. 이 분야의 누구나가 다 의심하고 있었어요. 사실은 발견되기를 기다리고 있었고, 누구라도 발견할 수 있었을 것입니다. 사실이지 DNA의 중간체가 관여하고 있다고 믿을 수 있다면, 이틀이면 실험을 할 수 있읍니다. 어쩌면 사흘이 걸릴지는 몰라도 기본적으로는 이틀입니다. 매우 간단한 실험입니다. 내가 하고 있던 RNA합성을 관찰하는 것과 같은 종류의 실험이었으니까 준비가 되어 있었읍니다.」

— RNA와 DNA의 합성의 양쪽을 찾을 수 있게 쌍저울에다 걸었다는 것입니까?

「그렇지요. RNA 의존 RNA폴리머라제도 찾도록 한 것이지요. DNA 중간체를 발견하고 싶다고 생각하고는 있었지만 확신은 없었읍니다. 실험이 혼란해지면 헛수고를 하게 됩니다. 그래서 처음에는 RNA 의존RNA폴리머라제를 찾았는데 아무 것도 발견되지 않았어요. 그 후에 DNA폴리머라제를 찾는 실험을 했읍니다.」

— 테민은 메인주의 잭슨(Jackson) 연구소에서의 여름 학교에서 **당**신의 선생님 격이었다는데, 거기서 그와 만나셨읍니까?

「그렇습니다. 그는 나보다 네살 위입니다. 그때는 칼리지의 학생이었는데, 고등학교의 학생들을 돌보고 있었읍니다. 나는 열 여섯인가-열 일곱으로 아직 하이스쿨의 학생이었지요. 그는 정식 교사가 아니라 조교였읍니다. 그런데 그는 우리가 생각할 수 있는 모든 문제를 질문해도 모조리 대답했기 때문에 우리는 그를 구루〔guru : 힌두교의 도사 (**導師**)〕라고 불렀어요.」

— 그때 처음 만나셨읍니까?

「네, 우리는 둘 다 메인주에 살고 있었기 때문에, 거기서 얼굴을 마주치게 된 것입니다.」

— 달베코와는 솔크 연구소에서 함께 일을 하셨지요?

「얼마 동안은요. 내가 뉴욕에서 박사 연구자이었을 때, 어느날 달
베코가 나를 불러놓고, 만약 흥미가 있다면 솔크 연구소에 오지 않겠느
냐고 했어요. 그는 실험실의 스페이스와 급료와 연구비는 제공하지만
독립해서 연구해도 좋다는 거에요. 그래서 나는 솔크 연구소로 갔는데,
달베코와는 함께 일한 적이 없고 단순히 그의 곁에 있었다는 것 뿐입
니다. 논문을 함께 발표한 일은 한 번도 없어요. 」

— 달베코에 대해서는 어떤 인상을 가지셨습니까?

「그는 훌륭한 인물이었습니다. 과학에 열심이고 머리가 영리합니다.
과학의 유행에 사로잡히지 않고, 자기가 하고 싶은 일을 하며, 더구나
썩 잘 해내는 특이한 존재입니다. 그는 개방적이고 정직합니다. 그와 함
께 무얼 해야 한다는 일은 전혀 없었고, 완전히 내가 하고 싶은대로 해
주었읍니다.」

— 당신과 테민, 달베코의 만남은 후에 함께 노벨상을 수상하게 되는,
뭔가 운명같은 것으로 맺어져 있었다는 느낌이 듭니다만.

「운명인지 어떤지는 모르겠어요.」

— 행운입니까?

「과학에는 늘 어느 정도의 운이 따라붙기 마련입니다. 우리의 연구
는 암의 원인이라는 커다란 문제와 관계되어 있읍니다. 달베코의 실험
도 우리와 같은 무렵에 행해졌었는데, 1970년 이전에 중심적이었던 문
제는, 암세포와 정상세포의 차이가 무엇이냐는 것이었읍니다. 이것에는
두 가지 대답이 있을 수 있읍니다. 암세포가 정상세포와는 전혀 다른 행
동을 보인다는 건 알고 있읍니다. 암세포가 둘로 분열해서 생기는 세
포는 암세포이고, 다시 분열하면 그 세포도 암세포입니다. 암세포는 암
세포라는 성질을 무제한으로 전달할 수가 있읍니다. 정상세포도 마찬가
지입니다.」

「이같은 일이 일어나는 데는 두 가지 방법이 생각됩니다. 하나는 유
전적으로 다르다는 것입니다. 세포 내의 유전자가 다르고, 제각기 그
유전자를 전해 간다는 것입니다. 또 하나는 분화(分化)의 문제입니다.
피부의 세포는 언제나 피부의 세포로 되고, 간의 세포는 늘 간의 세포
로 됩니다. 그러나 유전자는 같습니다. 에피제네틱스(epigenetics : 後
生學, 發生機構學)라고 불리는 문제입니다. 유전자의 산물이, 종류가 다
른 세포의 안정한 성질을 만들어내고 있읍니다. 즉, 암의 중심이 되어
있던 문제는 에피제네틱(後生的)한 현상이냐, 유전적인 현상이냐는 것
이었읍니다.」

「이것에 대답을 주는데 있어 가장 좋은 도구는 바이러스입니다. 암을 일으키는 바이러스가 세포를 암화하는 데에, 유전적인 변화를 일으키고 있느냐, 후생적인 변화를 일으키고 있느냐가 본질적인 문제입니다. 유전적인 변화라면, 바이러스는 실제로 세포 속에 짜넣어져서 그 속에서 안정하게 존재해 있을 것입니다. 그게 우리가 찾고 있었던 것입니다. 달베코는 DNA 바이러스를 연구하고 있었읍니다. DNA 바이러스는 세포 속에 간단히 끼어들고, 세포의 DNA에 짜넣어져서 그 세포의 일부가 되어 버립니다. 이건 그의 실험으로써 알았읍니다. 레트로바이러스는 그렇게 명확하질 않습니다. 레트로바이러스는 RNA 바이러스이므로 안정된 변화를 일으킨다는 건 어렵습니다. DNA는 안정한 변화를 일으키지 않아요. 무엇이 암세포의 안정된 변화를 일으키느냐는 것이 문제였읍니다. 우리와 테민들의 실험으로부터 매우 명쾌한 대답이 얻어졌읍니다. 실제로 유전자의 변화였던 것입니다. 그 후에는 모든 일이 우리의 답을 지지했고 확신을 더해 갔읍니다. 암유전자가 발견되었읍니다. 이것들은 모두 나와 달베코들의 초기 연구의 연장입니다. 그렇기 때문에 우리는 학문적으로는 형제간이지만 함께 일한 적은 없었읍니다.」

— 테민과는 어떤 관계입니까?

「테민과는 몇 해 동안이나 얘기가 없었읍니다. 특별히 친한 친구라는 것은 아니지만 서로 잘 알고 있습니다. 1968년 경에, 어느 회합에서 만났는데 그 후로는 얼굴을 통 못 보았습니다. 그러나 물론 그에 관한 일은 잘 알고 있고 논문도 읽었읍니다. 내가 발견을 했을 때, 테민의 일에도 관계가 있으리라고 생각하여 전화를 걸었었지요. 그때 그가 줄곧 그 문제를 생각하고 있었다는 걸 처음으로 알았읍니다.」

— 테민과도 학문적인 형제라는 그런 관계이십니까?

「그렇지요. 우리는 각각 다른 방법으로 발견에 이르렀읍니다. 달베코는 DNA 바이러스를 연구했고, 테민은 몇 해나 이들 바이러스에 집중해 있었읍니다. 나는 동물 바이러스의 생화학적인 연구를 했지요. 10년 이상에 걸쳐서 동물 바이러스의 생화학을 발전시켰읍니다. 그러므로 나는 문제를 생화학적으로 관찰하고 있었어요. 우리 세 사람은 각각의 위치에서 비약을 할 수 있었던 것입니다.」

— 암유전자에 대해 여러 가지 일들을 알게 되어, 암의 메카니즘을 알게 될 날도 가까운 듯한 느낌이 드는데, 어떻게 생각하십니까?

「유전자가 암세포를 만들어 내는데에 관여하고 있는 것에 대해, 우

리는 매우 많은 걸 알게 된 단계에 와 있읍니다. 아마도 암이 형성되는
생화학에 대해서 곧 이해할 수 있게 되겠지요. 유전자의 산물이 무엇이
며, 그게 무얼하고 있는지를 알아야만 합니다. 그건 당신들이 생각하
고 있듯이 빠르게 진보하고 있읍니다. 앞으로 5년 이내에 큰 진보가
있지 않을까 하고 생각합니다. 다섯 달로는 무리라고 생각합니다만(웃
음).」

— 앞으로 어떤 연구를 하시려고 생각하십니까?

「나는 세 가지 테마를 계속하고 있읍니다. 하나는 폴리오바이러스
로 RNA가 어떻게 복제되는가를 계속 조사하고 있어요. 우리는 폴리
오바이러스를 다루는 유전학적인 방법을 개발하여, RNA바이러스의 유
전학 전체에 새로운 방법을 시도하고 있읍니다. 그리고 암을 일으키는
바이러스에 대해, 유전학으로부터 생리학적인 연구로 바뀌어지려 하고
있읍니다. 유전자가 관계된다는 건 알고 있지만, 유전자의 산물이 어떻
게 작용하는지는 알지 못하고 있읍니다. 단백질을 상세히 밝히는 유전
학적 방법을 써서 작용을 해명하려 하고 있읍니다. 이것은 특히, 티로
신에 특이적인 단백질 키나제의 암유전자에 관계되고 있읍니다. 이 효
소는 단백질을 인산화합니다. 암유전자는 실제로 이러한 작용을 하고
있지만, 세포에서의 생리적 의미는 알지 못하고 있읍니다.」

「세번째는 가장 힘을 쏟고 있는 문제로, 면역 글로불린 유전자의 형
成과 그 제어문제입니다. 나는 그걸 분화의 문제로 보고 있어요. 간세
포(幹細胞 : 미분화 세포)로부터 어떻게 해서 분화해 오는가를 밝히는 일
에 집중해 있읍니다. 그리고 지금 주로 하고 있는 일은 새로운 연구소
를 만드는 일입니다. 이 근처에 세워지고 있는데 7월에는 그쪽으로
옮겨 갑니다. 15 ~ 20개 부문으로 발생생물학의 연구를 합니다.」

— 현재 성장인자와 그 수용체가 암유전자와의 관계에서 주목을 끌고
있읍니다마는…….

「어떤 종류의 암유전자가 성장인자와 성장인자 수용체에 관계하고
있는 건 명확합니다. 그러나, 모든 암유전자가 관계하고 있는 건 아닙
니다. 그렇지만 그건 매우 중요한 진전이라고 생각합니다. 세포가 암
화하는 경로를 확립하고 있기 때문이지요. 그러나 성장인자와 수용체
가 실제로 어떻게 작용하는지는 모르고 있읍니다. 그러므로 문제의 해
결이 아니라, 해결의 실마리인 것입니다.」

인터뷰는 1984년 4월이었는데, 볼티모어의 연구실이 있는 건물 바
로 가까이에, 그가 옮겨갈 예정인 「화이트헤드(A. N. Whitehead) 연

구소」의 건물이 세워지고 있었다. 바깥쪽은 거의 완성된 상태였다. 볼티모어는 아직도 한창 일할 나이여서, 그는 새로운 연구소에서도 또 정력적인 연구를 계속할 것이다.

실험의 암시를 추적

1970년·신경 말초부에 있어서의 전달물질의 발견과 그 저장, 해리, 비활성화의 기구에 대한 연구

줄리어스 액셀로드
Julius Axelrod

1912년 5월 30 미국 New York에서 출생
1933년 New York 시립대학 졸업. New York
　　　　의대에서 실험 조수
1935년 공업 위생연구소 직원
1946년 Goldwater 기념 병원 연구원
1949년 미국 국립 보건원 (NIH) 연구원
1953년 국립 정신위생연구소 (NIMH) 약학부장 대리
1955년 박사 학위 취득, 약학부장

　　우리의 신체는 신경의 네트워크에 의해 정보가 전달되고 기능이 영위되고 있다. 중추신경인 뇌도, 체내 여러 곳의 말초신경도, 신경세포 (neuron)가 시냅스 (synapse) 접합으로 이어져서 회로가 만들어져 있다. 신경세포의 흥분은 전기적인 것이지만, 시냅스에서는 흥분에 의해 신경 전달물질이 분비된다. 전달물질은 신경 종말로부터 분비되고, 시냅스 간극 (10만분의 수 mm)을 확산하여 리셉터 (수용체)에 도달한다. 그렇게 되면 리셉터가 있는 쪽의 뉴론 (표적 세포)이 전기적으로 흥분한다.

　　시냅스에서는 전기적으로가 아니라 화학적으로 전달이 이루어진다. 여기서 작용하는 신경 전달물질로서 잘 알려져 있는 것이 아세틸콜린이며 노르아드레날린이다.

　　노르아드레날린은 교감 신경계의 말단에서부터 분비되는 전달물질이다. 혈압을 올리는 따위의 아드레날린과 같은 작용이 있다. 아드레날린, 노르아드레날린은 도파민이나 셀로트닌 등과 더불어 카테콜아민이라 불리는 물질의 한 무리이다. 카테콜아민은 화학구조의 특징으로부터 한 그룹으로 통합되어 있는데, 생체 내에서 신경 전달물질이나 호르몬으로서 작용하고 있다.

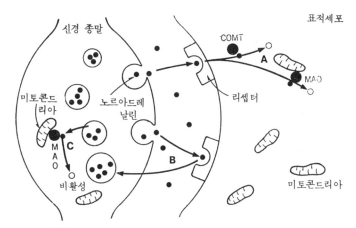

노르아드레날린은 신경 종말의 소포(小胞)로부터 시냅스 간극으로 방출된다. 표적 세포의 수용체에 붙은 노르아드레날린은 A의 과정에서 COMT나 MAO에 의해 비활성화되거나, B의 과정에서 다시 한번 소포에 포획되어 비활성화된다. 신경 종말에서는 C의 과정에서 MAO에 의해 비활성화가 일어난다.

액셀로드(J. Axelrod)의 수상연구는 카테콜아민의 대사에 관한 것이다.

신경계의 반응은 매우 빠른 시간에 변화한다. 신경 전달물질은 시냅스에서 유리된 후 급속히 비활성화(非活性化)되지 않으면 안된다. 카테콜아민의 대사에 대해서는 모노아민옥시다제(MAO)라는 효소가 알려져 있었으나, 액셀로드들은 카테콜 ― O ― 메틸트란스퍼라제(COMT)라는 효소를 발견하여, MAO와는 다른 경로가 있다는 것을 밝혔다. 또 노르아드레날린이 교감신경에 흡수되는 것을 발견하여 급속한 비활성화의 메카니즘을 밝혔다. 액셀로드들의 연구에 의해 노르아드레날린의 흡수, 저장, 대사 등의 상세한 내용이 해명된 것이다.

신경 전달물질의 연구는 정신병의 메카니즘과 밀접한 관계가 있다. 액셀로드는 전달물질과 관련되는 각종 약물의 영향을 조사했다. 이런 **방법**은 생화학과 약리학(藥理學)이 결부된 하나의 영역을 개척해 왔다. 이와 같은 연구로부터 조울병이나 분열병(分裂病) 따위의 정신병의 생화학적인 메카니즘을 다루게 되고, 향정신약(向精神藥)이라는 새로운 약이 태어났다. 향정신약은 이미 정신병의 치료에서 큰 비중을 차지하게 되었다.

액셀로드는 캐츠(B. Katz , 영국), 오일러(U.S von Euler, 스웨덴)와

함께 신경말초부에 있어서의 전달물질의 발견과 연구로 1970년의 의학·생리학상을 수상했다. 캐츠는 아세틸콜린이, 오일러는 노르아드레날린이 신경 전달물질이라는 것을 밝혔다.

액셀로드는 오랫 동안 실험 조수를 했는데, 연구를 하게 된 것은 설흔 세 살 때이고, 수상연구가 된 노르아르데날린의 대사 연구를 시작한 것은 마흔 다섯 살 때이다. 박사 학위를 딴 것도 40대가 되고서의 일이다. 노벨상 수상자 중에서도 만성형(晩成型)의 인물로서 이례적이고, 마흔 살을 지나서도 결코 늦지 않다는, 중년이나 더 나이 든 사람에게도 용기를 북돋아 주는 존재이다.

미국 국립 정신위생연구소(NIMH)는 메릴랜드주 베세즈다에 있는 국립 보건원(NIH) 안에 있다. 액셀로드의 연구실은 NIH의 병원이 있는 가장 큰 건물 속이었다. 흰 가운을 걸친 사람들이 총총걸음으로 지나가는 복도를 빠져 액셀로드의 연구실에 당도했다.

약속시간이었는데도 액셀로드의 모습이 보이지 않았다. 회의가 아직 끝나지 않았다고 한다. 그가 있는 방은 좁은 데다 실험실을 겸하고 있었다. 분액(分液) 깔때기와 플라스크 등 몹시 고풍스러운 실험기구가 눈에 띈다. 그대로 방에서 기다리고 있으니까 쥐가 들어 있는 바구니를 든 연구원 두 사람이 들어 왔다. 그들은 「지금부터 일어나는 일은 보시지 않는 게 좋을 겁니다.」하면서 다른 방으로 안내해 주었다. 아무래도 쥐들은 단두대로 끌려온 것 같았다.

세미나용의 방에서 기다리고 있자니 액셀로드가 나타났다. 블루의 와이셔츠 위에 녹두색 스웨터. 안경의 왼쪽 렌즈는 검게 덮여 있다. 악수를 나눈 손은 부드럽고 따스했다. 무척 온화한 웃음을 띄고 있었다. 왼쪽 눈이 부자유한 것은 50년이나 전에 실험 조수로 있을 무렵, 실험중의 사고로 암모니아가 눈에 들어갔기 때문이라고 말했다.

── 당신이 노르아드레날린의 대사 연구를 시작하려던 무렵, 그것에 대해서는 거의 아무 것도 몰랐다는 걸 알고서 놀랐었다고들 합니다만…

「1955년에 NIMH에 들어왔읍니다. 이 연구소의 주된 목표는 뇌가 어떻게 작용하는가를 이해하는 것과, 분열병이나 조울병같은 정신병을 이해하는 일이었읍니다. 당시는 뇌의 생화학에 대해서는 아무 것도 몰랐어요. NIMH는 훌륭한 연구자를 모으려고 애는 썼지만, 어떤 방침으로 연구를 진행시킬 것인가에 대해서는 아무 지시도 하지 않았읍니다. 모아들인 연구자들은, 자신들이 그만한 건 알고 있을 것이라고 보았기 때문이지요. 그렇지만 예컨대 분열병에 대해서는 아무 것도 모르고 있었어요. 분열병은 매우 복잡한 문제로 현재도 잘 모릅니다. NIMH는 분열병에 흥미를 가지고 있었기 때문에 그 연구자를 고용했지만, 그건 시간의 낭비였습니다. 분열병을 이해하기에는 아직 시기가 성숙되지 않았다는 걸 몰랐었기 때문입니다.」

　「생화학자인 내가 고용된 이유는, 여러 가지 독물(毒物)의 대사를 연구하고 있었고, 특히 망상증(paranoia) 등의 정신병을 일으키는 암페타민(amphetamine)의 대사를 연구하고 있었기 때문이었을 것입니다. 모르핀의 대사에도 흥미를 가졌고, 모르핀과 암페타민을 대사하는 효소를 발견하고 있었지만, 정신병에 대해서 좀 더 연구해야겠다고 생각하고 있었습니다.」

　암페타민은 머리가 맑아지거나 행복감을 느끼게 하고, 쉽게 피로해지지 않게 하는 등의 각성제로서의 작용을 가진 물질이다. 그러나 상용하게 되면 중독이 되어 정신분열병과 비슷한 증상을 가져 온다. 모르핀은 진통제로서 알려져 있는데 역시 상용하면 중독이 된다. 암페타민이나 모르핀은 뇌에 작용하는 물질인데, 후에 이와 비슷한 화학구조를 가지며, 어떤 기능을 수행하고 있는 물질이 뇌 안에 있다는 것을 알게 되었다.

　「어느날, 세미나에 연구소장이 와서, 캐나다의 두 정신의학자에 의한 재미있는 관찰을 보고했어요. 아드레노크롬(adrenochrome, 아드레날린을 산화하면 생기는 물질)에 의해 정신분열병과 비슷한 환각(幻覺)이 생겼다는 것입니다. 아드레날린의 이상대사가 분열병의 원인이라고 그 두 사람은 주장했어요. 매우 흥분했읍니다. 아드레날린의 화학구조는 내가 연구하고 있던 암페타민과 비슷했기 때문입니다. 그래서 문헌을 찾아 보았는데, 아드레날린에 대해서는 아무 것도 모르고 있다는 걸 알았읍니다. 그것이 내가 이 분야에서 일을 시작하게 된 이유입니다.」

　「그 후 넉 달 동안 추가 시험을 해 보았지만, 아드레날린을 아드레노크롬으로 바꾸는 효소는 발견되지 않았읍니다. 그러나 효소에 의해서 아드레날린의 수산기(OH)에 메틸기(CH₃)가 부가되는 대사를 발견했어요. 나는 그때까지 전혀 알려지지 않았던 효소, 카테콜—O—메틸트란스퍼라제(COMT)를 발견한 것입니다. 공동 연구자들은 방사성의 노르아드레날린을 만들어, 분열병에서는 정상과 다른 대사가 있는가를 조사했읍니다. 그러나 차이점은 발견되지 않았어요. 캐나다의 두 사람이 틀렸던 것이지요.」

「노르아드레날린은 신경 전달물질의 하나인데, 전달물질은 급속히 비활성화되지 않으면 안되는 것입니다. 그때 생각한 건, 효소가 비활성화에 관여하고 있는 게 아닌가 하는 것이었읍니다. 아드레날린의 대사에는 주로 두 가지 효소가 관여하고 있읍니다. 하나는 내가 발견한 COMT이고, 또 하나는 모노아민옥시다제(MAO)입니다. 이들 효소를 저해하면, 혈압을 높이는 노르아드레날린을 주사해도 혈압의 상승이 금방 멎습니다. 그러므로 생체는 노르아드레날린을 비활성화하는 다른 경로를 가지고 있는 것입니다.」

「나는 친구로부터 방사성 노르아드레날린을 얻었읍니다. 비활성화의 메카니즘을 밝히기 위해, 먼저 방사성 노르아드레날린을 실험동물에 주사해 보았어요. 혈압의 상승은 수초간이지만, 노르아드레날린은 변화하지 않고서 몇 시간이나 체내에 머물어 있었읍니다. 이게 최초의 실마리였어요. 다음에는 그것들이 머무르는 조직은, 노르아드레날린을 함유하고 있는 교감신경이 많은 조직이었읍니다. 이어서 신경을 조사하게 되는데, 어떻게 하면 좋을지 우리는 많은 토론을 거듭했읍니다. 고양이의 신경절(神經節)을 추출해서 한쪽을 파괴하고, 다른 한쪽을 파괴하지 않은 채로 두어 둡니다. 방사성 노르아드레날린을 주사하면 신경을 파괴한 쪽에서는 흡수가 일어나지 않았읍니다. 이건 노르아드레날린이 교감신경에 다시 흡수됨으로써 비활성화가 일어난다는 최초의 증거이며 전혀 새로운 아이디어였읍니다. 그리고는 방사성 노르아드레날린을 주사하여 신경의 전자현미경 사진을 찍었읍니다.」

「이런 일들을 알고 본즉, 어떤 종류의 독물의 작용을 설명할 수 있는 게 아닌가 하고 생각됐읍니다. 그것의 하나가 코카인입니다. 쥐에게 코카인을 주사하여 그 심장을 추출해서 절편(切片)을 만들고, 방사성 노르아드레날린을 가하여 일정온도로 유지하자, 노르아드레날린은 신경에 흡수되지 않았읍니다. 코카인이 흡수를 방해한 것이지요. 노르아드레날린이 신경에 흡수되지 않고, 조직을 계속하여 자극한다는 게 코카인의 작용을 설명합니다 그렇게 되면 정신병에 대해 좋은 문제를 제기할 수가 있읍니다.」

코카인은 마취약으로 사용되는데 호흡수, 맥박의 증가 등이 일어나고, 급성 중독에서는 환각, 실신 등이 발생하며 호흡곤란 등으로 죽음에 이른다. 만성 중독에서는 정신장애 등이 일어난다.

「행동에 영향을 주는 약물을 모조리 조사했읍니다. 그 하나가 항울제(抗鬱劑)라고 불리는 한 무리의 약입니다. 항울제도 노르아드레날린의 흡수를 저해한다는 걸 발견했읍니다. 또 그 당시, 조울병에 MAO 의 저해제(沮害劑)가 사용되고 있었는데 이것도 비활성화를 방해했 읍니다. 그래서 정신과 의사는 조울병은 뇌 안의 노르아드레날린의 이상에 의해서 일어날지도 모른다고 말한 것입니다.」

「 그리고 우리는 방사성 노르아드레날린을 써서 암페타민이 노르아 드레날린을 유리시킨다는 걸 발견하여, 후에 암페타민은 파라노이아 (paranoia : 편집증, 과대망상증)를 일으킨다는 걸 발견했어요. 이건 노르 아드레날린과 비슷한 물질인 도파민이 유리됨으로써 일어나는 것입니다. 도파민이 유리되어 도파민—리셉터를 자극합니다. 전달물질이 신경으 로부터 유리되면 세포 표면의 리셉터를 막아, 마치 열쇠가 자물쇠를 열 듯이 세포를 활성화합니다. 다른 사람들이 밝힌 일이지만, 분열병의 치 료에 사용되는 약은 도파민—리셉터를 차단합니다. 대부분의 분열병은 파라노이아로 되는데, 암페타민보다는 항분열제(抗分裂劑)를 써서 파 라노이아를 구제할 수가 있읍니다. 이게 우리의 대사 연구의 근본입니 다. 물론 아주 초입에 불과합니다.」

— 연구를 시작하기 전에 전략(戰略)을 세워놓고 계셨읍니까?

「 아니요. 전략은 실험을 시작했을 때에 생기는 것입니다. 문제가 복 잡하기 때문에, 아이디어는 갖고 있지만 계획은 갖고 있지 않습니다.뭔 가를 하게 되면 계속해서 해야 할 일이 생깁니다. 실험을 하면 해답보 다도 더 많은 의문이 생기는 것입니다. 완전히 해명되는 문제란 없읍 니다.」

— 실험을 거듭해 갈 때마다, 다음 번의 방향이 분명해져 가는 것이 군요.

「 그렇습니다. 실험이 다음 번에는 무엇을 해야 할 것인가를 시사하 고 있는 걸 더듬어 가면 전략을 알게 되지요. 하기는, 대개의 실험은 잘 안됩니다마는(웃음). 그러나 개중에는 잘되어 가는 실험도 있읍니 다. 그건 중요한 일로서 그 노선을 따라 계속합니다.」

— 잘 안된 실험으로부터도 배울 것이 있지 않을까 하는 생각이 듭니 다만……

「 때로는 잘 안되는 실험이 많은 중요한 일을 가르쳐 주지요. 그러 나 때로는 곧장 매진 합니다. 그게 어떤 때인지를 알아야 합니다. 대부 분의 과학자가 많은 일을 하고 있으면서도 완고한 나머지, 그걸 알아 채지 못하여 시간의 낭비로 끝나고 있어요. 실험에서는 흔히 예상하지 않았던 일이 일어나며, 그게 또 재미가 있는 것입니다.」

— 중요한 테크닉은 효소학과 방사성 물질의 사용이었군요.

「그렇습니다. 그러나 연구를 할 적에는 자기 자신의 방법과 테크닉이 필요합니다. 누군가 다른 사람이 한 방법을, 자기의 목적에 맞는 걸로 개량하지 않으면 안됩니다. 방사성 물질의 사용은 매우 강력합니다. 조직 속에서 노르아드레날린에 무엇이 일어나고 있는가를 아는 데는, 그 양이 매우 적기 때문에, 방사성 노르아드레날린이 필요했읍니다. 그리고 물질을 분리하는 테크닉입니다. 크로마토그래피는 여러 가지 방사성 물질을 분리하기 위해서 매우 중요했읍니다. 그러나 내가 중요하다고 생각하는 건 테크닉이 아니라, 그걸 어떻게 사용하느냐는 것입니다.」

— 당신은 노벨상 수상자 중에서는 「슬로우 스타트」였다고 생각됩니다만.

「글쎄요. 그런 편이지요. 대학을 졸업했을 때는 의사가 되고 싶었는데, 의학부로 들어갈 수가 없었읍니다. 그래서 실험실에서 일을 했었지요. 연구가 목적이 아니라 식품검사를 위한 시설이었읍니다. 실험실에서 틀에 박힌 일을 하고 있었고, 박사 학위도 아무 것도 없었읍니다. 거기서 몇 해나 일을 했읍니다.」

「설흔 세 살 때, 우리 그룹은 페나세틴이라든가 아세트아닐리드 등의 진통제를 만들고 있었는데, 이런 종류의 진통제로 많은 사람이 혈액병인 메트헤모글로빈혈증(methemoglobinemia)에 걸리는 문제가 일어났어요. 이런 병이 왜 일어나는지를 알고 싶었어요. 보스는 이 문제를 다루어 보고 싶느냐고 물었고, 내게는 경험이 없었기에 뉴욕 대학의 생화학자와 약학자에게 보내 주었어요. 우리는 이들 진통제가 메트헤모글로빈혈증을 일으키는 것은, 아닐린에 대사되기 때문이라는 걸 발견했읍니다. 또 이들 진통제는 N—아세틸—p—아미노페놀이라는 다른 물질로 바뀐다는 것도 발견했읍니다. 이 화합물이 두통을 치료한다는 것도 발견하여 이 물질을 써야 할 거라고 제창했읍니다.」

「이 일이 첫 연구인데, 연구란 게 좋아져서 이때부터 대사를 연구하게 되었어요. 박사 학위가 없으면 연구자로서 인정을 받지 못하는데, 몇 편의 논문을 내놓고 있었기 때문에 NIH로 올 수가 있었읍니다. 나는 브로디(B. Brodie)와 일을 하고 있었는데, 혼자서 암페타민 등의 대사일을 하게 되어 약물을 대사하는 효소를 발견했읍니다. 그러나 아무리 논문을 써도 박사 학위가 없었기 때문에 승진이 불가능했어요. 이때가 마흔 살이었어요(웃음). 1년간 휴직을 하고서 박사 학위를 따기 위한 공부를 하여, 마흔 두 살에 박사 학위를 받아 NIMH로 옮겨갔읍니다.」

— 물리학이나 수학분야에서는, 위대한 연구는 젊을 적에 이루어진다고 하는데, 생화학이나 약학에서는 그게 적용되지 않는군요.

「그렇습니다. 오랫 동안 연구할 수 있읍니다. 과거 80년 사이에서 가장 위대한 연구의 하나는 카스테라가 일흔 네 살 때에 이룩한 아편에 관한 발견이라고 생각합니다 (웃음). 내가 아드레날린의 일을 시작한 건 마흔 다섯 살 때입니다.」

— 아드레날린, 노르아드레날린의 대사에 대해서 밝혀진 일들은요?

「여러 가지 질병이 이상작용에 의해서 일으켜진다는 것입니다. 이를테면, 조울병이 그렇지요. 도파민의 과잉작용은 분열병을 일으킵니다. 파킨슨(J. Parkinson)씨 병은 도파민의 대사이상 탓입니다. 아마도 다른 주목을 끄는 병도 그러합니다. 또 고혈압의 일부는 아드레날린의 대사이상인데, 고혈압의 치료에 사용되는 많은 약은, 뇌와 카테콜아민에 관한 걸 안 결과로 만들어졌읍니다. 많은 사람들이 스트레스를 느끼는데 그들은 아드레날린을 많이 분비하고 있읍니다. 현재 신경 전달물질은 40종이나 되고, 정상 상태를 이해했을 뿐만 아니라, 많은 질병을 해명하여 그 치료에 사용하는 새로운 약을 개발해 주고 있읍니다.」

— 인류는 어느 날에 정신병으로부터 해방될까요?

「모르지요. 일본에서는 어떻게 되어 있는지 모르지만, 사람들이 서로 접촉하고 있는 한, 미국과 마찬가지로 스트레스는 있겠지요. 고혈압과 마찬가지로 정신병은 누구에게나 있을 수 있는 일입니다.」

액셀로드는 매우 온후하고 친절한 사람인 것 같았다. 정말로 많은 고생을 겪어 온 인물이라는 인상이었다. 그가 진통제에 의한 메트헤모글로빈혈증이라는 문제에 부딪치지 않았더라도, 연구의 길로 들어갈 기회는 달리 또 있었을지 모른다. 그러나 설흔 세 살에 찾아 온 이 기회는, 그에게 있어서도 결정적인 것이었다.

「똑바로 매진해야 할 시기를 알아야 한다.」는 그의 말은 매우 함축성이 있다. 늦어도 좋은 기회가 충분히 있다는 걸 그가 몸소 시범하고 있다.

가설로부터의 탐험

1981년 · 대뇌피질 시각영역에 있어서의 정보처리의 연구

데이비드 후벨
David Hubel

1926년 2월 27일 캐나다 Ontario주 Windsor에서 출생
1947년 McGill대학 졸업
1951년 의학박사 학위 취득
1952년 Montreal 신경학연구소 연구원
1954년 미국 Walter Reed 육군연구소 입소
1958년 Johns Hopkins 대학 연구원
1959년 Harvard대학 의학부로
1967년 교수

트르스텐 비젤
Torsten Wiesel

1924년 6월 3일 스웨덴 Uppsala에서 출생
1954년 의학박사 학위 취득, Karolinska연구소 연구원
1955년 미국 Johns Hopkins 대학 연구원
1958년 조교수
1959년 Harvard 대학 의학부로
1960년 조교수
1967년 교수
1983년 Rockfeller대학 교수

인간의 뇌는 약 140억 개의 세포로 이루어져 있다. 뇌는 생체 중에서도 가장 복잡한 기관이다. 인지, 기억, 사고 등 뇌가 하는 고도한 과정의 메카니즘에 대한 해명은 현대 생물학의 최대 과제의 하나이다.

후벨(D. Hubel)과 비젤(T. Wiesel)의 연구는 대뇌의 시각영역(視覺領域)을 대상으로 삼았다. 시각계에서는 빛의 정보가 눈의 망막에서 전기적인 정보로 변환되고, 대뇌의 외측슬상체(外側膝狀體)라는 곳을 거쳐 대뇌피질(大腦皮質) 시각영역으로 전달된다. 시각영역에서 이 정보가 분석되어 「사물이 보인다」는 것으로 된다.

두 사람의 연구는 실험 동물의 시각영역의 신경세포에 전극을 꽂아 눈에 여러 가지 광자극(光刺戟)을 주었을 때, 세포가 어떻게 반응하는가를 조사한 생리학적인 연구이다.

1958년, 존즈 홉킨즈 대학의 쿠플러(S. Kuffler) 아래서 두 사람의 공동연구가 시작되었다. 최초의 큰 발견은 직선모양의 자극에 대해 반응하는 「단순세포」의 발견이었다. 그들은 동물에 광자극을 주는데에 슬라이드 글라스에 검은 점을 그린 것을 쓰고 있었다. 어느 때 슬라이드 글라스를 넣자, 갑자기 신경세포의 맹렬한 전기적 흥분이 기록되었다. 슬라이드 글라스의 가장자리가 검은 선으로 되어 그것이 세포를 자극하고 있었던 것이다.

망막에서도, 대뇌 시각영역에서도 하나하나의 신경세포는 전체 시야의 극히 일부를 커버하고 있다. 수많은 세포로부터의 정보가 통합되어 전체의 시야가 구성된다. 망막의 하나하나의 세포는 점모양의 빛에 대해 반응한다는 것이 알려져 있었다. 이것은 망막의 한 세포가 광자극을 느끼는 범위(수용영역이라고 한다) 속에서, 중심부의 자극에는 흥분하고, 주변부의 자극에서는 억제되기 때문이다(그 반대로 중심부에서 억제되고, 주변부에서 흥분하는 경우도 있다). 망막이나 외측슬상체, 거기에다 외측슬상체에 직접 이어져 있는 시각영역의 피질세포(皮質細胞)는 이같은 형식의 세포이며, 모두 점모양의 광자극에 반응한다.

이것에 대해 후벨과 비젤이 발견한 단순세포는, 점모양의 광자극에 반응하는 세포가, 직선모양으로 겹쳐져 있는 것과 같은 수용영역(受容領域)을 갖고 있기 때문에 직선모양의 광자극에 반응한다고 생각할 수 있다. 그들은 그 후 시각영역 속에서 「복잡세포(複雜細胞)」를 발견했다. 단순세포가 특정 방향의 직선에 대응하는데 대해, 복잡세포는 수용영역 내에서의 선의 위치에는 그다지 특이적이 아니다. 또 그들은 선이 차지하는 영역에서 반응이 변화하는 「초(超)복잡세포」를 발견했다.

후벨과 비젤의 연구는, 다른 종류의 신경세포가 차례로 정보를 처리하여 윤곽의 지각(知覺)이 형성되는 듯하다는 것을 밝혔다. 시각계는 이와 같이 성질이 다른 세포에 의해 계층적인 네트워크가 형성되어 있어, 단계적인 처리에 의해 지각이 형성되는 것이라고 생각된다.

또 두 사람은, 대뇌피질 시각영역의 표면의 세포로부터 안쪽 세포로 향하여 수직으로 전극을 꽂아가면서 기록하는 실험을 했다. 그렇게 하자, 세포가 가장 잘 반응하는 직선방향은 표면으로부터 속까지 일정한 방향이었다. 한편, 전극을 비스듬히 꽂아 수평 방향에 대한 가장 적합한 자극변화를 조사해 본즉, 최적 자극이 되는 직선의 각도가 연속적으로 변화해 가는 것을 알았다. 이러한 실험으로부터, 시각영역의 피질세포는 최적 자극의 직선의 방향이 일정한 것이 기둥모양(柱狀)으로 배열된 구조로 되어 있고, 서로 이웃하는 기둥은 반응하는 직선의 방향이 근소하게 다른 것이 연속적으로 배열되어 있다는 신경세포의 배열 모델이 만들어졌다.

또 일정한 방향의 자극을 보인 뒤, 뇌의 활동 부위를 방사성 물질로써 밝히는 해부학적인 방법에 의해서도, 이 모델을 지지하는 결과가 얻어졌다.

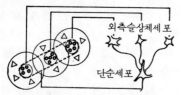

외측슬상체의 세포는 ○부분의 자극으로 흥분하고, △부분에서 억제되는 수용영역을 갖는다. 그림과 같은 3개의 세포가 피질의 1개의 세포에 이어져 있으면, 그 세포는 점선과 같은 길쭉한 흥분성 수용영역을 갖는다.

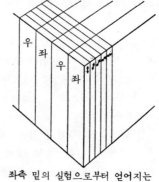

좌측 밑의 실험으로부터 얻어지는 피질세포의 모델

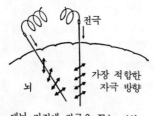

대뇌 피질에 전극을 꽂는 실험

후벨과 비젤의 연구에 의해, 윤곽의 지각 구조를 완전히 알게 된 것은 아니지만 그 실마리를 주었다는 의의는 매우 크다.

또 그들은 신경계의 발달의 연구에도 훌륭한 업적을 올렸다. 고양이 새끼의 한쪽 눈을 가리고 키우면, 그 눈으로부터 정보가 전달되는 신경계에 변화가 생기는 것을 발견했다. 그 후 원숭이를 사용한 연구에서,

발달 초기에 환경의 영향을 세게 받는 시기가 있지만, 신경계의 회로는 유전적으로 거의 결정되어 있다는 결과를 얻었다.

후벨과 비젤은 공동연구를 시작한지 얼마 후에, 쿠플러가 하버드 대학으로 옮겨 왔기 때문에, 그와 함께 하버드로 왔다. 공동연구는 약 20년 동안에 걸쳐 계속되었으나, 1983년에 비젤이 록펠러 대학으로 옮겨 감으로써 이 콤비는 해소되었다.

비젤의 연구실은, 록펠러 대학의 좁은 캠퍼스 안에서 제일 높은 타워빌딩이라고 불리는 건물 속에 있었다. 실험실 창문으로는 이스트 강에 걸쳐진 커다란 조교(吊橋)가 보였다. 자동차의 행렬이 끊임없이 이어지고 있었다. 실험대에는 대형 실체현미경(實體顯微鏡)이 있었고, 그 곁에 하나하나의 신경세포가 어떻게 이어져 있는가를 보인, 그리다가 만 스케치가 놓여 있었다.

비젤의 사무실은 고상한 취미의 책상과 테이블이 놓여진 매우 쾌적한 방이었다. 비젤이 앉은 뒷벽에는 추상화 비슷한 것이 걸려 있었는데, 자세히 들여다 본즉 수묵화(水墨畫)이었다. 그 곁에 있는 선반에는, 어느 나라의 것인지는 몰라도 방패같은 모양을 한 장식물, 돌로 만든 인형에다 도자기 등이 놓여 있었다. 모두 민예품이었다. 나비를 본뜬 벽걸이도 색다른 것이었다.

비젤은 가느다란 체크 무늬의 와이셔츠 위에 수수한 그린 색깔의 스웨터, 푸르스름한 바지 차림이었다. 검은 머리카락은 이마에서는 엷게 벗겨졌으나 전체적으로 길게 커트하고 있었다. 커다란 눈을 이따금씩 위로 치켜 뜨고 날카로운 시선을 던진다. 비젤은 30〜40분 정도라면 하고 인터뷰에 응해 주었다. 그러나, 얘기를 하는 동안에 차츰 흥이 도졌는지, 더 계속해도 좋다면서 결국은 1시간 남짓을 응대해 주었다. 도중에 자기가 직접 차를 따라다 주기도 하는 무척 상냥한 인물이었다.

— 소년 시절에는 스포츠에 열중하셨다가, 열 일곱 살 때부터 갑자기 열심히 공부를 하셨다는데 왜죠?

「그건 성숙도의 문제지요. 스포츠와 함께 공부에도 흥미는 있었지만, 마침 그 무렵 좋은 학생이 되겠다는 생각이 더했겠지요. 애초 나의 관심은 의학 분야로 들어가는 것이었읍니다. 스웨덴에서도 일본과 마찬가지로 의학부에 들어가기란 매우 어렵습니다. 의사가 되려면 공부를 해야 합니다. 과학에 관한 관심은 의학부에 들어가서 생겼읍니다.」

「의학부에서의 생리학 선생님은 버너드(C. G. Bernherd)와 유명한 오일러(U.S. von Euler)였읍니다. 오일러는 액셀로드(J. Axelrod), 캐츠(B. Katz)의 두 사람과 함께 1970년의 의학·생리학상을 수상했읍니다. 오일러는 신경 전달물질로서의 노르아드레날린의 발견 등의 업적이 있지요. 두 분의 생리학 선생님의 영향으로 과학에 흥미를 갖게 되었읍니다. 학생 시절, 밤이나 주말의 비어 있는 시간에 실험을 하면서 차츰 실험에 익숙해졌읍니다. 그러나 1955년에 미국으로 건너 온 것이 큰 진전이었지요. 나는 박사 연구자로서 존즈 홉킨즈 대학의 쿠플러에게로 가서 1980년에 돌아가시기까지 함께 일을 했읍니다.」

— 의학부에 들어간 건 의사가 되고 싶었기 때문이십니까?

「그렇습니다. 나는 아버지가 정신과 의사였기에, 나도 정신병에 흥미를 가지고 있었읍니다. 의학부의 학생이 된 첫해, 정신병원에서 야간 간호자로 일을 했었지요. 나는 미국으로 오기 전에 2년 가까이를 정신과 의사로 일했었는데, 정말로 환자의 도움이 되고 있을까 하는 의문이 있었읍니다. 당시는 향정신약(向精神藥) 등이 개발되기 전이어서, 이용할 수 있는 치료법은 인슐린 쇼크, 전기 쇼크 등이었읍니다. 정신요법(psychotherapy)으로는 큰 영향을 줄 수 없다는 생각이 들었읍니다. 그래서 자신이 과학 분야에서 일을 할 수 있는지 어떤지를 시험해 보려고 생각했던 것이지요. 그 이후 지금까지 계속되고 있읍니다.」

— 미국에 와서 쿠플러로부터 무얼 배우셨읍니까?

「쿠플러는 최초, 눈의 빛에 대한 반응을 연구하고 있었읍니다. 특히 눈으로부터 뇌로 정보를 보내는 망막의 신경절(神經節) 세포에 대한 것입니다. 내가 쿠플러의 연구실에 갔을 때, 그는 세포의 연구를 추진할 사람을 찾고 있었어요. 고양이의 시각계통에 관한 연구입니다. 그 밖에도 두 사람의 박사 연구자가 와서, 우리는 하나의 세포로부터 기록을 잡는 방법을 배웠읍니다. 가장 중요한 것은 쿠플러가 스스로 생각하고, 실험을 디자인하는 방법을 가르쳐 주신 것입니다. 그의 장점은 단순하다는 것이었어요. 직접적인 의문을 제기하고, 직접적인 대답을 찾았읍니다. 정직하게 대답해야만 합니다. 만약에 실패를 했으면 그대로 말해야 합니다. 이런 정직한 과학적인 토론에 의한 협조관계는 매우 큰 도움이 됩니다. 나도 같은 스타일을 답습하고 있읍니다. 그는 자극을 주는 인물이었읍니다. 또 쿠플러는 미국의 신경 생물학자 중에서 처음으로 일본의 연구자와 교류를 시작했읍니다. 많은 일본인 연구자를 초청했읍니다.」

— 후벨과 처음 만났을 때는 어떤 인상을 가졌었읍니까?

「1958년에 후벨이 왔읍니다. 나는 이전에 뇌의 세포로부터 기록을 얻기 위한 전극을 만드는 방법을 배우러, 후벨의 연구소를 찾아간 적이 있었지요. 우리는 같은 문제를 연구하고 있었는데, 그는 뇌의 세포로부터 기록을 취하고, 나는 눈의 망막의 세포로부터 기록하고 있었어요. 따라서 우리의 경험은 상보적(相補的)인 것이었읍니다. 함께 시작하자 일이 급속히 진전되었읍니다. 석 달 후에 우리는 중요한 발견을 한 가지 했읍니다. 대뇌피질의 세포의 감수성은, 자극하는 선의 방향에 대해 특이적이라는 것입니다.」

— 성격적으로는 어떠했읍니까?

「역시 상보적인 데가 있다고 생각합니다. 우리 둘은 매우 다릅니다. 어떻게 다르냐는 걸 표현하기는 매우 어렵지만요(웃음). 후벨은 의학부에 들어가기 전에 수학과 물리의 트레이닝을 쌓았읍니다. 나는 그에게 비하면 수학이나 물리에도 약해요. 또 그는 캐나다에서 태어나 미국에서 자랐기 때문에 영어는 나보다 훨씬 능숙합니다. 그렇기 때문에 연구결과를 논문으로 만드는데는 매우 중요했읍니다.」

— 성질은 어떻습니까? 누가 성미가 더 급하다든가……?

「나는 매우 참을성이 강합니다. 장거리 주자지요. 그러나 우리에게 공통이었던 점은 실험에 대해서 토의하는 능력이었을 것입니다. 나날이 실험을 하면서 아이디어를 내고, 어떻게 일을 진행할 것인가에 대해 매우 높은 수준의 상호작용이 가능했다고 생각합니다. 아이디어를 교환하여 많은 것을 낳을 수 있었던 건 만족할 만한 것이었다고 생각합니다. 실험이 잘 되지 않아도 둘 다 꺾이지 않았읍니다. 늘 목적의식을 가지고 있었고, 그가 한 일은 중요한 것이었읍니다.」

— 연구실 이외의 교제도 있었읍니까?

「사회적인 교제는 거의 없었읍니다. 나날이 일을 하고 있는 것으로도 충분했어요. 이건 현명한 일이었다고 나는 생각하고 있읍니다.」

— 하지만 20년간 이상이나 공동연구가 계속되었다는 건 드문 일이지요.

「나도 그렇게 생각합니다. 우리 두 사람이 다 아직도 할 일이 많았는데다, 오랜 시간이 걸린다는 걸 잘 인식하고 있었읍니다. 1960년대 중반에 스웨덴에서 교수로 돌아오지 않겠느냐는 얘기가 있었지만, 공동연구를 계속하고 싶었기에 거절했읍니다. 1976년 경이 되어 우리의 흥미가 갈라졌기 때문에 공동연구를 해소했읍니다. 또 나는 1973년에 쿠플러의 뒤를 이어 주임 교수가 되었고, 후벨도 다른 임무를 가지고 있었기 때문에 둘 다 바빠서, 언제나 스케줄이 맞지 않게 되어 버렸지요.」

— 록펠러 대학으로 옮겨 오신 건 언제였읍니까?

「1983년 여름입니다. 몇 가지 이유가 있었는데, 후벨과는 5년 이상이나 실험을 함께 하고 있지 않았어요. 다른 이유는 쿠플러가 죽었다는 것, 그리고 가장 큰 이유는, 내 밑에 있는 젊은 사람들을 위해, 더 넓은 스페이스와 좋은 설비가 필요했다는 것입니다. 하버드로부터는 대, 여섯 사람이 옮겨 왔읍니다. 여기서 우리는 한 층을 차지해 있었고, 각자가 자기 나름의 연구를 전개할 스페이스가 있었읍니다. 나는 연구실의 리더이고, 세 사람의 조교수가 각각의 연구 프로젝트에 매달려 있읍니다. 마치 꿀벌이 둥지를 옮겨 온 것과 같습니다.」

— 쿠플러가 한 것과 같았군요.

「네, 그랬어요. 그가 존즈 홉킨즈 대학에서 하버드 대학으로 옮겨 온 것과 흡사합니다.」

— 뇌는 매우 복잡한 것인데, 어떤 전략(戰略)으로 연구를 진행하셨을까요?

「1950년대 중엽에는 미소전극(微小電極)을 이용할 수 있게 되어, 뇌 속의 한 세포에 전극을 꽂아 기록할 수 있게 되었어요. 눈의 말초신경계의 한 세포로부터의 기록은 이미 하고 있었지만, 뇌로부터의 기록은 우리가 작업을 시작했을 무렵에 처음으로 가능해져서, 전혀 새로운 세계를 개척했읍니다. 미소전극과 해부학에서의 전자현미경의 발명은 매우 중요한 기술적 진전이었읍니다.」

— 그걸 사용하는 아이디어가 문제일 텐데요?

「아이디어는 하틀라인(H. K. Hartline, 미국. 1967년 의학·생리학상)과 쿠플러가, 이미 눈에서 하고 있던 연구에 바탕하고 있을 뿐입니다. 그들은 작은 광점(光點)에 반응하는 따위의 종류인 세포를 망막에서 발견하고 있었지요. 우리는 이 정보가 어떤 식으로 뇌로 전달되는가를 조사하려 했던 것이지요. 뇌는 눈에서부터 시상(視床), 피질(皮質)이라 듯이 잘 계층화되어 조직화되고 있읍니다. 그러므로 한 계층으로부터 다음 계층으로 일어나는 과정을 더듬어 갈 수가 있읍니다. 여러 가지 계층에서, 한 신경세포의 기록을 취하면서, 여러 가지 색깔, 형태 등의 광점(光點)으로 눈을 자극하는 것입니다. 그것이 우리가 취한 일반적인 전략입니다. 이 도구를 써서 뇌라고 하는 작은 우주를 탐험하는 것이라고 말할 수 있겠지요.」

「나중에는 여러 가지 해부학적 방법을 쓸 수 있게 되었읍니다. 신경 세포의 관계를 더듬어 나가는 것과 같은 것이지요. 우리는 모든 테크닉을 사용합니다. 그러나 우리가 해 온 일의 대부분은, 과학이 가설을 세우고, 그것을 검증하는 것이라는 의미에서는 과학이 아닙니다. 우리가 일반적으로 해 온 일은 관찰하고 무언가를 배우는 일입니다. 그래서 피질이 어떻게 작용하는가를 조금 알게 되면, 다음에는 그것이 발생과정에서 어떻게 발생해 오느냐는 따위로 설문합니다. 이걸로 실험을 계획할 수 있읍니다. 그건 탐험적인 연구의 결과로 가능하게 되는 것입니다.」

— 최초에「단순세포」를 발견했을 때, 슬라이드 글라스의 가장자리가 자극의 작용을 해서 매우 놀라셨다고 하셨는데…….

「그건 우연한 관찰이었어요. 가장자리가 망막을 어느 방향으로 가로질러 가고, 세포가 반응했읍니다. 그래서 우리는 방향을 바꾸거나 하여 실험한 것입니다. 그건 후벨이 발견한 것입니다.」

— 거미원숭이의「조지」를 사용하여, 최적 자극이 같은 방향인 세포가 기둥모양으로 되어 있는 걸 발견했을 때도, 역시 우발적인 사건이었읍니까?

「그건 틀립니다. 몇 개의 세포를 동시에 기록해 보았더니, 언제나 특정 방향으로 반응했읍니다. 당시, 존즈 홉킨즈 대학의 마운트카슬(V. Mountcastle)이 어떤 종류의 감각계에서 피질세포가 그룹으로 되어 있는 걸 발견하여 주상배열(柱狀配列)이라는 용어를 썼읍니다. 우리는 그 그룹을 함께 관찰하고서 기둥이 어떻게 작용하는가를 밝혔읍니다.」

— 실험이 오래 시간 일관작업으로 계속되었다는데, 언제나 그렇습니까?

「아침 8시쯤 작업을 시작하여, 잘 나가면 이튿날 아침 4시경까지 계속하고 있었어요. 실험은 1주에 두 번이었고요. 나는 지금도 젊은 연구자들과 이런 실험을 계속하고 있읍니다. 그러나 장시간의 실험은 주에 한 번 정도이고, 한번의 실험 시간도 짧아졌읍니다. 지치기도 하고 달리 해야 할 일이 많습니다.」

— 시각정보(視覺情報) 처리에 대해서는 장래에 어떤 발전을 생각할 수 있읍니까?

「과학의 발전을 예상하는 건 어려운 일입니다. 미소전극은 1950년대와 60년에 큰 발전을 약속해 주었읍니다. 70년대는 해부학적인 방법이 중요해 졌읍니다. 내가 흥미를 갖고 있는 한 가지 방향은, 세포가 결합되어 있는 회로(回路)입니다. 현재는 세포간의 접속을 기록하는 테크닉이 개발되어 있어요. 세포에 색소를 넣어 주어서 수상돌기(樹狀突起)와 신경돌기(軸索) 등 신경세포 전체가 염색되어, 전자현미경을 써서 관찰할 수가 있읍니다. 뇌를 라디오나 텔리비전의 회로처럼 볼 수 있읍니다. 이건 흥분접합(興奮接合)이고, 이건 억제접합(抑制接合)이다 라는 식으로 말입니다. 생리학과 해부학을 조합하는 동시에 면역화학(免疫化學)을 사용해요. 신경세포의 전달은 화학물질에 의해 이루어지고 있읍니다. 항체를 사용하면 화학물질을 알 수 있고, 흥분세포냐 억제세포냐는 걸 압니다. 이와 같이 매우 복잡한 과정을 통해서 시각영역이 어떻게 형성되어 있는가를 차츰차츰 알게 됩니다.」

— 수가 많아서 무척 힘들겠읍니다.

「네, 그렇습니다. 그러나 시각영역의 세포는 수억 개나 되지만, 수억 종류나 되는 세포가 있는 건 아닙니다. 세포의 종류는 100종 정도입니다. 그러므로 시각영역 전체를 관찰할 필요는 없고 일부를 관찰하면 되는 것입니다.」

— 노벨상을 타게 되리라고 생각하셨읍니까?

「많은 사람들이 우리가 노벨상을 탈 것이라고 말했어요. 그러나, 수상은 전혀 예기하지 않았던 일입니다. 공헌을 측정하기란 어려운 일이에요. 이 분야에는 많은 사람들이 공헌하고 있읍니다. 내가 다른 사람들과 다르다고 생각한 적은 없읍니다.」

— 수상 후 가장 변화한 일은 무엇입니까?

「과학상으로는 별로 변한 일이 없다고 생각합니다. 수상 전부터 록펠러 대학으로부터 오라는 권유가 있었고요. 동료들은 전과 마찬가지로 내게 반론을 제기합니다. 가장 큰 변화는 과학을 지원할 힘이 생겼다는 것이겠지요. 연구 자금에 관한 의회의 공청회에 나가면, 노벨상 수상자라고 하여 의회 사람들이 주목해 줍니다. 강연 때문에 여행을 하게 되면, 지방 신문의 인터뷰가 있읍니다. 이것들은 긍정적인 면입니다.」

— 부정적인 면으로는요?

「여러 곳으로 강연이나 세미나에 초대됩니다. 나는 원칙적으로 아무리 작은 회합에도 나가야 한다고는 생각하지만, 연구실을 떠나야 하기 때문에 되도록 적게, 한 달에 한 번 정도로 제한하고 있읍니다.」

— 당신들이 선정된 건 어떤 이유라고 생각하십니까?

「우리의 연구는, 뇌가 어떻게 작용하는가를 생각하는 위에서 어떤 영향을 주었다고 생각합니다. 좋은 일을 하는데는 기본적인 지성(知性)

과 동시에 행운이 필요합니다. 준비가 갖추어진 지성은 기회를 포착하지만, 준비가 되어 있지 않으면 놓쳐 버릴지도 모릅니다.」

인터뷰가 끝나고 비젤은 책상 위에 얹혀 있던 작은 오뚜기를 집었다. 한쪽 눈이 그려져 있지 않는 달마(達磨)였다. 「일본에 갔을 때 이걸 발견하여, 우리의 한쪽 눈을 가리는 실험과 같다고 생각해서 샀지요.」라고 설명하며 그는 웃었다.

하버드 대학의 대부분의 학부는, 찰즈 강을 사이에 끼고 보스턴과 인접한 케임브리지에 있는데, 의학부는 보스턴 시내에 있었다. 널찍한 잔디밭의 삼면을 에워 싸듯이 낡은 석조건물이 여려 채 서 있었다. 지상으로 나와있는 것은 3∼5층이지만, 지하 부분도 땅을 파서 만든 수로(水路)처럼 되어 있어 지상에서도 잘 보인다. 구미에서 흔히 볼 수 있는 건축 양식이다.

입구는 A관쪽이라고 가르쳐 주어서 갔더니, 거기서 수위에게 제지되었다. 후벨과 만날 약속이라고 말했더니 수위가 전화를 걸었다. 비서가 마중을 나올 테니 여기서 기다리라고 한다. 기다리는 동안 몇 사람이 건물 속으로 들어갔는데, 수위는 꼼꼼하게 일일이 신분증을 점검했다. 후벨의 비서가 마중을 와 주어서 건물 안으로 들어갔다. 지하로 내려가서 자꾸만 걸어간다. 몇몇 건물은 지하 터널로 연결되어 있었다. 추운 곳에서는 과연 편리한 시설이군 하고 실없은 생각을 하며 따라갔다. 엘리베이터의 계층 표시는 숫자가 쓰여져 있는 둥근 다이얼이 돌아가게 되어 있었다. 처음 보는 것이어서 흥미로왔다.

블루의 세로줄 무늬의 와이셔츠에 보라색 스웨터, 검은 바지 차림의 후벨이 방 앞으로 나왔다. 갸냘픈 체구에 금발이 꽤나 희어졌지만. 눈썹은 금발 그대로다. 검은테 안경 속의 눈동자가 파랗다.

「곤니찌와 오하이리 구다사이 (안녕하세요, 들어오십시오).」 그가 말한 첫 마디는 일본말이었다. 조용하지만 매우 다채로운 취미를 가진 사람이다. 피아노, 리코더, 플루트를 연주하고 목공과 사진에도 능숙하다. 스포츠는 스키, 테니스, 실내구기 등을 잘 한다. 더우기 어학까지도 취미에 들며, 시간이 있으면 사전을 읽으면서 즐긴다. 프랑스어, 독일어와 함께 일본어가 그의 레퍼터리에 들어가 있다. 일본에 왔을 때, 일본어로 강연을 한 일이 있으니까 대단한 실력이다.

후벨의 방은 사무실과 실험실을 겸하고 있었다. 실험 동물에 대한 광자극을 투영하는 스크린, 각종 측정기기와 복잡한 배선이 보였다. 창가의 테이블에 앉아 인터뷰가 시작되었다. 문득 창을 바라 보았더니, 한 가운데가 볼록 렌즈처럼 되어 있는 유리가 한 장 있었다. 주위의 넓은 범위가 렌즈 속에 들여다 보이는 색다른 것이었다.

— 어릴 적부터 화학과 일렉트로닉스에 흥미가 있어, 여러 가지 실험을 하셨다던데요?

「네. 고교생 시절부터 지하실에 실험실을 가지고 화학과 일렉트로닉스의 실험을 했었지요. 일렉트로닉스는 당시에 그리 좋은 책이 별로 없어서 힘들었습니다. 화학은 아버지가 화학자였기에 많은 걸 배웠지요.」

— 일렉트로닉스에서는 어떤 걸?

「대개는 오디오용 앰프였습니다. 당시는 하이파이 시대의 초기여서 좋은 앰프를 손에 넣기 어려워 자신이 만들 수밖에 없었어요. 또 하나는 단파의 송수신기입니다. 하지만 아마추어 무선의 교신은 별로 하지 않았습니다. 달리 할 일이 많아서 시간이 없었어요.」

— 그 밖에 하시는 건 무엇입니까?

「피아노를 배워 음악을 공부했습니다. 책도 많이 읽었고요.」

— 일렉트로닉스에서, 만든 게 잘 작동하지 않은 일이 있었다면서요?

「대개가 그랬습니다(웃음). 때로는 전혀 움직이지 않는 일이 있어서 작동하게 하려고 열심히 노력했었지요. 그래도 전혀 성공하지 못하는 때가 있었습니다. 후에 일렉트로닉스에 대해 많은 걸 배웠기 때문에, 지금은 무엇이 나빴는지를 알지만 그 당시는 몰랐어요. 정보를 얻기 힘들었기 때문에 때로는 손을 들어야만 했습니다.」

— 당시라고 하면 진공관이었겠군요?

「네. 내가 기억하고 있는 건 모두 진공관의 일렉트로닉스입니다. 트랜지스터를 공부할 시간이 없었어요. 하지만 지금은 IC칩이 쓰여지고 있습니다.」

— 칩은 다리만 정확하게 접속하면 움직입니다.

「그렇고 말고요(웃음). 나의 연구실에는 일렉트로닉스의 기술자가 있기 때문에 나는 아무 것도 걱정할 필요가 없어요. 그러나 적어도 무엇이 어떻게 진행되고 있고, 무엇이 예측되는지는 알고 있어야 합니다.」

— 당신은 선천적으로 실험 과학자가 될 사람이었다는 느낌이 듭니다.

「(쓴 웃음) 글쎄요. 그러나 어릴 적에 취미로 하고 있던 실험은 계획도 목적도 없고, 잘 모르는 채로 하고 있은 겁니다. 그런 실험은 오히려 만족스럽지 못한 것들이지요. 실제로 나는 의학부에 들어와서 설흔 살 때까지 중요한 실험을 한 적이 없었읍니다.」

— 월터 리드의 육군 연구소에서의 경험이 컸었다고 말씀하셨는데….

「매우 컸읍니다. 지금은 그렇지도 않다고 생각하지만, 1950년대에 는 신경생물학의 연구소로는 월등히 뛰어난 곳이었어요. 소장은 정신 병과 의사인 리오치(D. Rioch)로, 그는 임상에 들어가기 전에 신경 해부학을 배웠었지요. 리오치는 여러 분야의 사람들을 모은 그룹을 조 직했는데 그건 지금까지도 계속되고 있읍니다. 매우 좋은 곳이었어요. 사람들은 친절하고, 무언가 꼭 결과를 얻어야 한다는 압력도 없었읍니 다. 그렇기 때문에 테크닉을 습득할 시간이 있었지요. 게다가 하고 싶 은 일을 해도 좋다는 완전한 독립이 주어졌었지요. 반년 동안이나 내가 무얼하고 있는지조차 아무도 묻질 않았어요. 내가 어떤 결과를 얻었을 때 그들은 아마 무척 놀랐을 것입니다 (웃음). 매우 자유롭지요. N IH(미국 국립 보건원) 가까이에 있는 두 연구소 사이에는 정기적인 회의도 있고 많은 커뮤니케이션이 있읍니다. 국제적인 연구자가 늘 찾아 왔읍니다.」

— 그 다음에 존즈 홉킨즈 대학에서 쿠플러와 만나셨지요. 그는 당 신에게는 매우 중요한 인물이었다고 생각됩니다만.

「그렇습니다. 그와 포르티즈(M.G.F. Fortes, 월터 리드 시절의 지도자)는 신경생물학자로서 성격이 비슷하며, 그들 두 사람에게서 가장 큰 영향 을 받았다고 생각합니다. 쿠플러는 나와 비젤 (T. Wiesel)이 공동연구 를 시작한 연구실의 리더였어요. 그는 사람들을 완전히 독립시켜 매우 온건한 방법으로 감독하고 있었읍니다. 또 좋은 점을 찾아내어 격려하 는 포용력도 지니고 있었고요. 그의 과학적인 심미안(審美眼)은 훌륭 했읍니다. 무엇이 중요하고, 무엇이 중요하지 않는가를 감정한다는 건 가장 중요한 일입니다. 자칫하면 중요하지도 않은 일을 하기 쉽기 때문 입니다.」

— 특히, 뇌의 연구일 경우는, 우리에게 있어서는 대상이 엄청나게 복잡하여, 어떤 전략을 세워야 할지 매우 어려울 듯이 생각됩니다.

「물론입니다만, 신경생물학은 크게 둘로 나눌 수 있어요. 하나의 신 경세포가 어떻게 작용하는가를 연구하는 것과, 나처럼 뇌 속의 세포그 룹이 어떻게 작용하는가를 연구하는 일입니다. 후자는 하나의 세포가 어떻게 작용하는가에 대해서는 그리 신경을 쓰지 않고, 세포가 어떻게 상호작용을 하는가를 묻습니다. 후자를 위해서는 전자(前者)가 필요해 요. 그러나 하나의 세포에 대한 연구는, 뇌에 대한 걸 전혀 신경을 쓰지 않아도 됩니다.」

「확실히 뇌는 복잡하지만 분명히 알고 있는 일도 있읍니다. 만약 2, 3년을 연구해 보면, 전략이 그다지 어렵지 않다는 걸 알게 될 것입니다. 무엇이 이루어졌고, 무엇이 이제부터인지를 알게 되지요. 나는 도저히 할 수 없을 듯한 것, 재미가 없을상 싶은 건 기계적으로 배제하고 있읍니다. 이따금 다른 사람이 그걸 해서 놀라기는 합니다마는 (웃음). 누구나 다 재미가 있고, 그다지 많은 시간이 걸리지 않아도 될 만한 것을 다루려 합니다. 10년이나 걸려야 할 만한 어려운 문제가 있다는 전망이 선다면 썩 좋을 겁니다. 그건 아무도 하려고 하지 않을 테니까요. 만약 잘만 되면 큰 성공입니다. 하지만 그런 일을 하는데는 운과 용기가 필요합니다. 보통은 몇 가지 일을 동시에 하고 있는 겁니다. 주식의 시세도 그다지 큰 이익은 없지만, 안정된 주가 있는가 하면, 투기적인 주도 있읍니다. 어느 쪽도 다 기려야 할 필요가 있다고 나는 생각해요.」

— 당신은 몇 가지 테마를 병행해서 연구하고 계십니까?

「늘 그렇습니다. 같은 동물을 써서 두 종류의 실험을 할 수 있읍니다. 시간을 낭비하지 않고 효율적입니다. 생리학의 일을 하는 한편에서 해부학의 일을 하는 수가 흔히 있읍니다.」

— 비젤과의 공동연구에 대해서 여쭙고 싶은데, 비젤은 정신의학 방면에 강하고, 당신은 수학과 물리학에 강하다는 얘기입니다. 이 차이가 공동연구에 큰 도움을 주었을까요?

「글쎄요. 당신의 말을 보충한다면 두 사람이 다 신경생리학의 경험을 쌓았는 데다, 나도 한때는 정신의학에 흥미를 가진 적이 있읍니다. 우리 두 사람의 임상적인 배경은 비슷했을 것입니다. 수학과 물리학의 공부가 왜 중요한지 잘 모르기는 하지만 나는 중요하다고 생각해요. 내가 신경생리학에서 가졌던 흥미의 대부분은, 기하학적 또는 공간적인 관계에서 결정되었읍니다. 수학이나 물리학을 쓰는 일은 좀처럼 없어요. 나의 연구 분야는 매우 정성적(定性的)이어서, 수학적으로 정량화(定量化)되어 있질 않아요. 나는 지금도 취미로서 수학을 하고 있읍니다. 사고 과정은 어떤 트레이닝에 의해 영향될지 모르지만, 이건 매우 어려워서 설명이 안됩니다. 나는 실험장치로 일을 하거나, 장치를 만드는 걸 좋아합니다. 화학은 잊어버렸어요. 최근에는 컴퓨터로 일을 좀 하고 있읍니다. 아마 즐겁기 때문일 것입니다. 도움도 되고요.」

— 컴퓨터는 뇌의 모델을 만드는 따위의 일입니까?

「아니요. 실험에 도움이 되도록 쓰고 있읍니다. 스크린 위를 움직이는 광점을 동물에게 보여서 실험을 하고 있는데, 빛을 켰다가 지웠다 하거나, 움직이거나, 파장을 바꾸거나 하는 조작을 컴퓨터로 간편하게 자동적으로 할 수가 있어요. 또 신경세포가 반응해서 내는 신호도 컴퓨터를 써서 기록하고 있읍니다. 따라서 자극에 대한 반응의 관계라는 **최종결과**를 쉽게 관찰할 수가 있읍니다.」

—— 기술적인 면에서 뿐만 아니라, 성격적으로도 잘 맞았다는 걸 **비젤**에게서 들었읍니다.

「아마 가장 중요한 일은 우리가 과학에 대해 같은 태도를 가지고 있었다는 점일 것입니다. 대범하게 말해서, 우리는 같은 문제에 흥미가 끌려 있었던 거지요. 그렇기 때문에 우리 두 사람은 어떤 실험을 해야 할 것인가에 대해 의견이 엇갈린 적이 없어요. 또 하나는 우리는 두 살 차이로 설흔 살 때부터 공동연구를 시작했읍니다. 둘 다 비슷한 나이이고 선배와 후배의 사이가 아니었어요. 보스와 제자라는 관계가 아니라, 동료로서의 관계인 것이 일을 하는 점에서 무척 좋았읍니다. **이건** 나이의 문제가 아니라 차라리 태도의 문제입니다. 둘 다 공통의 입장에 서야만 합니다. 논문을 쓰기 위한 정보를 공유하고, 어떤 실험을 할 것인가 하는 나날의 작업에 대해서도 서로가 동의하고 있어야만 합니다.」

「서로의 성격에 무언가 공통되는 것이 필요하다고 말할 수는 있을지 몰라도, 나와 비젤은 꽤나 다른 점을 가졌다고 생각합니다. 그러나, 과학에 대한 태도에서는 공통입니다. 그와는 다른 사람들의 일에 **관해**서 지금도 토론을 교환하고 있어요. 좋은 일이냐, 시시한 일이냐, 금방 의견이 일치합니다. 다만 모든게 다 일치하는 건 아닙니다. 그래서는 따분합니다(웃음).」

—— 서로가 바빠졌기 때문에 공동연구가 어려워지셨군요.

「네, 그래요. 이를테면, 비젤은 공동연구의 마지막 5년 동안을 주임 교수로 있었어요. 그게 큰 곤란이었읍니다. 나는 그런 일을 되도록 줄이도록 하고 있었읍니다. 그가 새로운 연구를 하는 곳에서 **최근에는** 어떻게 하고 있는지 모르지만, 비젤은 큰 그룹을 거느리고 있읍니다. 나는 작은 그룹이고, 기술자를 제외하면 연구자라곤 나와 또 한 사람밖에 없읍니다.」

—— 그건 또 무척 작군요.

「네. 하지만 매우 **효율적입니다.**」

── 쿠플러에게로 갔을 때는 경제적으로도 어려우셨다고 합디다만.

「네. 누구라도 임상의학의 트레이닝 기간 중에는 완전히 무급(無給)입니다. 그래서 안사람이 일을 해야 합니다 (웃음). 우리가 연구를 시작했을 무렵은, NIH의 원조를 받게 되어 있었어요. 그러니까 그렇게 나쁘지는 않았읍니다. 내가 쿠후라의 연구실에 갔을 때, 그가 돈에 대해서는 전혀 생각하고 있지 않았기 때문에 좀 난처했읍니다. 그러나 그는 무엇이든 터놓고 상의할 수 있는 분이었기 때문에 언제까지나 곤란했던 건 아닙니다. 그는 퍽 동정적이었읍니다. 멋진 유머의 센스도 있었고요.」

── 쿠플러가 당신의 논문 원고에 손질을 한 사진이 노벨상 수상강연집에 실려 있었읍니다.

「그렇습니다. 그걸 늘 벽에 걸어 두었었는데, 어디에 두었던가… 」

후벨은 액자 속에 든 원고를 찾아 왔다. 꽤나 바래졌지만 타이프로 친 원고 행간에 손으로 수정한 것이 빽빽히 적혀 있었다.

── 이게 실물이군요.

「네, 그래요(웃음). 그는 논문을 쓰는 일에 관해서는 매우 엄격했읍니다. 어느 때, 쿠플러와 공동연구자가 세 편의 논문을 발송하려 했읍니다. 그 직전에 내게 읽어보아 달라고 했읍니다. 나는 쿠플러가 나의 논문에 한 것처럼 수정을 가했지요. 그들은 논문을 다시 고쳐 써야 했읍니다. 그러나 그는 자기가 고치듯이 남의 수정도 받아들였읍니다. 우리는 논문을 언제나 서로 보여주고 있었지요. 때로는 열 번이나 고친 적이 있었어요. 그러는 동안에 차츰차츰 명쾌해지는 겁니다. 모든 문제점이 다른 사람에 의해 명확하게 되어 갑니다.」

── 최초에 단순세포를 발견했을 때는 우연이었읍니까?

「우리는 세포가 어떤 특성을 가졌을 것이라는 걸 알고 있었고, 그것이 매우 복잡하리라고는 생각하지 않았읍니다. 그러나 어떤 특성을 가지고 있는가는 예측할 수 없었읍니다. 누구라도 그와 같은 세포에 대해, 생각할 수 있는 한의 모든 일을 줄곧 연구하고 있노라면, 조만간에 어떻게 하면 되는가를 알게 될 것입니다. 우리가 할 수 있었던 이유는, 복잡하고 값비싼 장치는 쓸게 아니라고 생각하고 있었던 탓이겠지요. 왜냐하면, 만약에 세포가 기대했던 대로 행동해 준다면 정확한 기록을 잡을 수가 있지만, 그렇지 않다면 전혀 답을 얻지 못합니다.」

「이건 설명이 곤란합니다. 같은 세포를 연구하고 있던 다른 그룹은, 복잡한 장치를 만들어 해답에 접근하고 있었읍니다. 자극으로서의 선을 발생시키고, 선은 한 방향에서만 자동적으로 정확하게 위치를 정할 수 있었읍니다. 한 그룹은 사선을 사용하고, 다른 그룹은 수직선을 사용하여, 서로의 결과는 모른다는 이상한 꼴이 되어 버렸어요. 그들은 우연으로 방향을 선정하고 있었던 것이지요. 우리는 슬라이드의 투영기를 손으로 조작하여 하고 싶은대로 방향을 바꿀 수 있었읍니다. 그렇기 때문에 우리는 올바른 방향이 수평이건, 수직이건 상관이 없었읍니다. 다른 사람들이 대답을 얻지 못한 이유는 단순하며, 그들의 장치가 너무 복잡하고 고도했기 때문이예요. 우리는 슬로피(sloppy)한 장치를 쓰고 있었읍니다. 슬로피는 일본말로 하면 〔간딴(簡單)〕하다는 말이 됩니까? (웃음)」

후벨의 일본말이 등장했다.

— 그렇습니다. 간단한 장치가 좋다는 건 의식하고 계셨군요.

「융통성이 있읍니다. 게다가 작업 시초에, 복잡한 장치를 만드는데 시간을 들이고 싶지 않았읍니다. 또 우리의 의도를 동물에게 강요하는 것이 아니라, 어떤 장치를 쓰면 좋을지, 동물들이 말해 주도록 한 것입니다. 우리가 배우려는 걸 다른 사람들은 배우려 하지 않았던 겁니다. 복잡한 장치는 세포의 장시간의 기록을 가능하게 합니다. 그것이 필요하다는 건 알고 있었고, 어느 시기에는 그 일을 했었지요. 그러나 자극을 가하는 장치는 단순한 걸 줄곧 써 왔읍니다. 현미경의 슬라이드 글라스에 블랙 테이프를 쳐서 슬릿을 만들고, 슬라이드 투영기로 비칩니다. 후에 슬릿을 자동적으로 바꿀 수 있게 했는데, 그 장치를 만드는데는 1주일쯤이 걸립니다. 1주일이면 여러 가지 실험을 할 수가 있읍니다.」

— 최초에 썼던 장치는, 버린 걸 무단으로 가져 오셨다는데 언제까지 그걸 쓰셨읍니까?

「그랬읍니다. 한 달쯤이었지만 매우 도움이 되었어요. 어떤 장치가 더 필요한 것인지를 가르쳐 주었읍니다. 쿠플러의 연구실에는 잡동사니들로 가득 차 있었기 때문에, 필요한 게 있으면 가지러 가기만 하면 되었지요(웃음). 잡동사니 속에서 주워 와서 아직도 쓰고 있는 것이 있읍니다.」

— 많은 사람들이 뇌를 연구하고 있는데, 당신과 비젤이 노벨상에 해당할 만한 연구가 가능했던 건 어째서라고 생각하십니까?

「부분적으로는 행운입니다. 뇌 속에서 대답이 얻어질 수 있는 부분을 대상으로 선택했다는 것. 게다가 전에 아무도 하지 않았던 일입니다.

두번째는 한 가지 문제를 22년 간이나 계속한 일입니다. 아직도 계속하고 있읍니다. 연구에서는 문제를 해결한 사람들은 흔히 다른 문제로 옮겨갑니다. 때로는 그게 좋은 일입니다. 하지만, 뇌의 연구에서는 하나를 알면 다음 것을 알게 되어 있어요. 시간이 지남에 따라서 보다 깊은 의문에 대답할 수 있게 되어 갑니다. 아무도 우리와 같은 방법으로는 연구하고 있지 않았읍니다. 쿠플러가 가장 가까웠지만, 그의 연구는 눈에만 한정되어 있었어요. 우리는 그의 방법을 뇌로까지 확장한 것입니다. 우리는 다른 누구보다도 10년이나 먼저 손을 대었고, 줄곧 한 가지 문제를 계속해 왔읍니다. 1∼2주 사이에 무언가 새로운 걸 발견해 왔다는 의미에서는, 결코 느리다고는 할 수 없지만, 전체적으로 보면 매우 느릿한 진행상태였읍니다.」

「다른 사람의 일은 잘 모르지만, 하나의 세포에 대한 작업은 엄밀하고 물리적, 화학적이기 때문에 과학적인 만족을 느낄 수 있읍니다. 뇌의 일은 방대한 해부학적 지식을 배워야만 합니다. 이건 따분합니다. 실험도 엄밀하다기 보다는 대범한 것이어서, 과학적인 지향성이 강한 사람은 이런 실험을 싫어해요. 큰 동물은 번잡하고 의학적인 지식도 필요합니다. 한 세포의 물리적, 화학적 연구를 하고 있는 사람들은 대개는 의학적 지식이 없읍니다. 우리는 다행하게도 과학과 의학의 양쪽을 공부했읍니다. 그러나 이유는 많이 있겠지만 행운은 무시할 수 없읍니다(웃음).」

— 당신은 매우 취미가 다양하고, 여러 가지 일에 뛰어난 능력을 발휘하고 계십니다. 이건 선천적인 것일까요?

「잘은 모릅니다. 사람은 유전적인 소양을 지니고 있는 동시에, 여러 가지 일에 흥미를 가지면 여러 가지 일을 배우게 되고, 다른 사고방식을 몸에 지닐 수가 있읍니다. 음악, 수학, 어학, 역사…… 이러한 모든 분야에서 양쪽이 다 관계된다고 생각해요. 그러나 법칙과 같은 걸 만드는 건 매우 곤란합니다. 과학에서는 매우 우수한데도, 전혀 취미를 안 가진 사람을 알고 있읍니다.」

— 비젤은 어떻습니까?

「그도 광범한 관심을 가지고 있어요. 나와는 달라서 그는 정치, 국제문제 등에 흥미를 가졌고, 여러 가지 책을 읽고 있읍니다. 나는 픽션을 주로 읽고, 그는 넌픽션을 주로 읽는 것으로 생각합니다. 그는 음악보다는 미술에 흥미를 가졌고, 나는 미술보다는 음악에 흥미가 있는데, 이건 정도 문제이고 나도 미술에는 좀 관심이 있읍니다.」

— 피아노는 어떤 곡을 치십니까?

「최근 5, 6년은 플루트를 공부하고 있어 피아노는 치질 않습니다. 주로 바하, 베토벤, 쇼팽이었는데, 유감스럽게도 플루트에서는 바하의 곡 밖에 없습니다. 나는 모던 재즈도 좋아하지만 내가 하는건 클래식입니다.」

— 일본어를 하겠다고 생각하신 동기는 무엇이었읍니까?

「처음 일본에 갔을 때, 간단한 일본어 교과서를 친구에게서 받아,몇 가지 말을 할 수 있게 되어 즐겁게 생각했었지요. 많은 사람을 만나고 여러 곳에 가게 되었어요. 두번째는 일본에 가기 전에 일본어의 레슨을 받았어요. 일본에서 제일 오래 묵은 건 5주간에 지나지 않습니다. 일본어를 공부하고부터 5년이나 지났기 때문에, 지금은 내가 하는 일본말에도 녹이 슬었을 겁니다. 일본어는 영어, 프랑스어, 독일어 등과는 매우 다르기 때문에 언어로서의 흥미가 있읍니다. 글씨를 쓰는 방법도 매우 재미있고요. 몹시 어렵기는 하지만…… . 상용한자를 절반쯤 연습했는데 지금은 거의 다 잊어버렸읍니다. 한자를 익히면 무엇이라도 읽을 수 있겠는데 한자의 공부에는 시간이 걸려요. 내게는 시간이 없읍니다.」

— 일본어 단어는 얼마나 알고 계십니까?

「모르겠어요. 일본어 교과서를 1주일간만 복습하면 금방 생각해 내겠지만, 지금은 5년 전에 외운 말의 반쯤은 나오고 반쯤은 잊어버렸읍니다.」

— 일본에서는 어디에서 묵으셨읍니까?

「아사쿠사(淺草)의 한 작은 여관이었어요. 뒤에는 스미다가와(隅田川)가 흐르고 있고요. 돌봐 준 사람들은 거의가 영어를 몰랐지만, 세번의 여행으로 무척 친해졌읍니다. 아주 친절해서 꼭 내 집에 있는 느낌이었어요. 그들은 여행의 안내역까지도 해 주었는데, 내가 택시로 갔으면 하고 말했더니, 웃으면서 「지카테쓰(지하철)」로 가라고 하더군요. 그래서 나는 언제나 공공 교통기관을 써서 일본을 보다 즐길 수 있었답니다.」

후벨은 아사쿠사의 여관 얘기를 아주 즐거운 듯이 했다. 다다미(돗자리) 방에서 이불을 덮고 자고, 「일본식 음식」을 젓가락으로 먹었다고 한다. 이쯤에서는 온통 영어와 일본어가 뒤범벅인 대화로 되어 버렸다.

내가 가지고 간, 일본어 워드프로세서로도 사용할 수 있는 휴대용 컴퓨터를 그에게 **보여주었다**. 그는 매우 흥미를 느끼고 손수 조작했다. 일본 가나 (假名) 와 한문자의 변환을 시험하고는 「판타스틱 (fantastic : 멋지다) 」을 연발했다.

「한자를 일본 가나로 변환할 수는 없읍니까? 한일 (漢日) 사전처럼…」하고 질문했다. 현재의 일본어 워드프로세서에는 그런 기능이 없다. 과연 이건, 일본어를 모국어로서 말하는 우리에게는 생각이 미치지 않았던 일이며, 외국어로서의 일본어를 배우려는 사람을 위한 워드프로세서에는 꼭 필요한 기능일지도 모른다.

고독이 낳은 목표

1979년 · 컴퓨터에 의한 X선 단층 촬영기술의 개발

알랜 코맥
Allan M. Cormack

1924년 2월 23일 남아 공화국 Johanesburg에서 출생
1944년 Cape Town 대학 졸업
1946년 동 대학 강사
1947년 영국 Cambridge 대학 연구원
1950년 Cape Town 대학 강사
1956년 미국 Harvard 대학 연구원
1957년 Taft 대학 조교수
1964년 교수

의료기술(醫療技術)의 일렉트로닉스화(化)는 최근에 와서 매우 눈부신 바가 있다. 진단 기술 중에서 혁명적이라고도 할만한 성과를 올리고 있는 것은 CT스캐너이다. CT란 컴퓨터 토모그래피(Computer tomography)의 약어로, 컴퓨터를 사용하여 단층사진(斷層寫眞), 즉 대상을 고리 모양으로 자른 것과 같은 사진을 얻는 장치이다.

의학에서는 신체의 단면사진을 찍는데에 사용하는데, X선을 사용하는 X선 CT가 가장 널리 보급되어 있다. 머리를 고리 모양으로 자른 것과 같은 X선 단층사진을 흔히 볼 수 있게 되었다.

X선에 의해 체내의 사진이 찍혀지는 것은, X선이 인체를 통과할 때, 뼈나 다른 부분 등에서 X선이 흡수되는 율이 다르기 때문에, 그 차가 건판이나 필름에 영상을 만든다. 그런데 이런 X선 사진은 평면에 대한 투영도(投影圖) 밖에는 제공하지 못한다. 단면의 정보는 얻을 수가 없다. 어떤 조직 속의 암 등의 병변(病變)은, 정상적인 조직과 비교하여 X선의 흡수율이 근소하게 밖에는 다르지 않기 때문에, 이와 같은 투영도로서의 X선 사진으로부터 병변을 발견하는 것은 매우 어려운 경우가 많다.

그런데 CT를 사용하면 단면도를 만들 수가 있어, 병변과 정상조직의 근소한 차이를 발견하는 일이 훨씬 수월해졌다. 단층사진을 촬영하는데는 X선을 쪼이는 방향을, 한 평면 위에서 360도를 회전시켜, 여러 방향에서의 흡수를 측정하고 컴퓨터로 계산하여, 2차원의 단면도를 그려 낸다.

이 방법은 각 방향으로부터의 X선의 흡수도를 얻고, 거기서부터 평면 위의 각 점에서의 흡수를 계산하는 식(式)이 만들어지느냐 어떠냐는 수학적인 문제에 귀착된다. 남아(南阿)공화국에 있던 원자핵 물리학자 코맥(A. M. Cormack)은 병원에서 방사선 치료를 하는 방법을 보고서, 생체와 같은 각 부분에서 흡수도가 다른 것에 대해, 각 점에서의 흡수를 얻어 낼 수는 없을까 하고 생각하여 이 문제에 착수했다. 단면의 원형(圓形)으로 되는 물체에 대한 식은 간단히 알았는데, 그것은 1825년부터 알려져 있었던 것이다. 코맥은 목재와 알루미늄판으로 간단한 모형을 만들어, 이 식으로써 X선의 흡수 단면도가 얻어진다는 것을 확인했다.

코맥은 이 문제를 더욱 일반화하여, 단면이 원형으로 되지 않는, 즉 회전에 대해 비대칭(非對稱)인 물체에 대한 식과 씨름했다. 이 식도 아마 해석되어 있을 것이라고 생각하고, 문헌을 찾아 보았으나 찾지 못하여 결국은 자신이 해석했다. 그리고는 비대칭인 형상에 대한 모형을 만들어 이 식을 써서 단면도가 얻어지는 것을 확인했다. 이 경우는 계산이 복잡해져서 컴퓨터를 쓰게 되었다. 나중에야 안 일이지만, 비대칭인 형상에 대한 흡수 단면도를 구하는 식은, 1917년에 해석되어 있었다. 코맥의 X선 CT에 대한 연구결과는 1963 ~ 64년에 발표되었다.

그러나, 이 논문들에 대한 반향이라고는 거의 없었고, 겨우 스위스에 있는 눈사태 연구소로부터 발췌 인쇄물의 요구가 있었을 뿐이었다. 선원(線源)이나 검출기를 내리쌓인 눈 밑에 둘 수 있다면, CT의 방법에 의해 적설 상태를 알 수 있을 것이라는 이유에서였다.

한편, 영국의 EMI(Electrical & Music Industries)사의 기사 하운스필드(G. N. Hounsfield)도 코맥과는 독립하여, 1969년 경부터 단층사진 촬영장치의 개발을 추진하여 1973년에 논문을 발표했다. 이 무렵, CT스캐너의 두 개척자는 겨우 서로의 연구를 알게 되었다. 단층촬영기술의 중요성이 가까스로 인식되기 시작하여 코맥의 연구도 빛을 보게 되었다

현재의 단층 촬영기술에서는 X선 뿐만 아니라, 방사성 동위체를 사용하는 포지트론CT와 자기장(磁氣場)을 가하여, 체내의 원자의 자기

공명(磁氣共鳴)을 측정하는 NMR-CT 등도 이용되고 있어, 진단기술로서 없어서는 안될 존재가 되었다.

타후트 대학의, 코맥과의 인터뷰는, 내가 수년래 친구로 사귀고 있는 이 대학의 아키바(秋葉忠利) 부교수가 주선해 주어서 갑작스럽게 결정되었다. 타후트 대학은 하버드 대학, 매사추세츠 공과대학(MIT)이 있는 미국 매사추세츠주 케임브리지의 이웃 동네인 메드포드에 있다. 캠퍼스는 언덕 꼭대기에서부터 빗면에 걸쳐 세워져 있는데, 코맥의 사무실이 있는 건물은 언덕을 내려가 도로를 건너간 곳에 있었다.

그의 사무실은 고작 대여섯 평 정도의 크기였다. 책상 위쪽에 여남은 권의 책이 얹힌 작은 선반이 있었다. 책상 반대쪽 벽에는 흑판이 걸렸고, 창 가에는 철제 캐비닛이 두 개 있을 뿐인 간소한 방이었다. 테이프 레코너를 둘 자리가 없어서 그의 책상 위에 놓았다. 약간 살이 찐 편인 코맥은, 흰 와이셔츠에 넥타이를 매지 않은 차림이었다. 붙임성 있는 표정의 싹싹한 사람이었다.

── 케이프타운의 병원에서 X선 장치를 보시고서, 충분하지 못하다고 생각하신 게 연구를 시작하게 되신 동기였다고 하던데…….

「 X선을 조사(照射)하는 치료에 쓰이고 있던 장치가 아주 형편없는 불충분한 것이었어요. 환자에게 X선을 쬐일 때, 조직이 균일한 것으로서, 조사선량(照射線量)을 결정하는 차트가 사용되고 있었지요. 균일한 조직이라면 금방 선량분포가 얻어집니다. 하지만, 허파나 방광, 머리 부분의 뇌나 구강(口腔) 따위와 같이 공동(空洞)이 있거나 하여, 흡수가 균일하지 못한 조직이면 선량분포를 얻을 수가 없읍니다. 그래서 X선이 들어가는 경로를 따라, 어떻게 감소되어 가는가를 알아야만 합니다 만약에 공동이 있으면, 거기서는 X선이 흡수되질 않아요. 이럴 때에 선량분포를 아는데는, 이를테면 머리 속의 모든 부분에서 흡수계수(吸收係數)를 알아야 합니다. 최초의 아이디어는 보다 나은 치료방법을 얻기 위한 것이었어요. 그러나 이렇게 해서 얻은 흡수계수의 지도(map)는, 그 자체가 매우 재미있는 것이어서 단층사진 촬영장치, CT스캐너로 된 것입니다. 」

── 의료와 관계하신 건 언제부터였읍니까?

「 1956년, 케이프타운의 그로토스를 병원에서부터입니다. 」

── 그 전에는 어떤 연구를 하셨읍니까?

「 핵 물리학에 흥미를 가지고 있었어요. 핵 물리학자였기 때문에 1

주일에 한 번씩 6개월 동안을, 병원에서 방사성 동위원소를 다루는 걸 돌보아 달라는 부탁을 받았었지요. 병원의 물리학자가 캐나다로 가 버렸기 때문에 내가 그 뒤를 맡은 것입니다.」

— 그가 떠나 버리지 않았더라면, 당신의 CT스캐너 이론은 태어나지 않았겠군요.

「정말 그렇습니다(웃음).」

— 이론을 만들 때, 목표로 한 건 무엇입니까?

「문제를 푸는 자체가 재미있었습니다. 언제나 문제를 푸는 게 목표입니다. 문제를 풀어서 논문을 발표하고 나면 다른 일을 시작합니다. CT스캐너를 만들려고는 생각하지 않았읍니다.」

코맥은 슬라이드를 찾아내어, CT스캐너의 최초의 실험장치 사진을 보여 주었다.

「간단한 실험으로써 이 방법이 잘 〔다는 걸 알았지요. 수학이 깨끗이 해결해 주더라도, 실제의 데이터를 적용시키면 잘 되지 않는 때가 왕왕 있읍니다. 그러므로 정확하게 작용하는 걸 확인할 필요가 있읍니다. X선이 통과하는 곳에 머리를 모방한 샘플을 두고, 그것을 통과해 온 X선의 강도를 측정합니다. 그리고 샘플을 회전시켜 몇 가지 각도에서 측정합니다. 아주 근소한 X선으로 많은 측정을 할 수가 있읍니다. 이들 측정으로부터 흡수계수(吸收係數)를 얻는데, 이건 수학적인 문제입니다.」

— 이론을 어떻게 만들어야 할 것인지는 금방 아셨읍니까?

「수학적 문제가 어떻게 될 것인지는 금방 알아서 풀었는데, 그건 이미 훨씬 전에 해석되어 있었던 겁니다. 1917년, 1925년, 1936년에 각각 논문이 나와 있어요. 1936년의 논문은 천문학의 CT스캐너입니다. 1956년에는 전파천문학(電波天文學)에서 같은 문제가 다루어져 있읍니다. 1982년의 노벨 화학상을 수상한 영국의 클루그(A. Klug)는 전자현미경으로 같은 문제를 다루었읍니다. 나는 그를 1948년 경에 케이프타운에서 알았읍니다.」

— 케이프타운이라는 곳이 두 사람의 창조성을 끌어낸 것입니까?

「그건 모르겠지만 재미있는 질문입니다. 나는 당시 남아프리카에서는 유일한 핵물리학자였읍니다. 고독한 장소에서 연구를 할 때는 열심히 생각하지 않으면 안됩니다. 실험장치가 제대로 없기 때문에, 무엇을 하면 좋을지를 생각해야 합니다. 만약, 그 무렵에 미국에 있었더라면 큰 가속기를 쓸 수 있고, 언제라도 할 수 있는 실험이 있었겠지요. 큰 가속기가 없으면, 할 만한 가치가 있는 건 어떤 실험이며, 그리고 무엇을 할 수 있는가를 늘 생각해야만 합니다.」

— 당신의 노벨상은 응용면에서의 공헌이 매우 크며, 기초적 연구에 대한 수상자가 많았던 최근의 의학·생리학상 중에서는 좀 색다른 듯이 느껴집니다만…….

「뇌와 같은 연한 조직을 X선으로 관찰한다는 건, 잘 훈련된 의사에게도 무척 어려운 일이에요. 통상적인 X선장치를 사용하여 암을 발견하는 건 매우 곤란합니다. 암은 정상조직과 1∼2%밖에 다르지 않아요. CT스캐너는 그걸 수월하게 만들었읍니다. 최초에 주목한 건, 조직을 전문으로 하고 있는 X선 기사들이었어요. 매사추세츠 병원에서 허파 등의 조직을 전문으로 다루고 있는 X선 기사는, 최초의 하운스필드 스캐너에는 마음이 내키지 않았읍니다. 스캔을 하는데 5분이나 걸렸기 때문입니다. 그러나 지금은 5초면 됩니다.」

— 확실히 당신의 연구는, 의료 현장에 매우 큰 영향을 주고 있읍니다. CT스캐너는 일본의 병원에서도 엄청난 추세로 도입되고 있읍니다.

「 10만 명당 CT스캐너의 수는, 일본이 미국보다 많아서 세계 제일일 것입니다.」

— 하운스필드의 연구에 대해서는 아무 것도 몰랐었다는 얘기던데요?

「스톡홀름의 수상식에서 한번 만났을 뿐입니다. 하운스필드의 EMI 스캐너에 관한 것은 1972년에야 알았읍니다. 실제로 의사들이 쓰기 시작하고 있었고, 내가 논문을 내 놓은지 10년 가까이나 지나고 있었어요. 」

— 어릴적부터 과학을 좋아하셨읍니까?

「아주 어릴적부터 과학을 좋아했어요. 중학생 시절에는 천문학에 흥미를 가졌었지요. 아버지와 형이 전기 기사였기 때문에 나는 기술적인 얘기도 곧잘 했읍니다.」

— 그렇다면 중학생인 무렵부터 과학자가 되려고 생각하셨던가요?

「되고 싶다고 생각은 하고 있었지요. 그러나 당시는 과학자의 일자리가 매우 적었고, 좋은 대학도 적었는데다 과학자가 되는 건 매우 어려웠읍니다. 나는 천문학에 흥미가 있었기 때문에 더욱 어려웠어요. 천문학자의 일자리가 아주 적었기 때문이지요. 물리나 천문학을 졸업하면 하이스쿨의 교사가 되는 길밖에 없었읍니다. 나는 처음 대학에 들어갔을 때는, 과학으로는 가지 않고 일렉트로닉스를 선택했읍니다. 그리

고, 제 2 차 세계대전 후에, 기술계의 과목에 물리와 수학이 많이 도입
되게 되었읍니다. 원자력 위원회(AEC)가 발족되고, 직업을 얻을 기
회가 늘어나서 물리학으로 옮겼읍니다. 그러나 어릴 적에 좋아했던 천
문학으로는 돌아가지 않았읍니다.」

— 물리를 선택한 건 물리학이 좋았기 때문입니까?

「나는 천문학에 흥미를 가지고 에딩턴(A. S. Edington)과 진즈(J.
H. Jeans)의 책을 읽고 있었어요. 에딩턴은 천문학을 이해하는 데는
물리, 특히 양자역학(量子力學)과 수학이 필요하다는 걸 강조하고 있
었읍니다. 나는 수학도 물리학도 좋아했기 때문에 그걸 했고, 결국 물
리학에 머물게 되었지요.」

— 수학 문제를 푸는 건 장기였읍니까?

「네, 그렇습니다. 고전적인 수학이었지만요……」

— 현재는 어떤 연구를 하고 계십니까?

「(CT스캐너의 연구에서 생긴) 수학적인 문제를 연구하고 있읍니다. 지
금까지는 X선이 직선적으로 진행한다고 하여 계산을 하고 있었는데, 직
선이 아니고, 쌍곡선 따위로 된다면 어떻게 되느냐는 문제입니다.」

— 실제 문제로서는 직선으로 되는 것입니까? 아니면 장래는 직선
이 아니라고 하고서 스캐너를 만들어야 하는 것입니까?

「그건 알 수 없읍니다. 응용될 가능성은 있읍니다만……」

— 노벨상을 수상하게 될지도 모른다고 생각하신 적이 있으십니까?

「전혀 없읍니다. 그것에는 우스꽝스런 에피소드가 있지요. 내가 이
론을 완성시켰을 때, 방사선 연구자가 나를 노벨상에 추천했다고 말했
읍니다. 그때 그는 스웨덴 사람들이 뢴트겐(W. K. Röntgen) 이후, 우
리 방사선 연구자에게 주목해 주지 않는 건, 뢴트겐이 받은 게 의학·
생리학상일 것이라고 생각하고, 실제는 물리학상이었다는 걸 잊어먹고
있는 탓이 아닐까 하고 말했었지요(웃음).」

— 일본의, 과학자를 지망하는 젊은 사람들에게 뭔가 코멘트를…….

「어려운데요(웃음). 정말로 과학자가 되고 싶다고 생각하는 사람에
게는 조언이 필요합니다. 그런 마음은 성장이 매우 빠른 단계에서 생기
는 것인데 금방 잊어버립니다. 물리에 흥미를 갖는 건 고등학교쯤의
연배일 것입니다. 문과계의 분야는 훨씬 더 늦다고 생각해요. 수학에서
도 마찬가지로 빠를 겁니다. 그런데 젊은 학생들에게 가르치고 있는 물
리학은, 과거의 축적이고 새로운 건 가르치고 있질 않아요. 시간이 지
남에 따라 배워야 할 건 점점 불어나고, 이른 단계에서부터 오리지날한

문제를 연구하는 일이 더욱 어려워지고 있읍니다.」

「젊을 때에 오리지날한 연구를 한 최근의 예로는, 영국의 조셉슨(B. D. Josephson)뿐입니다. 그는 학부의 학생 시절에 조셉슨효과를 발견했읍니다. 가장 젊은 나이로 노벨상을 수상한 브래그(W. L. Bragg)도 스물 다섯 살이었고요.」

─ 젊은 사람들에게 어떤 교육을 하느냐, 어떤 환경을 제공하느냐가 문제라는 말씀이시군요.

「그렇습니다. 가장 좋지 못한 건, 부모가 무의식 중에 아이들이 과학이나 수학으로 나가는 걸 방해하고 있는 것이라고 생각합니다. 부모는 내가 수학을 못하니까 라고 말합니다. 이게 아이들에게 상처를 주게 됩니다. 아이들이 하고 싶은대로 시키면 되는 것입니다.」

코맥의 연구실에서의 인터뷰는 마치, 언제나 배우고 있는 고교 물리 선생님에게 모르는 것을 물으러 왔다고나 할 느낌이었다. 퍽 평안한 분위기에서의 대화였다. 이번에 만났던 노벨상 수상자들은 조용한 인품의 사람들이 많았다. 싹싹하게 대응해 주었고, 척하는 따위의 인물은 하나도 없었다. 조용한 가운데에 갖추어져 있는 인격에는, 역시 더 없이 멋있는 매력을 느끼게 한다.

어떤 일에서건 하나의 정점을 아룩한 사람들에게는, 그의 특유한 분위기가 감돌고 있는지도 모른다.

후 기

1984년 5월 14일, 일요일. 드골 공항은 이슬비 속에 아련히 잠겨 있었다. 구미의 노벨상 수상자 스물 한 사람에게 대한 마지막 인터뷰가 파리의 파스퇴르 연구소의 자콥이었다. 사흘 전인 금요일에, 자콥과의 인터뷰를 마치고는 정작 마음이 놓였다. 원통 모양의 빌딩 중심 부분의 공간을 교차하듯이 달려가는 에스컬레이터를 타고, 도쿄행 JAL 428편의 출발 카운터로 향했다. 정오를 지난 드골 공항은 한산하기만 했다.

기내로 갖고 들어간 백에는, 스물 일곱 개의 인터뷰 테이프와 일흔 개 남짓한 필름이 들어 있었다. 노벨상 이외의 취재에서도 여섯 사람을 인터뷰했다. 40일 간의 여행 성과가 묵직하게 느껴졌었다. 연일 인터뷰와 이동의 부산한 여행이었다. 하루에 두 사람씩의 인터뷰를 한 적도 여러 번이나 있었다. 호텔에서는 한밤 중까지 예비조사에 쫓기는 것이 일쑤였다. 그러나 몹시 지치기는 했어도, 예정했던 인터뷰를 무사히 마칠 수 있었다는 만족감에 넘쳐 있었다.

벌써 10여년 전, 내가 대학원에 들어 갔던 무렵, 나는 연구실의 책상곁에 한 장의 카피를 붙여 둔 적이 있었다. 그것은 『네이처』지의 171권(1953년 4월 25일 호)의 737쪽에서부터 738쪽이었다. 윗슨과 크릭의 이중나선 모델의 최초의 논문이었다.

당시의 나에게는, 윗슨과 크릭은 신(神)과 같은 존재로 생각되었고, 붙여 두었던 논문의 카피는 말하자면 신주와도 같은 것이었다. 「생명의 비밀이 한 순간에 밝혀진 것입니다.」라고 막스 페루츠는 말했지만, 오늘날의 분자생물학을 일관하고 있는 근본원리를 통찰한 윗슨과 크릭의 논문은, 발표된지 20년이 지난 당시에도 외경(畏敬)의 대상이었고, 현재도, 그리고 미래에도 변함이 없을 것이다.

생물학을 배우던 무렵, 윗슨과 크릭에게 소박한 동경심을 품고는 있었지만, 그들에게서 직접 얘기를 듣게 되리라고는 상상조차 하지 않았다. 인터뷰를 하는 쪽이 되고 보면 동경만으로는 끝날 수는 없는 일이고, 독자들에게 어떤 기사를 제공해야 좋을는지, 또 기사를 쓰기 위해서는 어떤 태도와 방법으로 얘기를 들어야 할 것인가를 생각해야 하

고, 상대를 신으로만 생각하고 있을 수는 없는 입장이 된다. 그래도 10
여년 전부터 품어왔던 소박한 동경이 없어질 턱도 없는 것이어서, 그런
사람들로부터 얘기를 들을 수 있었던 것은 솔직히 말해서 매우 기뻤다.

인터뷰를 한 노벨상 수상자는, 거의가 교과서와 일반인을 대상으로
쓴 책에서 낯익은 사람들일 것이다. 학생 시절에 마틴 가드너의(M.
Gardner) 『자연계에 있어서의 좌와 우』에서 읽었던 젊은 준재(俊才)
리(李政道)와 양(楊振寧)에 의한, 약한 상호작용에서의 패리티 비보
존의 발견 이야기는 자극적이었다. 교과서에 실려 있던 니른버그의
최초의 유전자암호를 결정한 실험에 접하고는, 정말로 멋진 실험도 있
다는 것을 절감했었다.

20세기의 첫 해부터 계속되어 온 노벨상의 역사 가운데는, 그릇된
연구에 상이 주어진 일도 있기는 했었지만, 거의 모든 수상 연구가 뛰
어난 것이었고, 과학에 커다란 비약을 가져다 준 것이 많다는 점에는 이
의가 제기되는 일은 없는 상 싶다.

『과학 아사히(科學朝日)』 지상에서 「노벨상의 발상 」을 기획한
것은, 훌륭한 연구가 어떻게 하여 탄생하며, 과학에 있어서의 비약은 어
떻게 하여 일어나는 가에 다가가 보고 싶다는 생각에서였다. 대상자를
노벨상 수상자로 좁힌 것은 평가가 정착되어 있다는 것이 주된 이유였
다. 또 노벨상은 널리 알려져 있기에 많은 독자가 관심을 가져 주리라
는 것도 생각하고 있었다. 더우기 비약을 가져다 주는 발상(發想)에 특
정한 패턴이 만약 있다고 한다면, 그것은 과학 속에서만 그치는 것이
아니라, 광범한 분야에 공통되는 요소를 지니고 있는 것이 아닐까 ―
이런 의도에서 기획이 태어났다.

노벨상을 수상한 연구가 훌륭한 것이라는 것은 많은 사람에게 지지
되는 사실일 것이라고 생각되지만, 수상하지 못한 연구에도 또 마찬가
지로 훌륭한 것이 있다는 것도 움직일 수 없는 사실일 것이다.

일찌기 교과서에서 본 메셀슨(M. Meselson)과 스탈(F. W. Sthal , 모
두 미국)에 의한 DNA의 반(半)보존적 복제를 증명한 실험은, 니른버
그의 실험과 함께 그 아름다움이 깊이 인상에 남아 있다. 그들이 실험
을 한 것은 1958년의 일이었다.

메셀슨과 스탈은 DNA의 합성 때에 무거운 질소(질소의 동위체 N 15)
를 흡수하게 할만한 실험계를 만들었다. DNA가 복제될 때는 이중나선
이 풀려진 것이 주형으로 되어, 그것에 상보적(相補的)인 염기쌍을 만
드는 DNA사슬이 합성된다는 것이, 윗슨과 크릭에 의한 반 보존적 복

제모델이다. 그것이 옳다면, 새로이 합성된 DNA 이중나선의 한 가닥의 사슬은 무거운 질소를, 또 한 가닥의 사슬은 가벼운 질소를 함유할 터이다. 그리고 다시 한번 복제가 이루어지면, 두 가닥의 사슬에 모두 무거운 질소를 함유하는 것이 나타날 것이다. 가벼운 질소를 함유하는 DNA사슬과 무거운 질소를 함유하는 DNA사슬은 염화세슘의 밀도구배 원심분리(密度句配遠心分離)라는 방법에 의해 분리할 수 있었다. 이중나선의 한 가닥이 가벼운 질소, 또 한 가닥이 무거운 질소의 DNA는 그 중간에 올 것이다. 밀도구배 원심분리의 결과는 예상되는 각각의 띠(帶)가 뚜렷이 나타났다.

메셀슨과 스탈의 실험은 DNA의 반 보존적 복제를 명쾌하게 증명했다. 그것은 윗슨과 크릭의 이중나선 모델을 지지하는 결정적인 증거였다고 해도 된다. 그러나 메셀슨과 스탈에게는 노벨상의 영예는 빛나지 않았다.

메셀슨과 스탈의 실험은 윗슨과 크릭의 통찰을 실증했을 뿐이며, 큰 비약을 가져다 주지는 않았다는 견해도 있을 수 있다. 그렇다면 폐렴쌍구균의 형질전환의 실험에 의해서 유전물질이 DNA라는 것을 제시하여 윗슨, 크릭으로의 길을 튼 에이브리의 연구도 큰 비약이라고는 말할 수 없다는 것일까? 그도 노벨상과는 인연이 없었다.

노벨상을 타느냐, 타지 못하느냐는 것은 종이 한 장의 차이라고도 말할 수 있을 것이다. 수많은 뛰어난 연구를 남겼고, 누구나 다 세계적인 권위자라고 인정하는 사람이라도 노벨상과는 인연이 없는 사람이 있다. 노벨상의 수상 자격이 있다고 지목되면서도 수상에는 이르지 못한「무관(無冠)의 수상자」를 가리켜, 과학계에서「마흔 한 번째의 의자」를 차지하는 사람이라는 표현을, 미국의 과학 사회학자(科學社會學者) 머턴(R. K. Merton)과 주커만(H. A. Zuckerman)들이 쓰고 있다. 「마흔 한 번째의 의자」란, 마흔 자리밖에는 없는 프랑스 학사원의 의자에서 따 온 표현이다. 주커만은 『과학 엘리트』에서, 마흔 한 번째의 의자를 차지 하는 사람에 대해 자세히 언급하고 있다.

그 중에서도 흥미깊은 일은 수상자의 선정경과를 일체 밝히지 않는 노벨 위원회가, 1962년판 『알프레드 노벨―인물과 상』에서, 수상 후 보자로서 진지하게 고려되었으면서도, 상을 주기에 이르지 못한 예순 아홉 사람의 이름을 든 것에 관한 소개이다. 「영원히 마흔 한 번째의 의자를 차지한 사람」에는 깁즈의 사유에너지로 알려진 열역학(熱力學)의 깁즈(J. W. Gibbs), 당(糖)의 대사의 엠덴―마이어호프(O. F.Meyerhof) 경로의 해명에 공헌한 엠덴 (G. Embden), 원소의 주기율표의 멘델레예프 (D. I. Mendeleev) 등 쟁쟁한 이름을 들고 있다. 수많은 연구가, 노벨상에 해당하는 값어치 있는 것으로서 줄지어 있는 것이 실상일 것이다. 마흔 한 번째의 의자인 채로 영영 끝나느냐, 아니면 영광에 빛나느냐 ── 그 차이는 거의가 「운」이라는 말로써 그치게 되는 것일지도 모른다.

자연과학 분야의 노벨상은 물리학, 화학, 의학·생리학상의 세 가지 상인데, 수상 대상이 되는 연구분야에서 벗어난 것은, 아무리 훌륭한 연구라도 노벨상이 주어지지 않는다는 사실도 있다. 노벨상과는 관계가 없는 연구 중에도, 이 책에서 다룬 것과 같은 시도의 대상으로서 걸맞는 연구가 얼마든지 있을 것이다. 여기서는 알기 쉬운 기준으로서 노벨상 수상연구를 선택했을 뿐이다.

또 과학연구가 마치 스포츠처럼, 선취권 (先取權) 을 둘러 싼 경쟁이 되고 있는 것과 같은 풍조가 있다는 거센 비판이 있다. 이런 경향은 윗슨과 크릭 이래 두드러졌다는 견해가 있다. 과학계 최고의 영예로 치는 노벨상은 선취권 쟁탈의 격화와 무관하다고는 말할 수 없다. 노벨상을 둘러 싸고는 그늘진 부분이 있는 것도 사실이다. 이 책에서는 이런 측면에는 터치하지 않았지만, 관심있는 분은 『노벨상의 빛과 그늘』(『과학아사히』엮음. 1981년. 日本, 朝日新聞社)등의 책을 권하고 싶다.

노벨상 수상 연구의 발상, 그 연구가 태어난 조건을 밝히고 싶다는 의도 아래 실제로 취해진 방법이 당사자에게 대한 인터뷰였다. 이 방법에 대해서는, 미국의 저널리스트이자 과학 사가 (史家) 인 젇슨 (H. F. Judson 현재 존즈 홉킨즈 대학 교수) 의 작업이 매우 참고가 되었다. 그는 분자 생물학의 탄생에 공헌한 과학자들과의 인터뷰를 거듭하여, 대저 『창조의 제 8 일째 (The Eighth Day of Creation) 』를 완성했다. 과학자들의 창조의 숨결을 전해주는 것으로, 표제도 매우 재치있는 제목이다. 젇슨은 그 후 분자생물학 이외의 분야에도 탐구 범위를 넓혀 『과학과 창조 (The Search for Solutions)』라는 책을 저술했다. 당사자에게 대한 직접적인 인터뷰에 의해 그 연구가 이루어진 배경, 문제의식, 연구의 실제, 그것이 가져다 준 영향 등을 상세히 해명해 나가려는 젇슨의 방법은, 도저히 따라갈 수 없는 것이기는 하지만 큰 자극을 받았던 것은 확실하다. 이 책에서 인터뷰의 대상으로 삼은 노벨상 수상자로서 젇슨의 책에 등장한 인물도 여러 사람이 있다.

또 주커만은 『과학 엘리트 (Scientific Elite) 』라는 책에서 미국

내의 노벨상 수상자, 마흔 한 사람에게 대한 인터뷰를 바탕으로 하여, 노벨상 수상자의 출신 대학, 연구 기관, 사제 관계, 수상 연구가 이루 어진 상황 등에 대해 과학사회학 (科學社會學) 적 분석을 시도하고 있 다. 이 책도 매우 참고가 되었다. 과학사회학자인 주커만에게 있어 서는 당연한 일이겠지만, 『과학 엘리트』에서는 개개 수상자에 대한 인터뷰로부터 얻어진 사실을 통계적으로 관찰하는 데에 중점이 두어진 데 대해, 잡지의 기사로서 착수된 이 책은, 수상자 한 사람 한 사람의 개성과 개별적인 사정에다 주된 관심을 두었다.

인터뷰를 정리하는 단계에서는 아키바 (秋葉忠利) 씨 들과의 공동작업 에 참여했던 『시간의 세 계층』 (H. Hayes 지음) 의 번역 작업이 큰 도 움이 되었었다. 헤이즈도 이번의 나와 마찬가지로, 뛰어난 과학자를 찾 아보는 인터뷰 여행을 했었는데, 서로 나눈 대화와 자신의 인상·감상 을 유기적으로 정리해 나가는 솜씨에는 이 책이 미칠 바 못되지만 배 울 점이 많았다.

피터 미첼은 「누구 한 사람도 생각하고 있지 않았던 영역에서, 아이 디어가 태어난다는 것은 생각조차 할 수 없다.」고 말했다. 한 가지 일 은, 많은 다른 사람들의 작업 위에서 성립되는 것이다. 이 책도 젊슨과 주커만을 비롯한 많은 사람들의 작업 위에서 이루어졌다고 생각한다. 만 약 그들에게는 없는 무엇이 조금이나마 더 보태어질 수 있었다면, 필자 로서는 뜻밖의 기쁨이다.

당사자에 대한 인터뷰라는 방법에서 주의해야 할 것은, 당사자라고는 하지만 시간이 경과하면, 자기 나름의 해석과 의미가 부여되고 첨가되 는 것을 피할 수 없는 부분이 있다는 점이다. 연구를 하고 있던 순간 에는 명확하게 의식하지 못했던 요소도 있을 것이다. 그것에 나중에서 야 의미가 부여된다. 사후에 있어서의 의미의 부여도 그 나름의 가치 를 지니는 것이라고는 생각되지만, 반드시 발상 순간을 정확하게 포착 한 것으로는 되지 않는 경우도 있다. 과학 사가는 발견 등이 이루어진 시점에서의 메모나 편지 등을, 당사자가 나중에 썼거나 얘기한 자료보 다 훨씬 중시하는 일이 많다. 그러나 젊슨의 저서에서 볼 수 있듯이, 당 사자에게 대한 인터뷰라는 방법으로도 어떤 흥미로운 사실을 밝힐 수 가 있다고 믿는다.

그런데 스물 세 사람의 노벨상 수상자의 인터뷰를 마치고, 그들의 수 상 연구의 발상에서, 어떤 공통점이 발견되었느냐는 커다란 문제가 남 아 있다. 우선 강력하게 인상에 남아 있는 것은 수상자들의 관심이 광범하게 걸쳐 있다는 점이다.

연구자 중에는, 한 가지 수법을 완전히 자기 것으로 소화하여, 그것을 구사하여 연달아 다음 문제와 대결하거나, 또는 특정한 좁은 영역을 자신의 전문 분야, 수비 범위로 삼아, 그 안에서라면 가히 모르는 것이 없다는 타입의 사람도 있는 것 같았다. 물론 그것은 중요한 일로서, 거기서부터 중요한 업적이 얼마든지 거두어진다. 그 중에는 전문 분야 이외의 일에는 전혀 관심이 없는 듯이 보이는 사람도 없지는 않다. 그러나, 내가 인터뷰한 노벨상 수상자 중에는 그런 사람이 없었다. 노벨상을 수상하는 것과 같은 비약은, 수비 범위를 좁게 한정해 버리는 따위의 연구로부터는 좀처럼 태어나기 어려운 듯이 보인다. 수비 범위를 한정하고 있는 것처럼 보여도, 광범한 지식을 흡수하며 넓은 시야를 가졌던 사람이 비약을 성취했었다는 패턴이 있는 듯이 생각된다.

또 인터뷰를 한 수상자의 거의 전원이, 표현은 조금씩 달랐지만, 연구테마의 설정방법, 어떤 문제에 착안할 것인가가 가장 중요하다고 강조한 것은 특기할 일이었다.

또 윗슨과 크릭의 DNA 이중나선 모델은 유전학과 생화학 빛 물리학이, 레더버그, 테이텀, 비들들의 미생물에 의한 유전생화학의 연구는, 글자 그대로 유전학과 생화학이라 듯이, 두 개의 흐름이 하나로 된 데서 비약이 생겼다는 패턴도 눈에 띈다. 자콥, 모노, 르보프의 효소와 바이러스 합성의 유전적 조절의 연구에도 같은 말을 할 수 있을 것이다. 그것은 한 사람의 연구자 속에서도 있는 것으로서, 폴링의 분자 구조에 대한 관심과 양자역학, 후쿠이의 탄화수소의 연구와 양자역학에 대해서도 마찬가지로 볼 수가 있다.

수상 연구가 탄생한 요인의 공통점이란 곧 과학의 발전을 가져 오는 일반원칙으로 이어져 간다. 이것에 대해서는 기회가 있으면 다시 생각해 보았으면 한다.

노벨상 수상자의 인터뷰 기획은 『과학 아사히 (科學朝日)』 1984년 8월호의 특파원 보고로서 기획되었다. 되도록이면 많은 수상자를 인터뷰하고 싶다고 생각은 하고 있었지만, 예상 외로 많은 수상자를 만날 수가 있어 8월호부터 12월호까지 연재되었었다. 당초 인터뷰를 신청한 수상자는, 일본인 두 사람을 포함하여 모두 설흔 한 사람이었다. 노벨상 수상자가 바쁜 사람들이라는 것은 주지의 사실이다. 이쪽이 돌아다니는 스케줄과 잘 들어맞게 시간을 얻는다는 것은 매우 어렵지 않

을까 하는 것이 걱정이었다. 신청은 하더라도 과연 어느 정도나 실현될
는지도 매우 판단하기 어려웠다. 그래서 상당히 많은 수상자에게 신청
을 내기로 했다. 그 결과 예상했던 이상의 비율로써 인터뷰가 실현되
었기 때문에 그 몫만큼 스케줄이 하드하게 된 셈이었다.

여태까지의 노벨상 수상자를 국가별로 보면 미국이 단연 으뜸이고,
두 번째가 영국이다. 짧은 기간에 많은 수상자를 만나기 위해서는 역
시 이 두 나라에 중점을 두지 않을 수가 없었다.

참고로 인터뷰가 실현되지 못한 수상자를 들면 다음과 같다.

글라쇼(S.L. Glashow.), 와인버그(S. Weinberg. 미국, 1977년 물리학상),
버그(P. Berg. 미국, 1980년 화학상), 윗슨(J. D. Watson. 미국, 1962년 의
학·생리학상), 코라나(H.G. Khorana. 미국, 1968년 의학·생리학상), 틴버
겐(N. Tinbergen. 영국, 1973년 의학·생리학상), 버그스트룀(S. K. Berg-
ström. 스웨덴, 1982년 의학·생리학상), 매클린토크(B.McClintoke. 미국,
1983년 의학·생리학상)

이 중에서, 코라나는 「나는 인터뷰에는 응하지 않는 방침이기에 이
해하여 달라.」는 편지를 주었다. 버그로부터는 「인터뷰보다 더 해야
할 일이 많기 때문에.」라는 대답이 왔다. 틴버겐 부인으로부터는 「남
편은 병이 위중하여 인터뷰에 응할 수 있는 상태가 못됩니다.」라는 친
필로 쓴 답장이 왔다. 와인버그에 대해서는, 나의 스케줄 사정상 주말
이라면, 그가 있는 텍사스주 오스틴까지 갈 수 있을 터이었다. 그는 처
음에는 주말의 인터뷰를 양해했으나, 그러는 사이에 마음이 변했는지,
주말에는 안 되겠다고 하여 결국 기회를 찾지 못했다. 나머지 사람들도
거의가 서로의 스케줄이 맞지 않아서 인터뷰가 실현되지 못했다.

스물 세 사람의 노벨상 수상자와의 인터뷰는 좀처럼 얻기 어려운 귀
중한 경험이었다. 취재한 결과를 기사화하는 과정에서는, 갖가지로 부
족했던 일들이 생각나서 아쉬웠지만, 그것은 또 그런대로 다음 기회에
요긴하게 활용할까 한다.

이번의 취재에 있어서는 뭐니뭐니 해도 바쁜 시간을 쪼개어 인터뷰
에 응해 주신 분들에게 대한 감사의 마음이 가득하다. 또 미국, 영국,
프랑스의 취재에서는 많은 분들의 협력을 받았고 많은 신세를 졌었다.
특히 미국에서 열 여섯 사람의 인터뷰가 가능했던 것은 뉴욕에 계시는
저널리스트 바바(馬場恭子)씨의 협력의 덕분이었다. 그 밖의 다른 분
들의 이름을 일일이 드는 것은 생략하겠으나 마음 속으로부터 깊은 감

사를 드리고 싶다. 또 스웨덴 대사관으로부터도 많은 협력을 받았다.

『과학 아사히(科學朝日)』 편집부의 여러 분은 전면적으로 이 취재를 뒷받침해 주셨다. 모리(森曉) 편집장들의 손에 의해 졸고가 지면에 게재될 수 있는 형태로 다듬어졌었다. 단행본으로 나오는데 있어서는 아사히신문(朝日新聞) 출판국 도서편집실의 야마다(山田豊) 씨의 신세를 졌다. 깊이 감사를 드린다.

1985년   5월

미우라 겐이치
三 浦 賢 一

참고문헌

이 책에서는 아래와 같은 자료를 주로 참고했다.

◎ 노벨상 및 과학연구의 발상 일반

Les Prix Nobel(노벨財團編, Almqvist & Wiksell International, Stockholm) 노벨상 수상강연을 수록, 매년 간행. 각 수상자의 연구와 그 과정을 아는데는 가장 좋은 자료이다.

『노벨상 강연 물리학』(12권), 『노벨상 강연 생리학·의학』(15권) 日本·講談社. 수상 강연을 번역한 일본어판.

『ELIT OF SCIENCE』(H. A. Zuckerman) 미국의 수상자 41명에 대한 인터뷰 등으로, 수상자의 사회적 출신, 사제 관계, 수상연구의 과정 등을 과학사회학의 방법으로 분석하고 있다.

『THE SERCH FOR SOLUTIONS』(H. F. Judson). 과학적인 발견이 어떻게 이루어지는가, 그 발상을 인터뷰를 중심으로 해명하려고 시도했다.

『THE EIGHTH DAY OF CREATION』(H. A. Zuckerman). 분자생물학을 쌓아올린 사람들에 대한 인터뷰를 통하여 그 역사를 꼼꼼하게 묘사하고 있다. 노벨상 수상자가 많이 등장한다.

　※ 역자 주 : 한국어판으로는 하 두봉 역 『창조의 제8일』로 상권이 범양사에서 나와
　　　　　　　있다.

『노벨상의 빛과 그늘』, 『科學朝日』編, 日本·朝日新聞社. 노벨상을 애워싼 치열한 경쟁, 영광과 비애 등 갖가지 에피소드가 재미있는 읽을거리로 되어 있다.

◎ 이 책에 등장한 수상자의 주된 저서 및 그 업적을 아는데 참고가 되는 책

❖ A. A. 펜지아스와 R. W. 윌슨

『THE FIRST THREE MINUTES』(S. Weinberg).

　※ 역자 주 : 한국판으로는 김 용채 역 『처음 3분간』이 전파과학사의 「현대과학신
　　　　　　　서」로, 또 조 병하 역 『태초의 3분간』이 범양사에서 나와 있다.

❖ 에사키 레오나(江崎玲於奈)

『진공관에서 반도체로의 "터널"의 추억』(『일본의 과학정신 3 인공 자연의 디자인』수록.) 日本·工作舍

『창조성에의 대화』(江崎玲於奈) 日本·中央公論社

『일본을 말한다』(江崎玲於奈·廣中平祐) 日本·每日新聞社

『신·일본 이솝이야기』(江崎玲於奈) 日本·日刊工業新聞社

『미국과 일본』(江崎玲於奈) 日本·讀賣新聞社

『과학과 인간을 말한다』(福井謙一·江崎玲於奈) 日本·共同通信社

『창조의 풍토』(江崎玲於奈) 日本·讀賣新聞社

❖ M. 겔만 ❖ B. 리히터와 S. 팅

『쿼크』(南部洋一郞) 日本・講談社.

※ 역자 주 : 한국어판으로는 김 정흠・손 영수 공역으로 전파과학사의 「블루백스」시
리즈」로 나와있다.

『쿼크로부터 우주로』(溝江昌吾) 日本・다이아몬드社

❖ 양 첸닝

『쿼크』(南部洋一郞) 日本・講談社

※ 역자 주 : 위의 M. 겔만 참조.

『자연계에 있어서의 좌와 우』(M. Gardner)

※ 역자 주 : 한국어판으로는 박 동현 역 『자연계의 좌와 우』로 부림출판사에서
나와있다.

❖ 후쿠이 겐이치(福井謙一)

『과학반응과 전자의 궤도』(福井謙一) 日本・丸善

『학문의 창조』(福井謙一) 日本・佼成出版社

『과학과 인간을 말한다』(福井謙一・江崎玲於奈) 日本・共同通信社

『후쿠이 겐이치와 프런티어 궤도이론』(日本化學會編) 日本化學會出版센터

❖ L. 폴링

『일반화학』(L. Pauling)

『화학결합론』(L. Pauling)

『화학결합론 입문』(L. Pauling)

『비타민C와 감기, 인플루엔저』(L. Pauling)

※ 역자 주 : 한국어판으로는 조 학래 역으로 전파과학사의 「현대과학신서」로 나
와있다.

『암과 비타민C』(L. Pauling 외)

『라이너스 폴링의 83년』(村田晃) 日本・共立出版

❖ J. C. 켄드루와 M. F. 페루츠

『생명의 실』(J. C. Kendrew)

『분자생물학 입문』(M. F. Perutz)

❖ F. H. C. 크릭

『THE DOUBLE HELIX』(J. D. Watson)

※ 역자 주 : 한국어판으로는 하 두봉 역 『이중나선』으로 전파과학사의 「현대과
학신서」로 나와있다.

『로자린드 프랭클린과 DNA』(A. Sayer)

『생명, 이 우주인 것』(F. H. C. Crick)

❖ F. 자콥

『생명의 논리』(F. Jacob)

노벨상(자연과학 부문) 수상자 일람

년도	물리학상	화학상	의학·생리학상
1901년	W. C. Röntgen(독일)=X선의 발견	J. H. van't Hoff(네덜란드)=화학 열역학의 법칙, 용액의 삼투압 발전	E. A. von Behring(독일)=디프테리아 치료 혈청의 창시
1902년	H. A. Lorentz(네덜란드)=전자 이론의 개척 P. Zeeman(네덜란드)=복사현상의 자기적 영향에 관한 실험	E. Fischer(독일)=당류 및 프린족 화합물의 연구	R. Ross(영국)=말라리아모기와 말라리아 발육환(發育環)의 발전
1903년	A. H. Becqeurel(프랑스)과 P. Curie 및 M. Curie부부(프랑스)=방사능의 연구	S. A. Arrhenius(스웨덴)=전해질의 이론적 연구	N. R. Finsen(덴마크)=낭창(狼瘡)의 광선요법
1904년	J. W. Rayleigh(영국)=아르곤의 발견	W. Ramsay(영국)=영족기체 원소 발견	I. P. Pavlov(소련)=소화샘타위의 연구
1905년	P. E. A. Lenard(독일)=음극선의 연구	J. F. W. A. von Baeyer(독일)=유기 색소·히드로방향족 화합물의 연구	R. Koch(독일)=결핵에 대한 연구, 결핵균의 발견
1906년	J. J. Thomson(영국)=기체 내 전자운동의 이론적, 실험적 연구	H. Moissan(프랑스)=플루오르 화합물·크룸화합물·탄화물·전기로의 연구	C. Golgi(이탈리아)와 S. R. Cajal(스페인)=신경조직의 구조 연구
1907년	A. A. Michelson(미국)=간섭계에 의한 연구	E. Buchner(독일)=발효의 화학적 연구	C. L. A. Laveran(프랑스)=원생(原生)동물에 기인하는 질병의 연구

연도			
1908년	G. Lippmann (프랑스) = 빛의 간섭을 사용한 천연색 사진의 연구	E. Rutherford (영국) = 방사능에 관한 공헌	P. Ehrlich (독일) = 면역에 관한 연구 E. Mechnikov (프랑스) = 식균(食菌)현상의 발견
1909년	G. Marconi (이탈리아)와 K. F. Braun (독일) = 무선전신의 연구	F. W. Ostwald (독일) 촉매율(觸媒律) 평형의 발견, 반응속도·화학평형의 연구	E. T. Kocher (스위스) = 갑상선의 연구
1910년	J. D. van der Waals (네덜란드) = 상태방정식의 연구	O. Wallach (독일) = 테르펜 및 장뇌류의 연구	A. Kossel (독일) = 단백질·핵산의 연구
1911년	W. Wien (독일) = 복사의 연구	M. Curie (프랑스) = 라듐, 폴로늄의 발견과 라듐화합물 등의 연구	A. Gullastrand (스웨덴) = 안과(眼科) 광학이론
1912년	N. G. Dalén (스웨덴) = 등대용 가스 어큐뮬레이터에 사용하는 자동조절기의 발명	V. Grignard (프랑스) = 그리냐르 반응의 발견 P. Sabatien (프랑스) = 유기촉매 반응에 관한 공헌	A. Carrel (프랑스) = 혈관봉합·장기 이식
1913년	H. Kamerlingh-Onnes (네덜란드) = 저온물리학의 업적	A. Werner (스위스) = 분자 속에 있어서의 원자의 결합연구	C. R. Richet (프랑스) = 과민증의 연구
1914년	M. von Laue (독일) = 결정에 의한 X선회절의 발견	T. W. Richard (미국) = 원자량의 정밀측정	R. Bárány (오스트리아) = 삼반규관(三半規管)·평형감각의 연구
1915년	W. H. Bragg와 W. L. Bragg 부자(영국) = X선에 의한 결정의 구조연구	R. Willstatter (독일) = 크로로필의 연구	수상자 없음
1916년	수상자 없음	수상자 없음	수상자 없음
1917년	C. G. Barkla (영국) = 원소의 특성 X선의 발견	수상자 없음	수상자 없음

연도			
1918년	M. Planck(독일) = 양자론(量子論)의 연구	F. Haber(독일) = 암모니아의 합성	수상자 없음
1919년	J. Stark(독일) = 슈타르크효과의 발견과 연구	수상자 없음	J. Bordet(벨기에) = 보체(補體) 결합 반응, 백일해균 발견
1920년	C. E. Guillaume(프랑스) = 니켈강의 연구 및 안바합금의 발견	W. H. Nernst(독일) = 화학에 대한 열역학이론과 그 응용	S. A. S. Krogh(덴마크) = 모세관운동 조절의 연구
1921년	A. Einstein(독일) = 이론물리학의 업적, 특히 광전효과의 법칙의 발견	F. Soddy(영국) = 방사성물질의 화학과 동위원소의 연구	수상자 없음
1922년	N. Bohr(덴마크) = 원자구조의 연구	F. W. Aston(영국) = 질량분석기의 발명과 동위원소의 측정	A. V. Hill(영국) = 근육 속의 열 발생의 연구 O. Meyerhof(독일) = 근육 속의 산소소모와 젖산 산출의 관계의 연구
1923년	R. A. Millikan(미국) = 전자의 하전량의 정밀측정	F. Pregl(오스트리아) = 미량분석법의 연구	F. G. Banting(캐나다)와 J. J. R. Macleod(영국) = 인슐린의 발견
1924년	K. M. Siegbahn(스웨덴) = X선분광학의 연구	수상자 없음	W. Einthoven(네덜란드) = 심전도법의 연구
1925년	J. Franck(독일)과 G. Hertz(독일) = 전자와 충돌의 연구	R. A. Zsigmondy(독일) = 콜로이드용액의 불균질성의 연구	수상자 없음
1926년	J. B. Perrin(프랑스) = 물질의 불연속적 구조, 특히 침강평형에 관한 연구	T. Svedberg(스웨덴) = 초원심기에 의한 콜로이드의 연구	J. A. G. Fibiger(덴마크) = 암의 원인이 되는 선충의 발견
1927년	A. H. Compton(미국) = 콤프턴효과의 발견	H. O. Wieland(독일) = 담즙산의 연구	J. W. von Jauregg(오스트리아) = 마비성 치매에 대한 말라리아 접종 요법

	C. T. R. Wilson (영국)=윌슨 안개상자의 발명, 기체 전리(電離)의 연구	A. Windaus (독일)=스테린류의 연구	C. J. H. Nicolle (프랑스)=발진티푸스의 연구
1928년	O. W. Richardson (영국)=열전자 현상의 연구	A. Harden (영국)과 H. von Euler-Chelpin (스웨덴)=당(糖)발효의 연구	C. Eijkman (네덜란드)=신경염 치료의 연구
1929년	L. V. de Broglie (프랑스)=전자의 파동성의 연구	H. Fischer (독일)=혈액색소의 연구, 헤민의 합성	F. G. Hopkins (영국)=성장촉진 비타민의 발견
1930년	C. V. Raman (인도)=라만효과의 발견	C. Bosch (독일)=암모니아합성 촉매의 연구	K. Landsteiner (오스트리아)=혈액형의 발견과 연구
1931년	수상자 없음	F. Bergius (독일)=석탄의 액화	O. H. Warburg (독일)=호흡효소의 연구
1932년	W. K. Heisenberg (독일)=양자역학(量子力學)의 연구	I. Langmuir (미국)=계면(界面)화학의 연구	C. S. Sherrington (영국)과 E. D. Adrian (영국)=신경세포의 기능에 관한 여러 가지 발견
1933년	P. A. M. Dirac (영국)과 E. Schrödinger (오스트리아)=새로운 형식의 원자론의 발견	수상자 없음	T. H. Morgan (미국)=초파리에 의한 염색체의 유전기능의 발전
1934년	수상자 없음	H. C. Urey (미국)=중수소의 발견	G. R. Minot (미국), W. P. Murphy (미국), G. H. Whipple (미국)=빈혈 치료의 연구
1935년	J. Chadwick (영국)=중성자의 발	F. Joliot와 I. Joliot-Curie 부부	H. Spemann (독일)=동물의 배(胚)의

연도	물리학	화학	생리·의학
	전	(프랑스) = 인공방사능의 연구	성장에 있어서의 염색체의 유전기능의 발견
1936년	V. F. Hess (오스트리아) = 우주선의 발견 / C. D. Anderson (미국) = 양전자의 발견	P. J. W. Debye (네덜란드) = 기체 분자에 의한 X선 및 전자의 회절에 관한 연구	H. H. Dale (영국)과 O. Loewi (오스트리아) = 신경자극의 화학전달에 관한 발견
1937년	C. J. Davisson (미국)과 G. P. Thomson (영국) = 결정에 의한 전자의 회절의 발견	W. N. Haworth (영국) = 탄수화물, 비타민C의 연구 / P. Karrer (스위스) = 비타민 A, B의 연구, C의 조성	A. von Szent-Györgyli (헝가리) = 생물학적 연소(燃燒)의 발견
1938년	E. Fermi (이탈리아) = 중성자에 의한 인공방사능등의 연구와 원자핵 반응의 발견	R. Kuhn (독일) = 비타민 B_2의 합성 (사퇴)	C. Heymans (벨기에) = 호흡조절에 있어서의 대동맥의 연구
1939년	E. O. Lawrence (미국) = 사이클로트론의 발명과 인공 방사성 원소의 연구	A. F. J. Butenandt (독일) = 성호르몬의 연구 (사퇴) / L. Ružička (스위스) = 폴리메틸렌, 테르펜의 연구	G. Domagk (독일) = 프론토질의 식균효과의 발견 (사퇴)
1940~42년	수상자 없음	수상자 없음	수상자 없음
1943년	O. Stern (미국) = 원자선의 방법에 의한 분자와 양성자의 자기(磁氣)능률의 발견	G. Hevesy (헝가리) = 방사성 동위원소의 이용에 관한 공헌	C. P. H. Dam (덴마크) = 비타민K의 발견 / E. A. Doisy (미국) = 비타민K의 화학적 성질의 발견
1944년	I. I. Rabi (미국) = 원자핵 자기	O. Hahn (독일) = 원자핵 분열의 발견	E. J. Erlanger (미국)와 H. S. Gas-

	노벨물리학상	노벨화학상	노벨생리·의학상
1945년	W. Pauli (오스트리아)=파울리의 배타원리의 발견	A. I. Virtanen (핀란드)=농예화학의 연구	ser (미국)=신경섬유의 기능의 연구 A. Fleming (영국), E. B. Chain (영국), H. W. Florey (영국)= 페니실린의 발견
1946년	P. W. Bridgman (미국)= 고압물리학에 관한 업적	J. B. Sumner(미국)=효소의 결정화 J. H. Northrop (미국)과 W. M. Stanley (미국)=효소와 바이러스 단백질의 순수한 조제	H. J. Muller (미국)=X선에 의한 인공변이(人工變異)의 발견
1947년	E. V. Appleton (영국)=전리층의 연구	R. Robinson (영국)=알카로이드의 연구	C. F. Cori와 G. T. Cori 부부(미국)=녹말의 신진대사의 연구
1948년	P. M. S. Blackett (영국)=우주선과 원자핵의 연구	A. W. K. Tiselius (스웨덴)=전기영동과 흡착분석의 연구, 특히 혈청단백질의 복합성에 관한 발견	B. A. Houssay (아르헨티나)= 당 대사에 관한 뇌하수체 호르몬의 연구
1949년	유가와 히데키 (湯川秀樹, 일본)=해석의 이론에 의한 중간자의 존재 예언	W. F. Giauque (미국)=절대 0도 가까이의 극저온에 있어서의 원자의 운동 연구	P. Müller (스위스)=DDT의 살충효과의 연구
1950년	C. F. Powell (영국)= 중간자에 관한 여러 가지 발견	O. P. H. Diels (독일)와 K. Alder (독일)=디엔의 합성연구	W. R. Hess (스위스)=간뇌(間腦)의 기능에 관한 발견 A. E. Moniz (포르투갈)=정신분열병을 위한 전액부(前額部) 대뇌신경의 절단수술에 관한 연구
1951년	J. D. Cockcroft (영국), E. T.	C. T. Seaborg (미국), E. M. Mc-	E. C. Kendall (미국), P. S. Hench (미국), T. Reichstein (스위스)=부신피질 호르몬의 연구 M. Theiler (남아프리카)=황열병 왁찐

1952년	S. Walton (아일랜드)＝고전압 가속장치에 의한 원소의 변환에 관한 연구 F. Bloch(미국), E. M. Purcell(미국)＝원자핵 자기(磁氣)능률의 측정	Millan(미국)＝넵튬, 플루토늄의 발견 A. J. P. Martin (영국), R. L. M. Synge (영국)＝분배 크로마토그래피에 의한 아미노산 분석법의 발견	의 개발 S. A. Waksman (미국)＝스트렙토마이신의 발견
1953년	F. Zernike(네덜란드)＝위상차 현미경의 완성	H. Staudinger (독일)＝고분자화학의 연구	F. A. Lipmann (미국)＝대사에 있어서의 고에너지 인산결합의 의의와 보조효소 A의 발견
1954년	M. Born (영국)＝확률론적인 파동양자 역학의 연구 W. Bothe (독일)＝입자 산란의 실험에 의한 원자물리학의 발전에 대한 공헌	L. C. Pauling (미국)＝화학결합의 본질, 특히 복잡한 분자의 구조 연구	H. A. Krebs (영국)＝트리카르복실산(TCA)사이클의 연구 J. F. Enders (미국), T. H. Weller (미국), F. C. Robins (미국)＝소아마비 바이러스의 배양 완성
1955년	W. E. Lamb (미국)＝수소스펙트럼의 구조에 관한 여러 가지 발견 P. Kusch (미국)＝전자의 자기(磁氣)능률 측정	V. du Vigneaud (미국)＝호르몬 합성의 과정에 관한 여러 가지 발견	H. Theorell (스웨덴)＝산화효소의 연구
1956년	W. H. Brattain (미국), J. Bardeen (미국), W. Shockley(미국)＝접합함 트랜지스터의 발명 및 개량	C. N. Hinshelwood (영국), N. N. Semenov (소련)＝화학반응속도론, 특히 연쇄반응의 연구	A. F. Cournand (미국), W. Forssmann (독일), D. W. Richards (미국)＝심장 카테테르법, 순환기계통의 병적 변화에 관한 연구

1957년	Lee T. -D. (李政道, 중국), Yang C. N. (楊振寧, 중국) =패리티의 비보존에 관한 연구	A. R. Todd (영국) =누클레오티드의 유기화학적 연구	D. Bovet (이탈리아) =쿠라레 작용물질의 합성화와·야리 화적 연구
1958년	P. A. Cherenkov (소련), I. Y. Tamm(소련), I. M. Frank (소련)=체렌코프효과의 발견과 해석	F. Sanger (영국)=인슐린의 구조 결정	G. W. Beadle (미국), E. L. Tatum (미국), J. Lederberg (미국)=미생물에 의한 유전생화학의 발전
1959년	F. Segre (미국), O. Chamberlain (미국)=반(反)양성자의 발견	J. Heyrovsky (체코슬로바키아) =폴라로그래피분석법의 발명	S. Ochoa (미국)=RNA의 합성
1960년	D. A. Glaser (미국)=수소 거품 상자의 발명	W. F. Libby (미국)=연대 결정을 위한 탄소 14를 사용하는 방법의 개발	A. Kornberg (미국)=DNA의 합성
1961년	R. Hofstadter (미국) = 원자핵의 전자산란의 연구와 핵자의 구조에 관한 발견 R. L. Mössbaure (서독) = 감마선의 무반도(無反跳) 해공명흡수의 연구	M. Calvin (미국)=식물의 광합성의 연구	F. M. Burnet (오스트레일리아), P. B. Medawar (영국)=후천적 면역 내성의 발견 G. von Békésy (헝가리)=내이(內耳)의 와우각 (나선관)에 있어서의 자극의 물리적 메카니즘의 연구
1962년	L. D. Landau (소련)=극저온에서의 물성론(物性論)의 연구	M. F. Perutz (영국), J. C. Kendrew (영국)=X선 회절에 의한 구상(球狀) 단백질의 입체구조의 해명	F. H. C. Crick (영국), J. D. Watson (미국), M. H. F. Wilkins (영국)=핵산의 분자구조와 생체에 있어서의 정보전달에 대한 그 의의의 발견
1963년	E. P. Wigner (미국)= 양자역학에 있어서의 대칭성의 발견과 응	K. Ziegler (서독), G. Natta (이탈리아)=촉매를 사용하는 방법으로 불포화	J. C. Eccles (오스트레일리아), A. L. Hodgkin (영국), A. F. Huxley (영국)

연도			
	용	탄소화합물로부터 중합체를 만드는 연구	=신경세포막의 이온의 메카니즘에 관한 발전
1964년	M. G. Mayer(미국), J. H. D. Jensen(서독)=원자핵의 각(殼)구조이론의 연구	D. C. Hodgkin(영국)=X선에 의한 생화학물질의 구조 결정	K. E. Bloch(미국), F. Lynen(서독)=콜레스테롤과 지방산의 생합성 메카니즘과 조절에 관한 연구
1965년	C. H. Townes(미국), N. G. Basov(소련), A. M. Prokhorov(소련)=메이저, 레이저의 발명 도모나가 신이치로(朝永振一郎, 일본), J. S. Schwinger(미국), R. P. Feynman(미국)=양자전자기역학의 기초적 연구	R. B. Woodward(미국)=유기합성에 대한 공헌	F. Jacob(프랑스), A. Lwoff(프랑스), J. Monod(프랑스)=효소와 바이러스합성의 유전적 제어의 연구
1966년	A. Kastler(프랑스)=원자 내의 헤르츠파 공명의 광학적 방법의 발명과 개발	R. S. Mulliken(미국)=분자오비탈(궤도)법에 의한 화학결합과 분자의 전자구조에 관한 기초적 연구	F. P. Rous(미국)=발암성 바이러스의 발견 C. B. Huggins(미국)=전립선 암의 호르몬요법에 관한 발견
1967년	H. A. Bethe(미국)=핵반응이론에 대한 공헌, 특히 별에 있어서의 에너지 발생에 관한 발전	R. G. W. Norrish(영국), G. Porter(영국), M. Eigen(서독)=급격한 온도변화에 의한 고속화학반응의 연구	R. Granit(스웨덴), H. K. Hartline(미국), G. Wald(미국)=시각(視覺)의 초기 과정에서의 화학적・생리학적 발전
1968년	L. W. Alvarez(미국)=소립자물리학에 대한 공헌, 특히 수소 거품상자를 사용하는 기술과 그 데이터해석에 관한 개발	L. Onsager(미국)=열역학의 「온사거의 상반정리(相反定理)」의 발견	R. W. Holley(미국), H. G. Khorana(미국), M. W. Nirenberg(미국)=유전암호의 해독과 그 단백질합성에 대한 역할의 연구
1969년	M. Gell-Mann(미국)=소립자	O. Hassel(노르웨이), D. H. R.	M. Delbrück(미국), A. D. Hershey

이 분류와 그 상호작용에 관한 발전과 기여

1970년
L. Néel (프랑스)=반(反) 강자성과 강자성(强磁性)에 관한 연구와 발전
H. Alfvén (스웨덴)=전자기 유체역학에 관한 연구와 발전
Barton(영국)=화학구조가 입체적이라고 하는 아이디어 아래서 이것을 발전
L. F. Leloir (아르헨티나)=탄수화물 생합성에 있어서의 당뉴클레오티드의 발견과 연구
(미국), S. E. Luria (미국)=바이러스의 증식메카니즘과 유전학적 구조에 관한 발전
B. Katz (영국), U. S. von Euler (스웨덴), J. Axelrod (미국)=신경 말초부에서의 전달물질의 발견과 그 저장, 해리, 비활성화의 메카니즘에 대한 연구

1971년
D. Gabor (영국)=홀로그래피의 발명
G. Herzberg (캐나다)=분자 특히 유리기(遊離基)의 전자구조와 기하학적 구조
E. W. Sutherland (미국)=호르몬작용의 메카니즘에 관한 연구

1972년
J. Bardeen (미국), L. N. Cooper (미국), J. R. Schrieffer (미국)=초전도이론의 확립
C. B. Anfinsen (미국), S. Moore(미국), W. H. Stein (미국)=RNA 분해효소의 연구
G. M. Edelman (미국), R. R. Porter (영국)=항체의 화학구조에 관한 발견

1973년
에사키 레오나 (江崎玲於奈, 일본), I. Giaever (미국), B. D. Josephson (영국)=고체에 있어서의 터널효과와의 연구
E. O. Fisher (서독), G. Wilkinson (영국)=유기금속화합물에 대한 이론적 연구
K. von Frisch (오스트리아 출생), K. Z. Lorenz (오스트리아 출생), N. Tinbergen (네덜란드 출생)=비교행동학의 창시

1974년
M. Ryle (영국), A. Hewish(영국)=전파천문학에 있어서의 연구
P. J. Flory (미국)=고분자 물리화학의 이론과 실험 양면에서의 업적
A. Claude (룩셈부르크 출생), C. R. De Duve (영국), G. E. Palade (미국, 루마니아 출생)=세포의 구조와 기능에 관한 발견

1975년
A. N. Borh (덴마크), B. R. Mottelson (덴마크), J. Rainwa-
J. W. Cornforth (오스트레일리아)=효소촉매반응의 입체화학
D. Baltimore (미국), H. M. Temin (미국), R. Dulbecco (미국, 이탈리아 아

	물리학	화학	의학·생리학
	ter (미국) =원자핵 내의 집단운동과 입자운동과의 결부의 발견, 원자핵 구조이론의 진보	V. Prelog (스위스) =유기분자와 반응의 입체화학에 있어서의 업적	출생) =중앙아메리카스의 연구
1976년	B. Richter (미국), S. C. C. Ting (미국) =무거운 소립자의 발견	W. N. Lipscomb (미국) =붕소수화물 (borane)의 구조 연구	B. S. Blumberg (미국) =HB항원의 발견 D. C. Gajdusek (미국) =쿠르병의 원인 구명
1977년	J. H. van Vleck (미국), N. F. Mott (영국), P. W. Anderson (미국) =자성체 및 무질서계의 전자구조에 관한 이론적 연구	I. Prigodine (벨기에) =비평형 열역학, 특히 산일 (散逸) 구조의 연구	R. C. L. Guillemin (미국), A. V. Schally (미국) =뇌 내 펩티드호르몬에 관한 발견 R. S. Yalow (미국) =방사면역 분석시험법의 개발
1978년	P. L. Kapitsa (소련) =저온물리학에서의 여러 가지 기본적 발전 A. A. Penzias (미국), R. W. Wilson (미국) =3 K 우주 배경복사의 발견	P. D. Mitchell (영국) =생체막에 있어서의 에너지변환의 연구	W. Arber (스위스) =제한효소의 존재 예지 H. O. Smith (미국) =제한효소의 발견 D. Nathans (미국) =제한효소의 유전학 연구에의 응용
1979년	S. L. Glashow (미국), S. Weinberg (미국), A. Salam (파키스탄) =약한 힘과 전자기력의 통일 이론에 기여	H. C. Brown (미국), G. Wittig (서독) =유기화학반응의 다채로운 발전에 대한 기여	A. M. Cormack (미국), G. N. Hounsfield (영국) =컴퓨터를 사용한 X선 단층촬영기술의 개발
1980년	J. W. Cronin (미국), B. L. Fitch (미국) =중성 K 중간자의 붕괴에 있어서의 기본적인 비경성 과	P. Berg (미국) =유전자공학의 기초가 되는 핵산의 생화학적 연구 W. Gilbert (미국), F. Sanger (영국)	B. Benacerraf (미국), G. D. Snell (미국), J. Dausset (프랑스) =면역 반응의 유전적 조절 메카니즘의 해명

년도			
1981년	K. Siegbahn (스웨덴) = 고분해능 전자분광학의 발전 N. Bloembergen (미국), A. Schawlow (미국) = 레이저분광학의 발전	=헤이산의 염기배열의 연구 후쿠이 켄이치(福井謙一, 일본), R. Hoffmann (미국) = 화학반응과정의 이론적 연구	R. Sperry (미국) = 대뇌반구의 기능분화의 연구 D. H. Hubel (미국), T. N. Wiesel (미국) = 대뇌피질 시각령에 있어서의 정보처리의 연구
1982년	K. G. Wilson (미국) = 물질의 상전이(相轉移)에 관련된 임계현상에 관한 이론	A. Klug (영국) = 생체 내의 거대분자의 미세구조의 연구	S. Bergström (스웨덴), B. Samuelson (스웨덴) J. Vane (영국) = 프로스타글란딘의 분자구조의 발견과 작용기작(機作)의 연구
1983년	S. Chandrasekhar (미국) = 별의 진화에 관한 물리적 과정의 연구 W. A. Fowler (미국) = 우주의 화학물질 생성과정에 있어서의 핵반응의 연구	H. Taube (미국) = 금속착체(錯體)의 전자친이 반응 메카니즘의 연구	B. McClintoke (미국) = 트랜스포존(유동하는 유전자)의 발견
1984년	C. Rubbia (이탈리아 출생), S. von der Meer (네덜란드) = 약한 힘을 전달하는 입자 위크보존의 발견에 공헌	R. B. Merrifield (미국) = 고상(固相) 반응에 의한 화학합성법의 개발	N. K. Jerne (프랑스·영국 출생) = 면역계가 니즘의 발달과 제어에 관한 이론, G. J. F. Köhler (스위스·독일 출생), C. Milstein (영국·아르헨티나 출생) = 단일 클론항체의 산생법(産生法)의 개발
1985년	K. von Klitzing (서독) = 홀(Ha-11)효과에 있어서의 양자식 화자식 성질을 발견한 업적	J. Karle (미국), H. A. Hauptman (미국) = X선회절에 의한 결정구조의 직접측정방법을 개발	M. Brown (미국), J. L. Goldstein (미국) = 콜레스테롤의 대사 메카니즘을 해명, 질병의 치료화를 혁신

연도			
1986년	E. Ruska(서독)=전자현미경에 관한 기초연구와 개발 G. Binning(서독), H. Rohrer(스위스)=주사식 터널링 현미경 개발	D. R. Herschbach(미국), Y. T. Lee(미국), J. C. Polanyi(캐나다)=화학반응 소과정(素過程)의 동력학적 연구에 대한 기여	R. Levi-Montalcini(이탈리아), S. Cohen(미국)=신경성장인자 및 상피세포 성장인자의 발견
1987년	J. G. Bednorz(서독), K. A. Müller(스위스)=산화물 고온 초전도체의 발견	C. J. Pedersen(미국), D. J. Cram(미국), J. M. Lehn(프랑스)=높은 선택성으로 구조특이적인 반응을 일으키는 분자(크라운화합물)의 합성	도네가와 스스무(利根川進. 일본)=다양한 항체를 생성하는 유전적 원리의 해명
1988년	L. J. Steinberg(미국), M. Swarts(미국), L. Lederman(미국)=뉴트리노의 발견을 통하여 경입자의 이중구조를 해명, 물질의 기본구조와 우주생성이론 규명에 공헌	J. Deisenhofer(서독), R. Huber(서독), H. Michel(서독)=광합성과정을 물리적인 접근을 통해서 해명, 광합성의 3차원 구조를 규명한 공로	J. W. Black(영국)=협심증과 위궤양 치료약제 G. M. Hitchings(미국), G. B. Elion(미국)=항암제와 면역억제제의 이론과 개발 등 각각 약물요법에서의 중요한 원리의 발견
1989년	노만·람체이(미국), 한스·데멜트(미)=수소분자증폭기와 전자시계에 이용할 수 있는 전자발진방법 발명 볼프강·폴(서독)=이온포획법 개발	시드니·알트만(미국, 캐나다출생), 토머스·체크(미국)=RNA연구에서 탁월한 업적	마이클·비숍(미국), 해럴드·바머스(미국)=레트로바이러스에 대한 발암자의 세포적 기원에 관한 연구
1990년	Jerome I. Friedman(미국), Henry W. Kendall(미국), Richard E. Taylor(미국)=양성자·중성자에 대한 전자의 비탄성 산란에 의한 쿼크모델의 개척	Elias J. Corey(미국)=유기합성의 이론과 방법의 개발	Joseph E. Murray(미국), E. Donnall Thomas(미국)=질병치료의 장기·세포 이식에 관한 발견
1991년	피에르·질르·드·젠(프랑스)=액정이나 고분자 에에 분자나 원자들이 일정한 방향으로 배열된 정돈상태이	리하르트·에른스트(스위스)=초미세 해석 기공명 분광의 방법론 개발	에드빈·네허(독일), 베르트·자크만(독일)=세포막의 이온통로 활동을 특정하는 방법을 개발

헤드넌드·퍼셔, 헤드린·크렙스(미국)=
단백질의 인산화 가역과정을 규명

루돌프·마커스(미국)=화학반응계의 전자
전달반응속도에 관한 이론을 정립.

1992년 조르주·샤르파(프랑스)=소립자를 검
출하는 장치를 개발「다중도선 비례
계수기 Multiwire Proportional Cha
mber」

에서 무질서한 상태로 옮겨갈 때
어떤 현상이 일어나는가를 수학적
으로 밝힘.

번역을 마치고

요즈음, 우리 나라에서는 「노벨상에의 도전」이 활발히 거론되고, 세계가 놀라와하는 단기간의 경제성장을 이룩하면서 터득한 「하면 된다」는 기운이 팽배하게 일고 있다. 국·중·고교생에게 장래의 희망을 물으면 「과학자가 되겠다」고 어깨를 편다. 과학고교, 과학 기술대학, 포항 공과대학이 설립되고, 기존 대학의 자연과학계열에도 우수한 인재의 집중이 돋보이는 가운데, 민간 연구기관이 잇달아 설립되고 있다. 과학기술처는 「2000년대를 향한 과학·기술 장기계획」의 청사진을 펼쳐내고, 국민들 사이에는 과학·기술의 진흥이 곧 「우리의 살 길」이라는 각성이 일기 시작하고 있다. 이러한 환경 속에서 노벨상의 영예에 빛나는 수상자들의 발걸음이 잦아지고, 말로만 듣고 눈으로만 익혔던 수상자의 풍모와 강연이나 소감에 직접으로 접하는 기회가 늘어나고 있다. 그런데 한 가지 아쉬움이 있다면 그 수상자와 무릎을 맞대고, 위대한 업적을 이룩하게 된 수상연구의 적나라한 이야기를 차분히 들어 볼 수 있는 기회가 좀처럼 없다는 점이다.

이 책은 바로 이러한 우리의 아쉬움을 그 일부나마 충족시켜 주리라 믿어진다. 물리, 화학, 의학·생리학의 각 분야에 걸쳐, 저자 자신이 해박한 과학소양을 지닌 과학도로서, 또 일본의 오랜 역사를 지닌 저명한 과학잡지 『가가쿠 아사히(科學朝日)』의 편집기자로서, 「노벨상 수상연구의 발상, 그 연구가 태어난 조건을 밝혀보고 싶다」는 의도아래, 「훌륭한 연구가 어떻게 태어나고, 과학에 있어서의 비약은 어떻게 해서 일어나는가」라는 핵심적인 과제를 파헤쳐 보려고 노력하였다. 많은 준비와 불타는 정렬로 수상자 23 사람을 한사람씩 발로 찾아다니며, 무릎을 맞대고 귀로 들은 생생한 증언을 엮은 책이다. 독자 여러분도 그의 글을 통해서 수상연구 발상의 핵심적인 해명과 주변 상황을 들으며, 수상자에게서 풍기는 인간성을 충분히 만끽하고, 많은 교훈과 감동을 받으리라 생각된다.

과학자의 자서전이나 전기가 각기 궤를 달리하면서도 맥락을 같이 하듯이, 탐방물류도 현재와 후세에 있어서 과학사적인 귀중한 문헌자료로서의 가치가 드높다고 할 것이다. 그런 의미에 있어서도 이 책의 존재는 유서가 빈곤한 우리 주변에서 소중한 존재가 될 것으로 생각한다. 과학하는 사람, 과학을 하고자 하는 사람, 과학에 대한 올바른 인식을 갖고자 하는 사람은 물론, 교단에 서시는 선생님들의 강의자료로서도 많은 도움이 되었으면 한다.

역자는 이 책의 초판이 출간되고 곧 바로 기증을 받아, 저자와 상의하여 한국어판으로서의 역간을 꾀했다. 이런 책을 주변의 관심있는 사람들에게도 널리 권했으면 싶었다. 번역에는 오랜 시일이 걸렸다. 워낙 잔일이 많은 출판사의 일을 하면서 짬짬이 진행하는 일이라 이제야 겨우 빛을 보게 되었다. 그러는 사이 일본에서는 초판이 출판된지 채 1년이 못되어 3판째가 나왔다는 저자의 전갈이다. 선진 과학기술국으로 자타가 공인하는 그나라 사람들에게도, 이토록 빠르게 많이 읽혀지고 있다는 사실은, 새삼 이 책이 지니는 매력과, 그들이 지니는 과학일본으로의 집념과 저력을 느끼게 한다. 우리 독자들께서도 알고자 하는, 알고서 덤비자는 기운이 넘쳤으면 하는 소망이다.

이 책의 역간에 즈음해서는 저자 미우라 겐이치(三浦賢一)씨와 발행사인 아사히신문사(朝日新聞社)의 번역출판권의 흔쾌한 제공과 한국의 과학진흥에 보내는 따뜻한 격려는 물론 수상자의 인간미 넘치는 초상화의 활용을 허락하신 기무라 슈지(木村しゆうじ)씨 등의 각별한 후의와 협력에 크게 힘입었다. 이에 진심으로 감사드린다.

끝으로 역자의 과학풍토조성을 위한 작으마한 일에 언제나 변함없는 협조와 격려를 베풀어 주시는 한국과학저술인협회 회장 김정흠 고려대 교수, 동 부회장 박택규 건국대 교수, 한국과학사학회 부회장 송상용 한림대 교수의 도움으로, 이 책이 역자의 스물 두번째의 역서로서 빛을 보게 된데 대하여 충심으로 감사드리며, 이 책의 번역에 있어 특히 인명(예:종래에 쓰던 「와트슨」, 「왓슨」등을 「외래어 표기 용례집」에 따라 「윗슨」으로 한 것 등), 지명 등 외래어 표기에나 내용에 혹시 오류가 있다면 전적으로 역자의 책임임을 밝혀두고 많은 가르침이 있으시기 바란다.

1986년 11월   옮긴 이

역자 · 孫 永 壽
손 영 수

과학저술인. 한국과학저술인협회상. 서울특
별시 문화상, 대한민국과학기술진흥상 등
수상.
저·역서 『노벨상의 발상』등 38종

노벨상의 발상

지은이 미우라 겐이치
옮긴이 손영수

초판 1986년 12월 25일
3쇄 1995년 12월 30일

발행처/전파과학사
발행인/손영일
출판등록 1956. 7. 23 등록번호 제10-89호
서울·서대문구 연희 2동 92-18
전화 333-8877·8855 팩시밀리 334-8092

공급처/한국출판협동조합
서울·마포구 신수동 448-6
전화 716-5616 팩시밀리 716-2995

✽ 파본은 구입처에서 교환해 드립니다.

ISBN 89-7044-511-0 03400